新编

XINBIAN LIUTI LIXUE

流体力学

黄河清　编著

合肥工业大学出版社

图书在版编目(CIP)数据

新编流体力学/黄河清编著.一合肥:合肥工业大学出版社,2019.12
ISBN 978-7-5650-4707-7

Ⅰ.①新… Ⅱ.①黄… Ⅲ.①流体力学—高等学校—教材 Ⅳ.①O35

中国版本图书馆 CIP 数据核字(2019)第 260966 号

新编流体力学
XINBIAN LIUTI LIXUE

黄河清 编著

责任编辑	张择瑞	
责任校对	汪 钵 赵 娜	
出版发行	合肥工业大学出版社	
地　　址	(230009)合肥市屯溪路 193 号	
网　　址	www.hfutpress.com.cn	
电　　话	理工编辑部:0551-62903204	
	市场营销部:0551-62903198	
开　　本	710 毫米×1010 毫米　1/16	
印　　张	19	
彩　　插	0.5 印张	
字　　数	328 千字	
版　　次	2019 年 12 月第 1 版	
印　　次	2019 年 12 月第 1 次印刷	
印　　刷	安徽昶颉包装印务有限责任公司	
书　　号	ISBN 978-7-5650-4707-7	
定　　价	58.00 元	

如果有影响阅读的印装质量问题,请与出版社市场营销部联系调换。

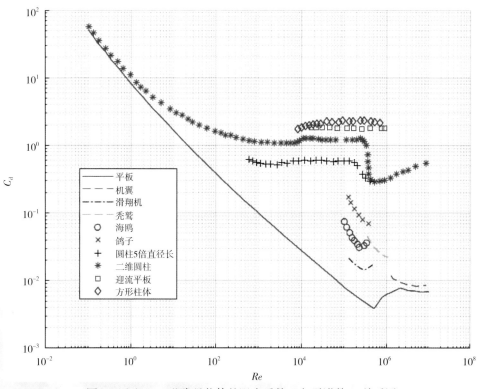

图2-3（b） 一些常见物体的阻力系数 C_D 与雷诺数 Re 关系图

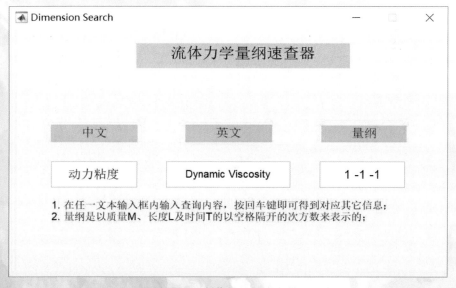

图2-5 MATLAB制作的量纲速查器GUI界面

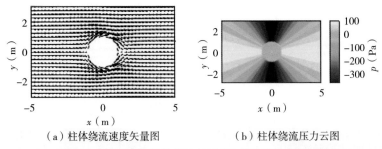

（a）柱体绕流速度矢量图　　　　　（b）柱体绕流压力云图

图5-8　理想流体柱体绕流的速度矢量图及压力云图

图7-18　矩形渠道内陡坡至缓坡坡折处水跃照片（水流方向由左向右）

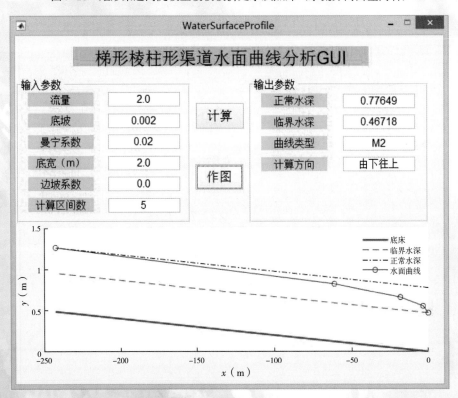

图7-30　棱柱形渠道水面曲线计算图形用户界面程序示例

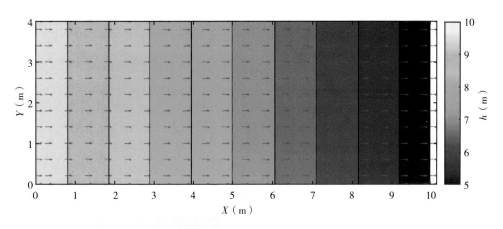

图8-16　数值计算地下水位云图及达西流速矢量图

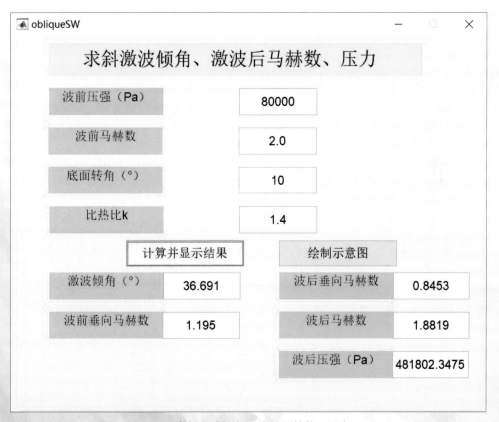

图10-9　求斜激波倾角、波后马赫数、压力GUI

推 荐 序

黄河清教授有着在国外学习流体力学的经历以及国内十多年的教学经验，集国内外教材的优点及本人的感悟编著了本《新编流体力学》教材，我认为其具有结构新、内容新、简洁及实用等特点，特予以推荐。

结构新反映在诸多方面。从章节上看，全书分为基础篇和应用篇两大部分。基础篇基本包含了教指委所要求的有关工科流体力学及水力学的基础理论方面的内容，其新颖性反映在将量纲分析放在第二，章有助于后边的学习并强调其内容的重要性；第五章将流函数、势函数与淹没体的运动及边界层的介绍放在一起，独到地反映了实际应用时它们之间的紧密关系，即将边界层的分析与流函数、势函数分析结合起来可以解决一些实际应用的流体问题。各章中将例题集中在典型应用一节，有助于学生利用目录即可方便查到所需参考的应用。

内容新反映在和传统教材相比既增加了一些有深度的内容，又调整了部分内容。比如说在量纲分析一章增加了求淹没体的阻力、基本方程无量纲化等内容，有助于学生深化对量纲分析的理解；在静力学一章将根据惯性矩求水下平面受力作用点放到典型应用及习题里面介绍，使得理论学习部分更专注于具一般性的内容的学习及欧拉基本微分方程的应用，更加简明实用，让学生不用背许多公式，更关注基本定理、公式的来源并灵活运用，且各章都有类似的特点。内容新的另一特色是各章都配有编程应用小节，介绍了一些采用迭代或作图较为麻烦问题的求解程序，如求管径、正常水深、水面曲线绘制等，可提高学生的学习效率，符合工程专业认证所倡导的使用现代工具解决复杂工程问题的要求。内容新的另外一个方面体现在从第一章介绍牛顿内摩擦定理开始，循序渐进地引入了张量,既在一定程度上考虑学生的接受程度,避开了张量的复杂性,重点只介绍应用爱因斯坦的约定求和,又简化了后面诸多定理如纳维尔-斯托克斯方程等的推导。

　　总之,我觉得这本教材在呼应新时代本科教育工作会议的反对水课、要一定程度地加大难度和深度的精神,同时在简洁实用等方面都做了很好的尝试,值得推荐给广大教师及学生作为教材或重要的学习参考书使用。

武汉大学教授
教育部高等院校力学基础课程教学指导委员会委员 槐文信

前　　言

这是一本契合新时代全国高等学校本科教育工作会议精神及工程教育认证要求的新编教材。教育部陈宝生部长在 2018 年 6 月新时代全国高等学校本科教育工作会议上强调"对大学生要合理'增负',提升大学生的学业挑战度,合理增加课程难度、拓展课程深度",同年 9 月教育部提出要打造有深度、有难度、有挑战度的"金课"的要求。这就需要有与要求相配套的教材。同时,在全国高校中已开展多年并在持续深入进行的与国际接轨的工程教育认证的 12 条毕业要求中有 8 条提到了要培养学生解决复杂工程问题的能力。《新编流体力学》正是在此精神的指导下,在参考国内外流体力学及工程流体力学的诸多优秀教材的基础上,同时兼顾《工程教育认证通用标准》中毕业要求的第 5 项(使用现代工程工具及信息技术工具分析复杂工程问题)以及学生易学易接受的需求,精心编写的一本适合所有理工科相关专业使用的新教材。本书主要有以下特点:

(1)**追求"金课"教材水平。**以培养学生使用数学及现代工具分析解决复杂流体问题为导向,在各章节中贯穿如何将复杂问题分解为一系列相对简单的问题,着力培养学生应用量纲分析、微积分及编程等多种方法解决传统流体力学中一些难以解决的问题,使教材既有深度和难度,又易学、实用。

(2)**应用全新教材结构。**通过反复摸索找到了一种满足我们所需要的契合工程教育认证需求的教材结构。即各章均按理论阐述、典型案例、编程应用及思考练习题的结构来编写,使各章既有理论的系统完整性,又有结合实际应用和使用现代计算机软件解决复杂流体力学问题的案例。

(3)**精细取舍教学内容。**在研读国内外多种相关教材、取长补短的基础上编写各章节。和其他本科教材不同的是,本书在兼顾直角坐标系下的表示法的同时,逐渐引入张量表述,让学生体会到张量的简约和实用性,促进学生理解,降低学习难度。量纲分析被提前至第 2 章,并加入了基本方程的无量纲化、解偏微分方程及求绕流阻力等内容,以强调其在现代科学研究及工程应用中的重要性,同时在后面的章节中经常应用量纲分析的方法帮助理解学习内容。注重培养学生利用直觉理解和多种数学方法推导定理及解决复杂流体力学问题,深刻理解所学内容。比如第 4 章伯努利方程的推导,介绍了微分方程的推导、沿流线的流管的推导以及根据积分形式的能量方程的推导三种方法,一些例题也采用了两至三种方法来求解,以帮助学生拓展思维的宽度和深度。其中加 * 号的小节内容稍难,可作为研究生的教学内容,本科教学忽略亦不会影响完整性。

(4)**扫描二维码即可观看配套教学视频及下载相关程序。**配套的精心录制的八个辅助教学视频及书中各章涉及的应用 MATLAB 程序均可在相应章节通过扫描二维码观看或下载。

(5)**配套教学网站提供更多教学动画、视频及部分习题解答。**本教材的配套网上课堂网址为 http://mooc1.chaoxing.com/course/80804828.html,内含更多的不是对课本内容简单讲解,而是进行了深度分析综合教学辅助视频、20 多个生动简明的动画及 5 个实验视频指导以及各章习题的解答。

感谢国家自然科学基金对我相关研究的支持(基金编号:40972086,41172103,41376071);感谢武汉大学槐文信教授在疫情中不辞麻烦为本书所做的序;感谢本书责任编辑张择瑞先生对我无比的信任和支持,感谢合肥工业大学出版社汪钵、赵娜编辑以及安徽工业大学吴亚坤老师对书稿认真细致的检查,并致谢帮助我绘制多幅简明易懂的插图的研究生鲁勇、鲁照、陶丽云等。由于本人学识及时间有限,恳请广大有识之士不吝赐教教材存在的不足与疏漏之处,以利不断改进。

安徽工业大学　黄河清

2020 年 8 月 15 日

目　录

Ⅰ　基础篇

Ⅱ 应用篇

Ⅰ 基础篇

    本篇包含绪论，量纲分析，流体静力学，流体动力学的理论基础，流函数、势函数与淹没体的运动等内容。主要介绍流体力学的基本概念及其基本理论。

第1章 绪 论

这一章扼要介绍流体力学的一些基本概念、发展历史、研究和学习方法,最后引入在当前科学研究及工程技术中应用广泛、功能强又易学易用的 MATLAB 软件,将有助于我们学习流体力学。

1.1 流体力学概论

流体力学(fluid mechanics)是研究包括液体和气体在内的流体的力和运动之间关系的一门科学。其中专门研究水的流体力学被称为**水力学**(hydraulics),研究气体的流体力学被称为**气动力学**(aerodynamics)。

人类文明的诞生、生存和发展都离不开流体,与我们对流体的认识和利用密切相关。放眼望去,流体无处不在,如天空中轻盈的云朵、山间潺潺的小溪、奔腾的江河和浩瀚的大海等;低头细思,我们时时刻刻都被看不见的流体(空气)所包围着。地上奔驰的汽车、水面上行驶的轮船及空中飞行的飞机均需解决好在流体中运动的稳定性、受力平衡及减小阻力等有关流体力学的基本问题。水力、风力及潮汐发电等需研究流体所携带能量的应用。生活用水的输送、油气资源的开采输运等需研究如何克服阻力及避免因空泡造成管道或相关设备的损坏问题。可以说流体力学问题存在于我们生活、工农业生产及国防军事的方方面面。你如果希望在这些方面有所作为、成为一个合格的研究人员或工程师,对社会做出贡献,就一定要学好流体力学。

早在流体力学诞生之前,人类就已经在生产实践中学会如何利用流体了。根据周光坰教授的总结,人类在史前石器时代因狩猎的需要就意识到投掷物在大气中的飞行稳定性和其形状有关,并且从鸟尾得到启示在箭尾安装尾羽可增加飞行的稳定性;独木舟的头尾形状的演变表明早期的人类知道流线型外形可改进其性能;从鸭、鹅的游水得到启发,发明了船桨;最早的乐器表明人类已认识到气流在空腔内震荡可产生动听的声音等。底比斯壁画[图 1-1(a)]明确反映出古埃及人在

3400多年前就已经知道如何利用虹吸取水了。河南信阳淮河河滩出土的独木舟[图1-1(b)]经碳-14测定其年代为(3185±40)年前，树轮校正后年代为3500年前。公元前四世纪罗马人为解决城市供水问题在欧洲建立了规模宏大的总长达500多千米的输水道[图1-1(c)]。而我国尧舜时期就建有黄河的堤防工程，战国时期又出现了灌溉、水运及城市水利工程等。2200多年前，秦国蜀郡太守李冰父子等建造的由鱼嘴、宝瓶口及飞沙堰构成的举世闻名的都江堰[图1-1(d)]至今还在发挥着灌溉、防洪、排沙等功能。这些流体力学诞生前，人们根据经验和直觉对流体的应用大都是因为生产或生活的需要，在漫长时间里进化发展缓慢。像都江堰一样至今还发挥着重要作用的可谓凤毛麟角。规模宏大的古罗马输水道让我们在感叹古人的工程能力的同时也为他们没有流体力学的知识而惋惜，如果他们知道了封闭管道内的水可以通过压力传递而输送的话，就可以通过建水塔和管道输送节省许多人力和物力。这也显示了学好、用好流体力学的重要性。

（a）底比斯壁画所反映的古埃及人利用虹吸取水

（b）河南信阳发现的3500年前的独木舟

（c）现位于西班牙的古罗马水道桥

（d）2200多年前建造的都江堰

图1-1　资料图片

我国的先贤及文人们留下来许多对流体深刻形象的观察,如"上善若水,水善万物而不争""智者乐水,仁者乐山""抽刀断水水更流""一江春水向东流""大江东去浪淘沙""水滴石穿""水之形避高而趋下、因地而制流、水无常形""风乍起,吹皱一池春水""微风动柳生水波""大风起兮云飞扬""飞湍瀑流争喧豗"等,但多停留在感性理解上。最早发现流体力学规律并将其明确表述出来的是古希腊的阿基米德(Archimedes,公元前 287—公元前 212)。2200 多年前他在为国王鉴定皇冠是否为真金的过程中发现了浮力原理。之后在漫长的欧洲中世纪及我国的封建社会中流体力学的发展极为缓慢,一些标志性节点为:欧洲文艺复兴后的牛顿(Isaac Newton,1642—1727)发现了三大运动定理及流体的内摩擦力定理并发明了微积分,为后来流体力学突飞猛进的发展奠定了基础;伯努利(Daniel Bernoulli,1700—1782)给出了具有重要应用价值的流体的能量守恒方程,即著名的伯努利方程;欧拉(Leonhard Euler,1707—1783)给出了理想流体的运动微分方程;纳维尔(Navier,1785—1836)、斯托克斯(Stokes,1819—1903)给出了实际不可压缩牛顿流体的运动微分方程,即著名的纳维尔-斯托克斯方程。在实验流体力学方面雷诺(Osborne Reynolds,1842—1912)发现了雷诺数及其和有压管流的水头损失的关系;普朗特(Ludwig Prandtl,1875—1953)提出了边界层的概念;冯·卡门(Von Karman,1881—1963)发现了卡门涡街的规律;我国的钱学森(1911—2009)在高速飞行及气体动力学方面作出了杰出的贡献。20 世纪中期以后,随着计算机技术的飞速发展,计算流体力学日臻成熟并发挥着越来越重要的作用。

1.2 流体力学的研究及学习方法

由流体力学的发展过程我们可以看出,流体力学可以按其主要的研究方法分为三大类:**实验流体力学**(experimental fluid mechanics)、**理论流体力学**(analytic fluid mechanics)和**计算流体力学**(computational fluid dynamics)。研究实际的流体力学问题往往不是仅靠某一种方法,而是要将它们结合起来,相辅相成。实验结果需要上升到理论去进一步指导实践,理论需要实验验证。高精度的数值模拟计算结果可以当作实验数据,也需实验的检验和验证。

要在短时间内学习前人几百年积累下来的流体力学知识,掌握正确的学习方法方能起到事半功倍的效果。推荐如下的学习方法:

(1)**学好基本理论**。通过阅读课本、参考书等相关内容,重新组织、思考直至完全理解。

2. **培养熟练应用所学理论的能力**。这在一定程度上可通过做一定量的习题来达成。常说的"实践出真知""熟能生巧"等说的就是这个道理。

3. **掌握化简问题、融会贯通的技巧**。要仔细分析、明确问题所在,尽可能地画张草图,用常用字母标明已知量、所求量,并考虑所需的假设条件等。对于复杂问题,可尝试将不熟悉的转化为熟悉的一系列简单的步骤来逐步求解。

4. **缜密推导**。在确定所需求解问题或分解的子问题需要运用的基本原理后,尽可能地用符号推导出所求量,检查各项的量纲是否一致。

5. **慎重计算并检查**。在确认应用公式原理正确、推导无误、量纲一致后再代入数值计算。注意代入各量的单位要一致、恰当,记录重要的中间步骤,写上各量的单位,并检查最终结果的合理性。

1.3 流体力学的一些基本概念

任何一门学科都有其经常使用的一些基本术语或概念,掌握这些基本概念是我们进一步学习的基础,如同学一篇英文新课文,先要学习生词一样。下面我们先简单了解流体力学的一些基本概念,在后面的学习中再不断加深对它们的理解。

1.3.1 连续介质

假设流体是由内部无间隙的、密集质点构成的,因而可以忽略分子运动的复杂性,用微积分的方法来研究流体运动,这是我们在进行流体力学研究时最基本的**连续介质假设**(continuum assumption)。

1.3.2 表面力和质量力

根据作用于流体的力的方式我们将其分为表面力和质量力两大类。

表面力(surface force)是指作用于流体表面或我们所考虑的控制体或隔离体表面的力,如压力和摩擦力等。我们以**应力**(stress)即单位面积的表面力来衡量其大小。其常用单位为**帕斯卡**(Pascal,Pa),$1Pa = 1N/m^2$。其中垂直于作用表面的应力为**正应力**(normal stress)或**压强**(pressure),如静水压强;平行于作用表面的应力为**切应力**(shear stress),如 1.3.5 小节要介绍的内摩擦力。

质量力(mass force)是指作用于我们所考虑流体的每一点上的力,和流体的质量成正比,如重力、惯性力等。**单位质量力**即单位质量的流体所受到的质量力。根据牛顿第二定律,单位质量力即加速度,地球上所有的物质都受到指向地心的单位质量力,即重力加速度。

1.3.3　密度、重度及比重

流体**密度**(density)是指单位体积流体的质量,一般以希腊字母 ρ [rho]表示,量纲为[ML^{-3}],其中 M 表示质量,L 表示长度,常用单位为 kg/m³。**重度**(specific weight)指单位体积的重量,一般以希腊字母 γ [gamma]表示,量纲为[$ML^{-2}T^{-2}$]。$\gamma = \rho g$,g 为重力加速度。水的密度在一个大气压、20℃时为 998kg/m³。一种流体的**比重**(specific gravity)是指其密度和水的密度之比。

气体的密度由如下气体状态方程

$$\rho = \frac{p}{RT} \tag{1-1}$$

其中 p [$ML^{-1}T^{-2}$]为气压;R [$L^2T^{-2}\theta^{-1}$]为气体常数,对于大气来说其值约为 287m²/(s²·K),其中 θ 为温度的量纲,K 为绝对温度的单位,开尔文;T [θ]为绝对温度。通常在一个标准大气压、20℃时,大气的密度约为 1.2kg/m³。由状态方程可见气体的密度随着气压的增加而增加、随着温度的升高而降低。

1.3.4　压缩系数和体积弹性模量

压缩系数(coefficient of compressibility)是指单位体积的流体在单位压强的作用下体积的改变量,如式(1-2)所示,其中负号是为了使其为一正数,一般以字母 κ [kappa]来表示,量纲为压力的倒数,即帕斯卡的负一次方[Pa^{-1}]。**体积弹性模量** E(volume modulus of elasticity/bulk modulus)为压缩系数的倒数。

$$\kappa = \frac{1}{E} = -\frac{\mathrm{d}\Omega}{\Omega \mathrm{d}p} = -\frac{\mathrm{d}\Omega/m}{\Omega/m\mathrm{d}p} = -\frac{\mathrm{d}\left(\frac{1}{m/\Omega}\right)}{\frac{\mathrm{d}p}{m/\Omega}} = \frac{\mathrm{d}\rho}{\rho \mathrm{d}p} \tag{1-2}$$

式中 Ω[L^3]为体积;m 为质量。水在常温下的体积弹性模量约为 2.2×10^9 Pa,意味着其可压缩性非常小,我们一般可将其当作**不可压缩流体**(incompressible fluid)。弹性模量较小的气体为**可压缩流体**(compressible fluid),但在其运动速度和声速之比,即马赫数较小时,我们可将其近似作不可压缩流体处理。

1.3.5 动力黏度和运动黏度

流体具有黏性,我们以**动力黏度** μ [mu](dynamic viscosity)来衡量不同流体的黏性大小。其量纲为 $[ML^{-1}T^{-1}]$,常用单位为 kg/(m·s)。牛顿通过实验及其惊人的直觉力发现一般常见流体内部单位面积的摩擦力,又称**切应力** τ [tau](shear stress),为动力黏度和**应变率**(strain rate/S)或速度梯度的乘积:

$$\tau = \mu \frac{\mathrm{d}u}{\mathrm{d}y} \tag{1-3}$$

式中 u $[LT^{-1}]$ 为流体流速,y $[L]$ 为垂直于流动方向的距离坐标,切应力 τ 的量纲和压力一样。动力黏度和流体的密度成正比。我们把密度剥离出来,将**运动黏度** ν [nu](kinematic viscosity)定义为动力黏度除以流体密度,如式(1-4)所示。其量纲是 $[M^2T^{-1}]$,常用单位为 m^2/s,在后面讨论流体运动方程时要经常使用。

$$\nu = \frac{\mu}{\rho} \tag{1-4}$$

常温常压下水的运动黏度约为 $1.0 \times 10^{-6} m^2/s$,一般随着温度的升高而降低;大气的运动黏度约为 $1.0 \times 10^{-3} m^2/s$,随着温度的升高而增大,和水恰好相反。这是因为液体的黏性源于分子间的吸引力,随着温度的升高而减小;而气体的黏性源于分子间的碰撞,随着温度的升高而增强。

我们将满足式(1-3)的流体称为**牛顿流体**(Newtonian fluid)。常见的水和空气都是牛顿流体,反之则称为**非牛顿流体**(non-Newtonian fluid)。非牛顿流体又可分为需一临界启动切应力的**宾汉流体**(Bingham fluid)或称为**塑性流体**(plastic fluid),切应力为应变率的大于 1 次方的幂函数的**膨胀流体**(dilatant fluid)及切应力为应变率的小于 1 次方的幂函数的**拟塑性流体**(pseudoplastic fluid)。第 2 章的量纲分析及第 5 章的边界层分析告诉我们,当雷诺数很大时,对外流场可以忽略其黏性,从而带来理论分析的方便,我们将假设黏度为零的流体称之为**理想流体**(idea fluid),反之为**实际流体**(real fluid)。各种流体的切应力与应变率之间的关系可用下式统一表述:

$$\tau = \tau_0 + \mu \left(\frac{\mathrm{d}u}{\mathrm{d}y}\right)^n \tag{1-5}$$

式中 τ_0 为临界启动切应力,$\tau_0 = 0$,$n = 1$ 时,为牛顿流体。$\tau_0 \neq 0$,$n = 1$ 时,为宾汉流体。$n > 1$ 时,为膨胀流体;$n < 1$ 时,为拟塑性流体。图 1-2 直观地表示出了式(1-5)所反映的各种不同流体的切应力与应变率之间的不同关系。

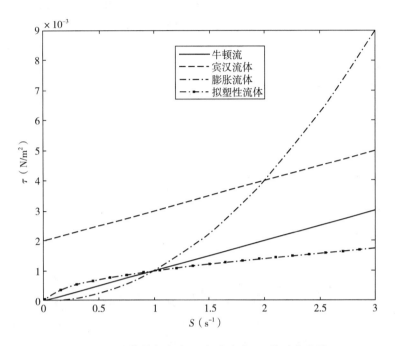

图 1 - 2　流体按切应力(τ)与应变率(S)关系的分类

1.3.6　气化压强及气蚀

液体分子溢出液面成为气体的过程我们称之为**气化**（evaporation），反之则为**凝结**（condensation）。液体因升温或减压迅速气化的现象称之为**沸腾**（boiling）。气化和凝结处于平衡状态时的压强为**气化压强**（vapor pressure）或**饱和压强**（saturation pressure）。液体流动时短时间经历小于气化压强时，内部迅速产生气泡及湮灭对管道及水力设施造成破坏的现象，我们称之为**气蚀**或**空蚀**（cavitation）。水的气化压强随着温度的升高而快速增加，如图 1 - 3 所示，水在 20℃时的气化压强为 2.34kPa，在 100℃时则为我们所观察到的在约为 101kPa 的大气压下沸腾。

1.3.7　表面张力和毛细现象

在液体和气体的接触表面，液面上的分子受到内部分子的吸引力而使液体表面有向内缩小的趋势，产生与液面相切的**表面张力**（surface tension）。在液体和固体及其他液体接触的表面也有类似的表面张力。其大小以**表面张力系数** σ [sigma]来衡量，常用单位为 N/m，是以单位长度的液体的受力来衡量的。它是接触面的性质及温度的函数。常温下水和空气的表面张力系数为 0.073N/m，如图 1-3所示，其随着温度的增加呈缓慢的线性下降。至 100℃ 时，其值约为 0.0589N/m。正是表面张力的作用，使我们常见的水滴趋于圆形。宏观运动流体的表面张力和其他力相比一般很小，可以忽略不计。仅在涉及物化变化、液滴及气泡的形成时考虑。

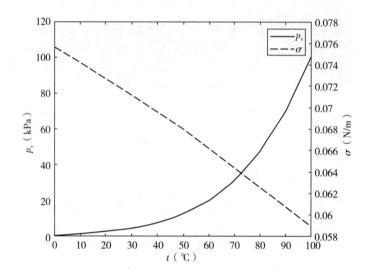

图 1-3　水的气化压强(p_v)及表面张力(σ)随温度变化曲线

　　在液体和固体的接触表面存在着固体分子对液体的吸附力，此吸附力大于液体的内聚力可使液体（如水）在细小管道内的上升[图 1-4(a)]，这就是**毛细现象**（capillary）。反之如内聚力大于吸附力，如汞在玻璃管内，则会产生液面下降[图 1-4(b)]。

　　液面和固体接触面的切线和接触液体的固体面的夹角为**接触角**（contact angle）。内聚力相对于界面吸附力小，接触角小于 90°，我们称之为**湿润**（wetting）[图 1-5(a)]；反之则为**非湿润**（nonwetting）[图 1-5(b)]。

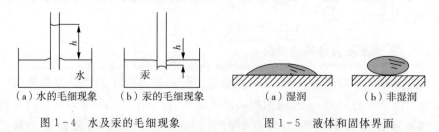

|　（a）水的毛细现象　　（b）汞的毛细现象　　　（a）湿润　　　　（b）非湿润|

图 1-4　水及汞的毛细现象　　　　　　图 1-5　液体和固体界面

1.4　应力张量

式(1-3)为二维流动在单方向上有速度梯度的牛顿内摩擦定理,那么其在一般的三维直角坐标系下该如何表达呢? 这就需要引入**应力张量**(stress tensor)。

1.4.1　张量的概念

我们已知道标量和矢量。**标量**(scalar)为只有大小、没有方向的量,如密度、温度等,它们的值不随坐标系的变化而变化,所以我们以不带下标的字母 ρ、T 表示它们。**矢量**(vector)为有一定大小和方向的量,如速度。**张量**(tensor)为更一般的量的概念,标量为**零阶张量**(zero-order tensor),无需下标表示;矢量为**一阶张量**(first-order tensor),可以用一个带下标的量来表示。下面要讨论的应力张量则为二阶张量,需要 2 个下标来表示。对速度矢量,有如下多种数学式的表述方法:

$$\overset{1}{\vec{u}}=\overset{2}{u_i}=\overset{3}{u_i\vec{e}_i}=u_1\vec{e}_1+u_2\vec{e}_2+u_3\vec{e}_3=\overset{4}{u_1\vec{i}}+u_2\vec{j}+u_3\vec{k} \tag{1-6}$$

等号 1 的左边为上边加箭头的表示法。等号 4 的右边为我们在高等数学中所熟悉的矢量表示法,式中,u_1,u_2,u_3 分别表示该速度矢量在直角坐标系中各坐标轴方向投影分量的大小,而上边的 $\vec{e}_1$、$\vec{e}_2$、$\vec{e}_3$ 分别和 $\vec{i}$、$\vec{j}$、$\vec{k}$ 是等价的,表示对应坐标轴各方向的单位方向矢量。等号 2 的左右两边则分别为一阶张量的简约及完全的表示法。等号 3 的左边采用了爱因斯坦约定:同一项有 2 个下标相同的话,则表示此下标分别取 1、2、3 相加如等号 3 的右边所示。表示两个矢量方向相同的线性相关的比例系数为一标量,如牛顿第二定律中的物质质量;而表示两个矢量方向不同的线性相关的比例系数则为一二阶张量,如第 8 章 8.2.3 小节所介绍的各向异性介质中的达西定律的渗透系数。

1.4.2　三维直角坐标系下的牛顿内摩擦定理

使用张量可方便地表示出一般三维直角坐标系下的牛顿内摩擦定理。考虑一个微元正六面体,其在以各坐标轴为法线的面上都可能有各坐标轴方向的速度梯度所带来的不同方向的内摩擦力,一个面有 3 个,直角坐标系三个不同方向的面就共需 9 个量来完整描述一般运动流体中微元六面体所受到的内摩擦力,这就需要

三维牛顿内摩擦定理

引入**二阶张量**(second-order tensor)τ_{ij} 来表述,下标 i,j 均可在 1,2,3 的范围内取值,

第一个下标表示应力作用面的法线方向,第二个下标表示其作用方向。展开来即为

$$\tau_{ij} = \begin{bmatrix} \tau_{11} & \tau_{12} & \tau_{13} \\ \tau_{21} & \tau_{22} & \tau_{23} \\ \tau_{31} & \tau_{32} & \tau_{33} \end{bmatrix} \tag{1-7}$$

其第一行的三个量分别代表作用在垂直于 x_1 的面上分别指向 x_1,x_2,x_3 方向的内摩擦力,第二、第三行则分别表示作用在以 x_2,x_3 为法线的面上的三个互相垂直的坐标轴方向的内摩擦力。那么一般三维流动情形下的牛顿内摩擦定理用张量该如何表述呢? 我们可以猜一下,式(1-3)的速度梯度写成张量表达式适用任何面及方向的力应为 $\dfrac{\partial u_i}{\partial x_j}$,它仅表示了一个方向的速度梯度,对一般三维流动还得考虑其他方向的速度梯度,同时我们由动量矩守恒可证明内摩擦力张量应是对称的(参见4.6.1 小节),即 $\tau_{ij} = \tau_{ji}$,为满足此条件,我们是不是可以猜想另一方向的速度梯度应为 $\dfrac{\partial u_j}{\partial x_i}$,这样一般三维流动的牛顿内摩擦定理应该为

$$\tau_{ij} = \mu \left(\frac{\partial u_i}{\partial x_j} + \frac{\partial u_j}{\partial x_i} \right) = 2\mu s_{ij} \tag{1-8}$$

式中 $s_{ij} = \dfrac{1}{2} \left(\dfrac{\partial u_i}{\partial x_j} + \dfrac{\partial u_j}{\partial x_i} \right)$ 被定义为应变率张量(strain rate tensor),其实质上反映了流体微元的线变形及角变形运动状况,第 4 章 4.3 节将对其做详细讨论。

1.4.3* 直角坐标系下的应力张量

这一节我们以较为严格的数学方式证明:**直角坐标系下流体内任意一点的应力可以用通过该点的三个互相垂直的面上的应力矢量或 9 个应力分量即二阶应力张量来表示。**

设过流体中某点的微元面 dS 的外法线单位矢量为 $\vec{n}$,则作用在该微元面上应力的矢量定义式为

$$\vec{\tau}_n = \lim_{dS \to 0} \frac{d\vec{f}}{dS} \tag{1-9}$$

式中下标 n 表示其是作用在以 $\vec{n}$ 为外法线的面上,$\vec{f}$ 为作用在 dS 上的面力。显然 $\vec{\tau}_n$ 既是位置坐标的函数又是面方向 $\vec{n}$ 的函数。在一般直角坐标系下其可表示为

$$\vec{\tau}_n = \tau_{n1}\vec{e}_1 + \tau_{n2}\vec{e}_2 + \tau_{n3}\vec{e}_3 \tag{1-10}$$

式中 $\vec{e}_i(i=1,2,3)$ 为对应直角坐标方向的单位方向矢量,等号右边应力的两个下标,第一个表示其作用面的法线方向,第二个表示力的作用方向,也即应力可分解为直角坐标系下对应三坐标轴方向的三个分力。由作用力和反作用力定理知

$$\vec{\tau}_n = -\vec{\tau}_{-n} \tag{1-11}$$

即作用在同一微元面两边的应力的大小相同、方向相反。

设如图 $1-6$ 所示的直角坐标系下的任意以速度 $\vec{u}$ 运动的、体积为 Ω、外表面为 S(由 OAB、OBC、OCA 及 ABC 四个面构成)的流体微元直角四面体 $OABC$ 只受到单位质量力 $\vec{g}$ 及面力应力 $\vec{\tau}$ 的作用。当体积 Ω 趋于零时,ABC 面可代表通过 O 点的任意面,另外三个面恰为通过该点的三个互相垂直的面,它们的外法线方向恰为各坐标轴的反方向。设置此直角四面体正是为了证明本小节开头所述论断:**流体内任意一点的应力可以用通过该点的三个互相垂直的面上的应力矢量或 9 个应力分量来表示**。应用合外力等于动量的变化率的动量定理得

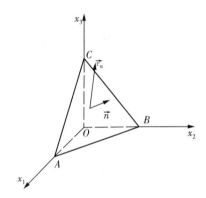

图 $1-6$　微元直角四面体及其 ABC 面的外法线和应力示意图

$$\sum_i \vec{F}_i = \int_\Omega \rho \vec{g} \, d\Omega + \int_S \vec{\tau}_n \, dS = \frac{d(m\vec{u})}{dt} = \frac{d}{dt} \int_\Omega \rho \vec{u} \, d\Omega$$

取特征长度 $L = \sqrt[3]{\Omega}$,将上式两边同除以 L^2,求 $L \to 0$ 即微元四面体的体积趋于零、四面体缩小为一点时的极限,由于此时质量力积分项及动量积分项的积分因子为有限值,而体积以 L^3 的速率趋于零,为 L^2 的高阶无穷小,所以这两项积分均为零,这样我们就得到如下**应力局部平衡**的结论:

$$\lim_{L \to 0} \left(\frac{1}{L^2} \int_S \vec{\tau}_n \, dS \right) = 0 \Rightarrow \lim_{L \to 0} \left(\frac{1}{L^2} \sum_{i=1}^4 \vec{\tau}_i S_i \right) = 0$$

式中下标 $i=1,2,3,4$ 分别表示四面体的 ABC、OBC、OAC、OAB 四个面,其中 $\vec{\tau}_4 = \vec{\tau}_n$。由于 S_1, S_2, S_3 三个面的外法线方向和坐标轴方向相反,根据式(1-9)以 $\vec{\tau}_i$ 表

示以 x_i 轴为正法线方向的应力，展开得

$$\lim_{L \to 0}\left[\frac{1}{L^2}(\vec{\tau}_n S_4 - \vec{\tau}_1 S_1 - \vec{\tau}_2 S_2 - \vec{\tau}_3 S_3)\right]$$

$$=\lim_{L \to 0}\left\{\frac{1}{L^2}\left[\vec{\tau}_n S_4 - \vec{\tau}_1 S_4 \cos(\vec{n}, \vec{e}_1) - \vec{\tau}_2 S_4 \cos(\vec{n}, \vec{e}_2) - \vec{\tau}_3 S_4 \cos(\vec{n}, \vec{e}_3)\right]\right\}$$

$$=\lim_{L \to 0}\left\{\frac{S_4}{L^2}\left[\vec{\tau}_n - \vec{\tau}_1 \cos(\vec{n}, \vec{e}_1) - \vec{\tau}_2 \cos(\vec{n}, \vec{e}_2) - \vec{\tau}_3 \cos(\vec{n}, \vec{e}_3)\right]\right\}=0$$

$$\overset{\lim_{L \to 0}(S_4/L^2) \neq 0}{\Longrightarrow} \quad \vec{\tau}_n = \vec{\tau}_1 \cos(\vec{n}, \vec{e}_1) + \vec{\tau}_2 \cos(\vec{n}, \vec{e}_2) + \vec{\tau}_3 \cos(\vec{n}, \vec{e}_3)$$

最后一行是矢量方程，式中的应力均为矢量，按前面的约定下标表示该切应力作用面的法线方向。以直角坐标系下分量的形式写出各矢量，该方程即为

$$\tau_{n1}\vec{e}_1 + \tau_{n2}\vec{e}_2 + \tau_{n3}\vec{e}_3 = (\tau_{11}\vec{e}_1 + \tau_{12}\vec{e}_2 + \tau_{13}\vec{e}_3)n_1 +$$

$$(\tau_{21}\vec{e}_1 + \tau_{22}\vec{e}_2 + \tau_{23}\vec{e}_3)n_2 + (\tau_{31}\vec{e}_1 + \tau_{32}\vec{e}_2 + \tau_{33}\vec{e}_3)n_3$$

上式中利用了式(1-10)及方向导数的定义 $\vec{n} = n_1\vec{e}_1 + n_2\vec{e}_2 + n_3\vec{e}_3 = n_i\vec{e}_i = \cos(\vec{n}, \vec{e}_i)\vec{e}_i$，进一步以三个标量等式表示出来

$$(1-12\mathrm{a})\quad \begin{cases} \tau_{n1} = \tau_{11}n_1 + \tau_{21}n_2 + \tau_{31}n_3 \\[2mm] \tau_{n2} = \tau_{12}n_1 + \tau_{22}n_2 + \tau_{32}n_3 \\[2mm] \tau_{n3} = \tau_{13}n_1 + \tau_{23}n_2 + \tau_{33}n_3 \end{cases}$$

也即通过流体内任意一点的某一平面的应力可以用通过该点的三个互相垂直的面上的应力表示。为方便书写，式(1-12a)三个等式可以用一个张量式等价地表述如下：

$$\tau_{ni} = \tau_{ji}n_j \overset{\text{切应力为对称张量}}{=} \tau_{ij}n_j \qquad (1-12\mathrm{b})$$

式中 n_j 表示所考虑应力的作用面的法线方向，i 取 1，2，3 时分别表示应力沿所采用直角坐标系的三个互相垂直的方向的分力；j 取 1，2，3 时分别表示垂直于各坐标轴面上的应力；$n_j = \cos(\vec{n}, \vec{e}_j)$。用矩阵形式写出来即为

$$\vec{\tau}_n = \begin{bmatrix} \tau_{n1} \\ \tau_{n2} \\ \tau_{n3} \end{bmatrix} = \begin{bmatrix} \tau_{11} & \tau_{12} & \tau_{13} \\ \tau_{21} & \tau_{22} & \tau_{23} \\ \tau_{31} & \tau_{32} & \tau_{33} \end{bmatrix} \begin{bmatrix} n_1 \\ n_2 \\ n_3 \end{bmatrix} = \boldsymbol{\tau} \cdot \vec{n} \qquad (1-12\mathrm{c})$$

此关系式在后面第 4 章流体运动方程的推导时要用到。

1.5 典型应用

1.5.1 求动力黏度

如图 1-7 所示,一底面积为 0.45m×0.4m 的木块重 5kg,沿 30°斜坡在均匀厚度为 0.001m 润滑油层上以 1m/s 等速下滑,求油的黏度。

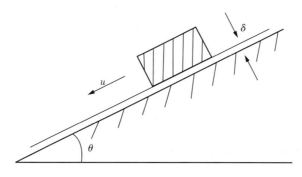

图 1-7 沿斜坡匀速下滑的木块

解:考虑沿斜坡方向的重力分力与牛顿切应力的平衡得

$$mg\sin\theta = \tau A = A\mu\frac{\mathrm{d}u}{\mathrm{d}y} \Rightarrow$$

$$\mu = \frac{mg\sin\theta\mathrm{d}y}{A\mathrm{d}u} = \frac{5\mathrm{kg}\times 9.8\ \mathrm{m/s^2}\times\sin(30°)\times 0.001\mathrm{m}}{0.4\mathrm{m}\times 0.45\mathrm{m}\times 1\mathrm{m/s}} = 0.136\mathrm{kg/(m\cdot s)}$$

1.5.2 求切应力分布

已知水流在平板上的运动速度按抛物线分布,上端 $y=2$m 处的流速为 1m/s,且在该点处的速度梯度为零。求该流动的切应力分布规律。

解:建立原点在平板的和平板垂直向上的 y 轴,速度在坐标原点为零且已知呈抛物线分布,可假设速度表达式为 $u(y)=ay^2+by$,由已知条件得

$$\begin{cases} u(2)=2^2a+2b=1 \\ u'(2)=2ay+b\Big|_{y=2}=2\times 2a+b=0 \end{cases} \Rightarrow a=-0.25, b=1$$

$$\Rightarrow u(y)=-0.25y^2+y$$

$$\Rightarrow \tau(y) = \mu \frac{\mathrm{d}u}{\mathrm{d}y} = (-0.5y + 1)\mu$$

可见切应力呈线性分布，底部 $y = 0$ 且速度为零处最大，顶部速度梯度为零处最小。切应力和速度的分布如图 1-8 所示。

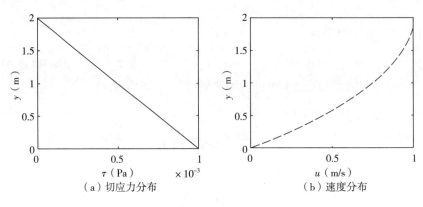

（a）切应力分布　　　　（b）速度分布

图 1-8　切应力及速度分布图示

1.5.3　求不均匀分布的黏性力总力矩

如图 1-9 所示，一圆锥体绕其中心轴以角速度 ω 旋转。已知锥体高为 H，上端底宽为 D。锥体和锥腔的间距为 δ，内部是黏度为 μ 的液体，求锥体所受到的总阻力矩。

解：在锥体中取一半径为 r 且从锥尖起高度为 h 处厚度为 $\mathrm{d}h$ 的微元，那么微元面积为

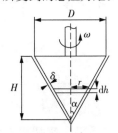

$$\mathrm{d}A \approx 2\pi r \mathrm{d}h / \cos\alpha = 2\pi r \mathrm{d}h \frac{\sqrt{H^2 + (0.5D)^2}}{H}$$

式中 α 为锥顶半角，微元所受黏性力矩 $\mathrm{d}M = \mu \frac{\omega r}{\delta} r \mathrm{d}A$，

另有几何关系 $\dfrac{D}{2r} = \dfrac{H}{h} \Rightarrow r = \dfrac{Dh}{2H}$，则

图 1-9　匀速转动的
三角圆锥

$$M = \int_0^H \mu \frac{\omega r}{\delta} r \mathrm{d}A = \int_0^H \mu \frac{\omega r^2}{\delta} 2\pi r \frac{\sqrt{H^2 + (0.5D)^2}}{H} \mathrm{d}h$$

$$= \frac{2\pi \omega \mu}{\delta} \frac{\sqrt{H^2 + (0.5D)^2}}{H} \int_0^H \frac{D^3 h^3}{8H^3} \mathrm{d}h = \frac{\pi \omega \mu D^3 \sqrt{H^2 + (0.5D)^2}}{16\delta}$$

1.5.4　求管道泄流量

做水压试验，使管中压强达到 55 个标准大气压后停止加压，经历 1 小时，由于

存在裂缝泄流，管中压强降到 50 个标准大气压。已知输水管长 $l = 200\text{m}$，直径 $d = 400\text{mm}$，水的体积压缩率为 $4.83 \times 10^{-10}\,\text{Pa}^{-1}$，不计管道变形，求总泄水量。

解：水压试验时无其他排水，泄流导致管中压强下降，总的水体膨胀量即为总泄流量，由式（1-2）得

$$d\Omega = \kappa\Omega dp = \kappa\,\frac{\pi d^2}{4}l dp$$

$$= 4.83 \times 10^{-10}\,\text{Pa}^{-1}(0.25 \times 3.1416 \times 0.4^2\,\text{m}^2 \times 200\text{m})(55 - 50)\,\text{Pa}$$

$$= 6.07 \times 10^{-8}\,\text{m}^3$$

1.6　MATLAB 快速入门

第 1 章应用程序

MATLAB(Matrix Laboratory)是针对工程及科学计算而开发的功能强大且易学易用的高级计算机程序语言。现在每年的 3 月与 9 月会推出一新版本。如 2018 年 9 月的版本为 R2018b。本书以此版本为基础。其他版本亦可使用，在我们所涉及的常用功能方面差别不大。MATLAB 已成为国际上最为流行的科学及工程计算软件，是众多大学生必学的软件及研究人员的得力助手。本书的许多图都是用 MATLAB 程序制作的，掌握 MATLAB 对学习及应用流体力学有极大的促进作用。本节仅就经常用到的 MATLAB 桌面工作环境、变量的创建及命令行操作、程序设计基础、作图基础及创建图形性用户界面程序五方面做简要介绍。

1.6.1　桌面工作环境

以 2018 年 9 月发布的程序版本 R2018b 为例，启动程序后打开的 MATLAB 桌面工作环境如图 1-10 所示。

主窗口第一行为主工具栏选择项，当前显示的有主页、绘图及 App 项。程序运行时根据进程及打开文件的不同，会动态地显示对应的主工具栏选项。如打开了程序编辑器，会增加编辑器、发布及视图 3 个主工具栏选项。

下面主页的工具栏如其下文字提示所显示的按从左至右的顺序分为文件、变量、代码、Simulink、环境及资源 6 大类。对于初学者来说，有网上视频教学资料可

以利用。点击右边的"资源"工具，选择了解 MATLAB，就可进入其免费教学网站，创建或登录账户后，就可观看其中许多教学视频。初学者可以选择"MATLAB Onramp"，有一定基础者可选择"Deep Leaning Onramp"，看完这些视频教学，你也就基本上掌握了 MATLAB。

工具栏下一行为当前路径选择及显示窗口。在其下从左至右有三大窗口，分别为当前文件夹、工作区及命令行窗口。

当前文件夹窗口（current folder）显示了当前文件夹所包含的文件夹及文件，双击其中可以编辑的文件便可以在一新开的编辑器窗口中将其打开，插入在命令行窗口之上（见图 1-11）。在命令行窗口（command window）的提示符">>"后面可输入创建变量、计算及作图等执行命令，下一节将详细地介绍此窗口及一些常用的命令。

工作区窗口（workspace）内含有当前执行程序所用的变量名、类型、最大值、最小值等信息。可双击变量名打开类似 Excel 的变量编辑器（variable editor）检查该变量的值或改变其值等。

在命令行窗口输入并执行了一些命令后，点击键盘上朝上的箭头，可打开一命令历史窗口（command history），显示按日期及时间分组的已执行的命令行输入的命令及程序名。

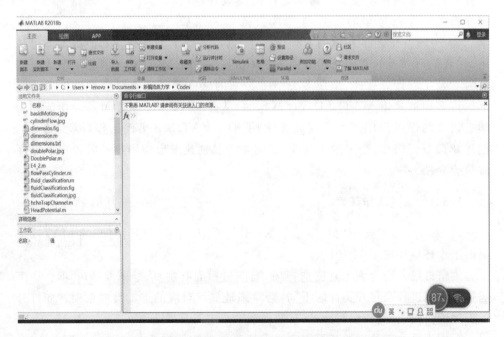

图 1-10　MATLAB 主窗口（版本及设定不同会有一些差别）

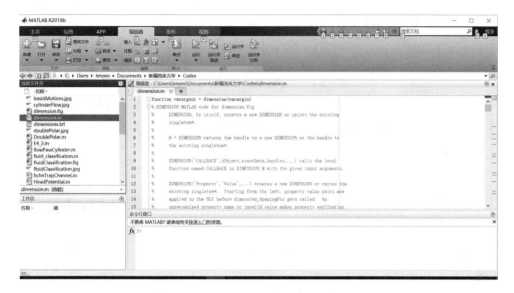

图 1-11 打开程序编辑器后的 MATLAB 主窗口

1.6.2 变量的创建及命令行的操作

注意 MATLAB 语言是区分大小写的。在 MATLAB 在命令窗口可简单地以"变量名＝变量值"的形式创建变量并灵活地对其进行赋值和运算。比如试着输入水的动力黏度、速度梯度按牛顿内摩擦定理求切应力：

```
≫   clear              % 清除当前工作空间所有变量
≫   mu = 1. e - 3      % 创建黏度变量 mu,赋值 1 * 10^- ³kg/(m·s)
mu =                   % 此二行为屏显出执行结果

    1. e - 3
≫   s = 2              % 创建应变率即速度梯度变量 s = du/dy   并赋值   2s⁻¹
s =

    2
≫   tau = mu * s;      % 计算出切应力,后边的分号关掉屏显,其值可在右上角的工作区内查
                       出。加减乘除次方的运算符分别为: + , - , * ,/,^。在 MATLAB 语言
                       中, % 号后边的为注释语句,不影响程序执行
```

当命令窗口内容多了时,输入"clc"即为清屏。MATLAB 的优点是可对数组和矩阵等进行简单快速的操作和运算,如应变率 S 在 0 和 5 之间以 1 为间隔变化,要计算对应的切应力,可先创立应变率数组,有如下三种方法可产生数组。

（1）直接输入,用方括号包含所有的数组元素,以空格隔开：

```
S = [0 1 2 3 4 5]
```

（2）指定起始、间隔及终点数，以冒号隔开：

S = 0:1:5

（3）调用内置函数 linspace：

S = linspace(0,5,6)　　% 在输入变量中以逗号隔开起始、终点数及需要的等分数加 1

这三种方式都是等效的，均会产生如下数组：

S =

　　0　　1　　2　　3　　4　　5

MATLAB的一大优点是大多内置函数均可对数组直接进行运算，无须采用循环语句，如计算对应应变率数组 S 的切应力：

≫　　tau = mu * S　　　　% 计算对应应变率数组 S 的切应力。

tau =

　　0　　0.0010　　0.0020　　0.0030　　0.0040　　0.0050

一行一行地输入执行命令麻烦且不易修改，可以按键盘向上箭头打开命令历史窗口，选择要序列执行的命令（点击起始行，然后按住 Shift 的同时点击结束行），右击鼠标，选择"创建脚本（create script）"文件命令，选中的命令就会自动集中到如图 1-12 所示的程序编辑器中。

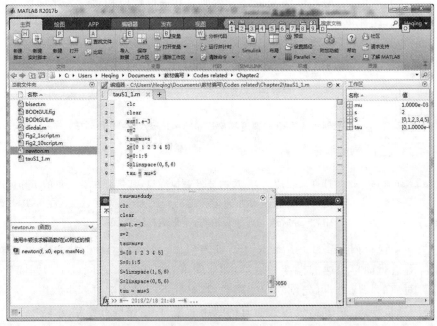

图 1-12　由命令历史产生的脚本文件

我们可以对选中的命令进行编辑,然后点击编辑器左边文件工具栏中的保存工具(可将鼠标箭头停在该工具上,通过其功能介绍文字显示确认),将编辑好的脚本文件存在指定的文件夹中。脚本文件会被自动加上"∗.m"的后缀,∗代表输入的文件名。

点击"编辑器"工具栏选项,再点击工具条的绿三角运行工具,脚本文件的所有命令就会被一同执行。当然,我们亦可以先打开编辑器,输入希望一同被执行的命令,存为"文件名.m"的脚本文件,在命令行输入文件名,回车即可执行脚本文件的所有命令。输入命令或脚本文件时,若命令较长一行不够的话,可在其后面加三个英文句号,表示此行命令延续到下一行。

在命令行常用到的寻求帮助的命令有三个,按所给出帮助内容由简至繁分别为:lookfor,help 和 doc。lookfor 加空格、加关键词或函数名,将列出所有含有关键词的函数及其第一行的注解行;help 加空格、加函数名,将列出对应函数从第一注解行至下面第一空格行或执行语句的所有注解;doc 加空格、加关键词或函数名,将打开有关的帮助文档。

1.6.3　作图基础

MATLAB 的突出优点是其简单且丰富的作图功能。本小节通过一个例子对其进行入门介绍。调出上节所储存的脚本程序,继续添加几行作图命令如下,运行就得到有关水的切应力(τ)和应变率(S)的线性关系,如图 1-13 所示。

```
% 画切应力 - 应变率关系图
clc                          % 清屏
clear                        % 清除之前工作区所有变量
mu = 1. e - 3;               % 给定水的动力黏度,单位 kg/m/s
s = linspace(0,5,6);         % 产生应变率数组,单位 1/s
tau = mu * s;                % 计算对应的应力,N/m^2
% 以下作图
figure(1)                    % 调出一绘图框
clf                          % 擦掉之前的图形,反复作图时用
plot(s,tau);                 % 以变量 s 为横坐标,tau 为纵坐标作图
% x,y 坐标轴名称及单位标注
xlabel('\it{S}  \rm(s^-^1)')  % \it 表示采用斜体字形,\rm 表示恢复原来字体
ylabel('\tau(N/m^2)')        % "\"加希腊字母读音,即显示出对应希腊字母
```

在对坐标轴进行标注时,单引号表示内部为文字,向上的小箭头"^"(Shift+6)表示其后的字符为上标。如果我们想对比空气和水的切应力-应变率关系图可继续输入如下命令:

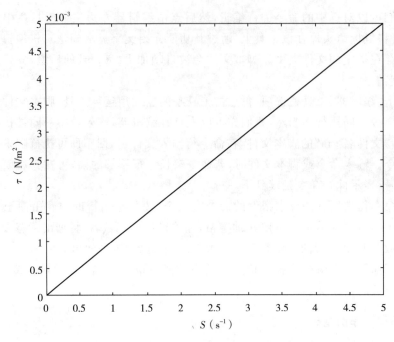

图 1-13 切应力-应变率关系图

```
hold on                    % 下面作图重叠在前一图上
mu2 = 1.83e - 5;           % 空气的动力黏度,单位 kg/(m·s)
tau2 = mu2 * S;
plot(s,tau2,'r - -')       % 以红色的虚线画出新线条
legend('水','空气')         % 加上图标
title('切应力应变率关系对比图')  % 加上标题
```

　　要说明的是,plot 命令里单引号内的内容为指定作图的线的颜色及类型,b 表示蓝色,r 表示红色,k 表示黑色等;－表示实线,－－表示虚线。若 y 轴采用对数坐标作图,打开网格线可采用如下命令:

```
figure(2)
semilogy(s,tau,'b-',s,tau2,'r - -');
grid on
title('半对数坐标作图')
xlabel('\it{S} \rm(s^-^1)')
ylabel('\tau(N/m^2)')
legend('水','空气')
```

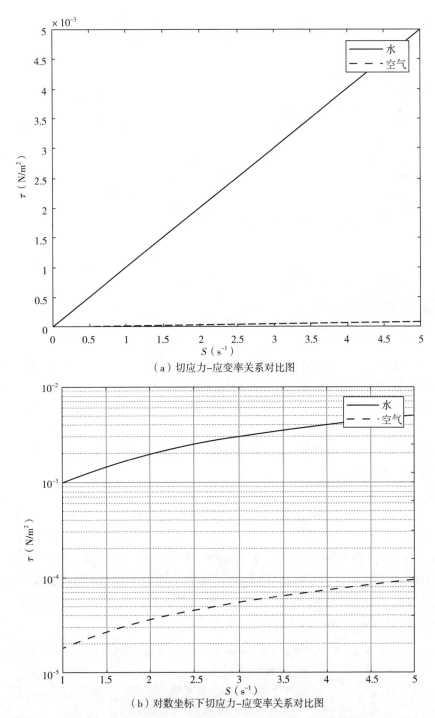

（a）切应力-应变率关系对比图

（b）对数坐标下切应力-应变率关系对比图

图 1 - 14　切应力-应变率关系对比图及对数坐标下切应力-应变率关系对比图

由图 1-14(a)可见，切应力随应变率线性增长，相同的应变率下，水的切应力比空气大很多，这是其动力黏度大的缘故。由图 1-14(b)可知，在任何应变率的情形下，水和空气的切应力的比是恒定的，为二者动力黏度的比，所以两条切应力线看起来是平行的。

双对数坐标的作图命令为 loglog。可采用如下方法对坐标轴进行进一步的控制：

```
axis([xmin xmax ymin ymax])        % 设定坐标范围
axis equal                         % 使坐标刻度增加相等
axis square                        % 使作图坐标范围为正方形
axis normal                        % 取消上面两个操作
axis off                           % 关掉坐标显示
axis on                            % 打开坐标显示
```

另外我们可以用 fplot，如 fplot('sin(x)/x',[-4*pi,4*pi])快速作单自变量函数在指定范围内的图。

1.6.4 程序设计基础

MATLAB 不仅可以用脚本文件统一执行系列命令，也可像其他高级语言一样创建函数，方便调用时灵活对参数赋值而无须改变函数内部。MATLAB 是基于 C 语言编写的，它的程序写法和其他高级语言也大致相同，如 if 条件语句及 for 循环语句等，这里以水的黏度随着温度变化的泊肃叶（Poiseuille）经验公式为例来介绍 MATLAB 程序的主要特点，以达到快速入门的目的。Poiseuille 液体黏度随温度变化经验公式为

$$\mu = \mu_0 \left(\frac{1}{1+at+bt^2} \right) \tag{1-13}$$

式中 μ_0 为 0℃ 时的黏度，a,b 为经验常数，t 为温度（℃）。对于水，$\mu_0 = 0.00179\,kg/(m \cdot s)$，$a = 0.033368$，$b = 0.000221$。我们要写一个输入温度，即可得到对应温度的黏度的程序。点击主页最左边工具条的新建脚本，打开程序编辑器，进行如下程序（waterMu. m）输入：

```
function [mu] = waterMuAtT(t)    % 根据 Poiseuille 液体黏度随温度变化经验公式求水在 t℃ 时
                                    的动力黏度
                                 % t:输入的摄氏温度
                                 % Mu:输出的水在 t℃ 时的黏度
mu0 = 0.00179;                   % 水在 0℃ 时的黏度,单位 kg/(m·s)
```

```
a = 0.033368；
b = 0.000221；                    %  经验公式参数
mu = mu0/(1 + a * t + b * t * t)；
end
```

上述程序%后已加了一些解释帮助理解,要补充说明的是:

(1)写函数时,首先要使用关键字 function 声明。

(2)其后空格后的方括号内以逗号分隔不同的输出变量名,若只有一个输出变量,也可以不用方括号,且 function 声明与方括号之间需有空格。

(3)等号右边首先是函数的名称,存储时一般就以函数名加后缀".m"为文件名,比如存储本函数的文件名就为"waterMuAtT.m"。

(4)函数名后圆括号内以逗号分隔的为输入变量名。输入变量即使在函数内部运算中改变了其值,函数运行结束后还会恢复其原来的值。

(5)若希望在函数运行结束后保存运行时改变的输入变量值,就需也将它写入左边输出变量中。

(6)若函数语句有错,编辑器右边垂直滑动杆的栏内会有红色的小横杠出现,将鼠标指示符置于其上,就会显示出错的行号及解释,有助于在调试前纠正程序的语法错误。

至于函数调试,和其他高级程序语言大致相同,这里不再赘述。函数调试好后储存,将函数的文件夹加入路径或将当前文件夹调至存此程序的文件夹,就可以采用如下形式调用,比如说求 20℃时的黏度:

```
≫ a = waterMuAtT(20)
a =
    0.0010
```

调用时输出变量名可任意指定,不一定用写程序时的输出变量名。

1.6.5　创建图形用户界面程序

上节所介绍的函数可以快速计算指定温度下的水的黏度,但是如要计算不同流体对应不同温度时的黏度,就要修改程序了。如果我们希望给用户更大的自由度和使用的舒适度,让其可以自由设定不同流体的黏度计算公式参数,就需要创建**图形用户界面程序**(graphic user interface,GUI)。MATLAB 可以方便地创建图形用户界面程序。我们还是通过上面的例子来介绍,具体步骤如下:

(1)在命令行输入 guide,按回车键,弹出如图 1 – 15 所示的"GUIDE 快速入门"窗口选择既定缺省值的"新建 GUI　Blank GUI(Default)"。如图 1 – 16 所示的空白 GUI 设计模板就会打开。

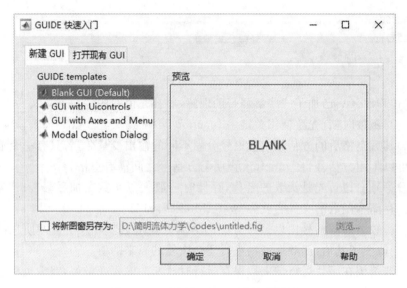

图 1-15　选择打开 GUI 设计模板图

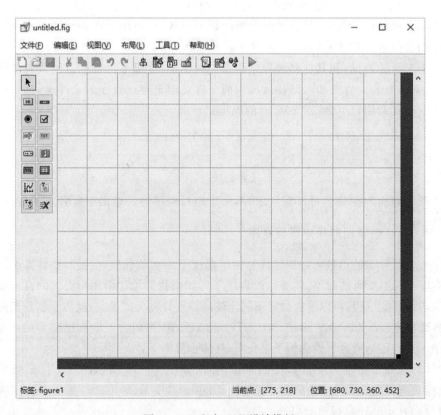

图 1-16　空白 GUI 设计模板

（2）模板左边为常用控件的工具栏，从上至下第一列分别为选择（selection）、按钮（push button）、单选择纽（radio button）、可编辑文本（edit text）、弹出菜单（pop-up menu）、切换按钮（toggle button）、坐标区（axes）、按钮组（button group）；第二列分别为滑动条（slider）、复选框（check box）、静态文本（static text）、列表框（list box）、表格（table）、面板（panel）及 ActiveX 控件。窗口中的方格区域是创建 GUI 的区域，可拖动右下角改变其大小。选中左边工具栏中所需的控件拖至方格区的相应位置即可。本程序需要的控件是文字输入框、静态文本框及按钮，分别用于输入变量值、显示变量名称单位及等待行动指令。

（3）先创建第一行显示初始 0℃时黏度的静态文本及其后面供输入其值的文本编辑框。如图 1-17(a) 所示，分别将两个控件拖至如图 1-17(a) 所示位置，可拖动其边框黑点改变其大小。通过双击上述两控件，在弹出的属性列表中改变相应的属性完成对上述两控件的命名并使其在 GUI 显示需显示的文字。比如说，对于第一个静态文字框，我们希望它显示"0℃黏度[kg/(m·s)]"，双击该控件，在弹出的如图 1-17(b) 所示的"属性编辑器"左边找到"String"属性，在其右边文本编辑框内输入对应文字，按下回车键即可。还可通过设定其"Background Color"属性改变其颜色，我们将其设定为青色。对在程序中要互动的控件，如此例的可编辑文本，除了让它在程序启动时显示 0℃时的黏度值（这在该控件的"String"属性设置）外，还需在程序运行时可识别此控件，读取框内的输入值，这就需要给其起一个程序中独一无二的名字，这是在控件的"Tag"属性设定的。我们对此 GUI 中所需读取数字的控件的"Tag"属性分别命名为"edit_mu0""edit_a""edit_b""edit_T"；将需显示制定温度的黏度的静态文本框命名为"txt_mu"。将计算并作图的命令按键的"Tag"属性设定为"cmd_CalPlot"。这些设定非常重要，因为在后边的回调函数的编程中要用到这些名称。下面要进行的就是存储及回调函数（callback functions）的编写了。

GUI 第一行下边的三行控件相类似，可通过复制、粘贴及更改名称、显示文字及"Tag"属性的方法更加快捷地创建。最后编辑好的 GUI 程序界面如图 1-18 所示。上边还用静态文本加了标题表示此程序要做什么，下边也用静态文本进行了注释，进一步提示读者如何输入温度计使用缺省值。

（4）点击 GUI 工具条的"保存"键，以"muT. fig"名保存 GUI 设计画面及对控件的属性的设定。这时 MATLAB 同时会创建此 GUI 的"muT. m"文件，内含主程序及各控件的回调函数的模板并自动显示在程序编辑器中。下面我们只需对执行计算作图命令编写程序。

（5）回到 MATLAB 主界面，如图 1-19 所示，点击编辑器菜单项中导航的转至，选择"cmd_CalPlot_Callback"，就会自动跳至对应的回调函数部分，进行我们的编程。

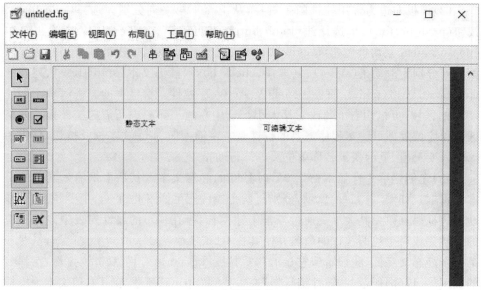

（a）使用控件

（b）设定属性画面

图 1-17　使用控件及其设定其属性画面

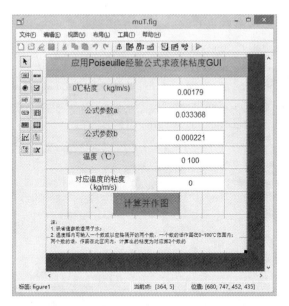

图 1-18 黏性系数随温度变化计算并作图的 GUI 程序界面

图 1-19 跳至需编写回调函数的部分

对计算按钮的回调函数如下：

```
function cmd_CalPlot_Callback(hObject,eventdata,handles)
% hObject      handle to cmd_CalPlot(see GCBO)
% eventdata   reserved - to be defined in a future version of MATLAB
% handles     structure with handles and user data(see GUIDATA)
mu0 = str2double(get(handles. mu0,'String'));
a = str2double(get(handles. a,'String'));
b = str2double(get(handles. b,'String'));
t = str2num(get(handles. t,'String'));

mu = mu0. /(1 + a * t + b * t. * t)
len = length(mu);
set(handles. tex_mu,'String',num2str(mu(len)))

% plot
figure(1)
clf
len = length(t)
switch  (len)
case 1
    t1 = 0;
    t2 = 100;
case 2
    t1 = t(1);
    t2 = t(2);
otherwise
    disp(' Input error,no more than 3 Teps permitted. I plot with the first 2 ')

end
T = linspace(t1,t2,100);
Mu = mu0. /(1 + a * T + b * T. * T);
plot(T,Mu)
xlabel('\it{T} (^oC)')
ylabel('\mu(kg/m/s)')
```

其中头三行的注释行为自动产生的，后面 4 行为我们所进行的对回调函数的编程输入。handles 为包含各控件的结构体，get()函数通过它取得各对应文字编辑框的输入字符，而 str2double()函数将字符(string)转换为双精度数供下面计算用。

set()函数将计算结果显示在"Tag"名为"txt_mu"的静态文本框中(图 1 - 20)。

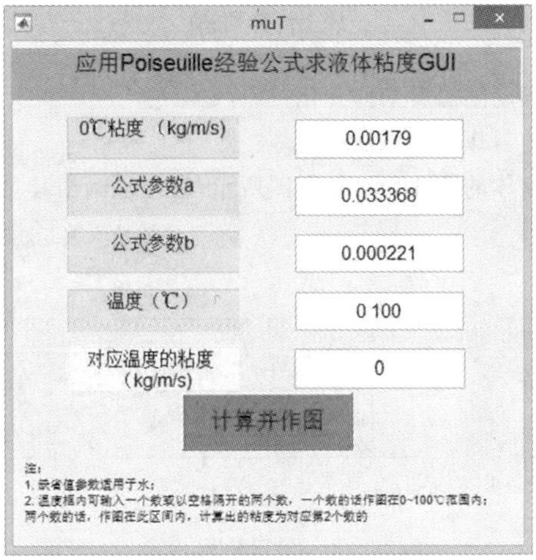

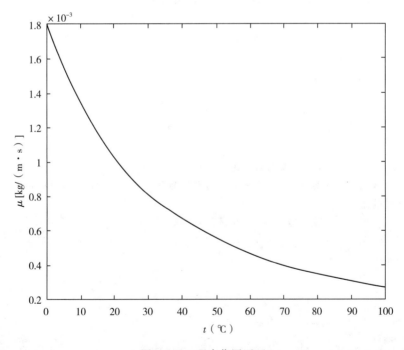

图 1 - 20 程序运行画面

点击"计算并作图"按钮,就会得到图 1 - 21。

图 1 - 21 程序作图画面

其上的工具条可用来对图形进行各种编辑,选择菜单 File/Save as 可将图形存为 tiff、jpg 以及 MATLAB 的 fig 等格式。

思考练习题

1.1 液体和气体的黏度随温度如何变化？原因为何？

1.2 为什么水通常被看作是不可压缩流体？

1.3 设三种不同的流体的流速分布如下图所示，定性地画出其对应的切应力分布。

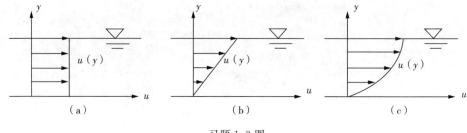

习题 1.3 图

1.4 容积为 $5m^3$ 的水，当压强增加了 5 个大气压时容积减少了 1L。求：(1)水的体积模量；(2)要使其体积压缩 1/1000，需要多大的压强？

1.5 设海平面处的海水平均密度约为 $1030kg/m^3$，已知海下 $h=8km$ 处压强为 $p=8.17\times10^7 Pa$，设海水的平均体积模量 $K=2.34\times10^9 Pa$，试求该深处海水的密度。

1.6 圆形盛水容器绕中轴以角速度 ω 在水平方向旋转，试求其内部距中心轴 r 处的垂向及水平方向的单位质量力。

1.7 若一矩形渠道的流速分布为 $u=0.002\dfrac{\rho g}{u}(hy-0.5y^2)$，式中，$g$ 为重力加速度；ρ,u 分别为水的密度及动力黏度；h 为水深；y 为至渠底的距离。当 $h=0.5m$ 时，试求：(1)切应力的表达式；(2)渠底及表面的切应力，并绘制沿铅垂线的切应力分布图。

1.8 活塞和气缸 0.4mm 的间隙内充满了动力黏度为 $0.06kg/(m \cdot s)$ 的油，气缸直径为 12cm，活塞长度为 15cm。求当施加外力 F 为 8N 时，活塞的匀速运动速度。

1.9 相距 2mm 的两块平板插入表面张力系数为 $0.0725N/m$ 的水中，设接触角为 $\theta=8°$，求毛细水柱的高。

第 2 章　量纲分析

考虑到量纲分析在现代科学研究中的重要性以及对学习后续内容的帮助作用,我们将其放在第 2 章。本章主要介绍量纲分析的一些基本概念及方法,应用其推导管道流的水头损失及淹没体的阻力计算公式。学习中要注意体会其新观念在科研中的作用。

2.1　量纲分析的意义及相关基本概念

量纲分析已成为科学研究的一种主流,不仅在流体力学,也在生物学、医学及社会科学等领域广泛应用。学习这部分内容的意义如下:

(1)减少研究复杂问题时需考虑的变量数,简化复杂的运动方程;

(2)设计模型实验;

(3)以低成本获得有价值的结果;

(4)洞悉复杂现象的本质,做出新的科学发现;

(5)为现代科学与工程应用的研究带来方便。

学会灵活运用量纲分析,既需要过去的知识积累,也需要直觉的领悟及洞察力,让我们在后面的学习中渐渐体会。除了本章所讨论内容外,读者可参见本书 5.5.2 小节及 10.2.2 小节学习量纲分析是如何帮助我们简化复杂的运动方程,以求得近似解。

量纲(dimension)表示的是同类物理量的符号。我们用 L、T、M、θ 分别表示长度、时间、质量及温度的量纲。这些不能用其他量纲的组合来表示的量纲我们称之为**基本量纲**(primary dimension),反之则为**导出量纲**(derived dimension)。导出量纲一般用基本量纲的组合来表示,如单位为 g/m^3 的浓度 c 的量纲为 $[ML^{-3}]$。一些常用物理量的量纲见表 2-1。

表 2 - 1　流体力学中常用物理量的量纲

物理量	常用表示符号	量纲
长度	L	L
质量	M	M
时间	T	T
面积	A	L^2
体积	Ω	L^3
速度	U	LT^{-1}
密度	ρ	ML^{-3}
重度	γ	$ML^{-2}T^{-2}$
动力黏度	μ	$ML^{-1}T^{-1}$
力	F	MLT^{-2}
功	W	ML^2T^{-2}
功率	N	ML^2T^{-3}
压强,应力	p,τ	$ML^{-1}T^{-2}$
运动黏度	ν	L^2T^{-1}

2.2　量纲和谐原理

量纲和谐原理(principle of dimensional homogeneity)是指一个正确反映物理过程的方程的各项的量纲是相同的。它简单而十分有用。我们来研究一下流体力学中著名的表示不可压缩流体能量守恒的伯努利方程的各项量纲。

$$z+\frac{p}{\rho g}+\frac{V^2}{2g}=\text{常量} \qquad (2-1)$$

其各项的物理意义分别为以水头高度表示的单位重量液体的位置势能、压力势能及动能,对应的量纲均为长度[L],$[ML^{-1}T^{-2}/(ML^{-3}LT^{-2})]=[L]$,$[L^2T^{-2}/(LT^{-2})]=[L]$。量纲和谐原理不仅可以帮助我们判断推导出的方程正确与否,还可以帮助我们记忆公式(例如,不确定伯努利方程的压力项的分母有没有 g,查一下它的量纲就行了),更能帮助我们"猜出"一些重要的公式,这在后面讲述伯努利方程时还会提到。

2.3　相似原理和相似准则

用数学分析方法能解决的流体问题仅占总体的一小部分。要解决实际应用中复杂的流体力学问题,如研究水坝的泥沙输运及飞行阻力等问题,我们需将尺度较大的原型按一定比例缩小成模型。为了能由比例较小的模型获得的力、速度等推出原型对应量的值,就需要使模型和原型相似(similarity)。进行模型试验时,由于条件限制,我们不可能使模型和原型之间所有的无量纲数相等,所以第一步就要考虑选择恰当的相似准则以保证模型和原型间一对起重要作用的力比相等。

2.3.1　相似原理

相似原理就是要保证模型和原型的流动相似。为此模型和原型之间需保持几何、运动及动力相似。

几何相似(geometric similarity):模型和原型的所有对应线段的长度比相同及所有对应角的角度相同。几何相似是其他相似的基础。

运动相似(kinematic similarity):模型和原型各对应点的运动方向相同,大小比例也相同。几何相似基础上的运动相似实际上保证了模型和原型之间的时间也是相似的,即时间比尺(time scale)也是相同的。设原型和模型长度比尺(length scale ratio)为 l_r,速度比尺为 u_r,那么时间比尺为

$$t_r = \frac{t_p}{t_m} = \frac{l_p/u_p}{l_m/u_m} = \frac{l_p/l_m}{u_p/u_m} = \frac{l_r}{u_r} \tag{2-2}$$

式中下标 r,p,m 分别表示比尺、原型及模型,来自对应英文的首字母。由推导结果可看出,求一个量的比尺时,可将对应所需物理量的比尺看作有量纲的量进行运算。比如说,若原型和模型的长度及时间比尺已知,那么加速度比尺也就确定了,为

$$a_r = \frac{l_r}{t_r^2} \tag{2-3}$$

请自己验证推导过程。

动力相似(dynamic similarity):模型和原型间对应点所受的作用力种类及方向相同,各对同种力的大小比也相同。根据牛顿运动定律,有了几何相似及动力相似就可保证运动相似。

2.3.2 相似准则

相似准则(similarity criteria)由一系列重要无量纲数,如雷诺数、弗雷德数、马赫数等构成。使实验符合某个相似准则,即为保持原型和模型之间的某个无量纲数相等,也就是维持了模型和原型之间的某一对力的比相同。由于条件的限制,要保持模型和原型之间所有力的比都相同,达到完全的动力相似,几乎是不可能的。比如说,在地球上做实验,模型较原型缩小到百分之一的话,重力很难缩小到百分之一;我们一般用水做实验,黏性系数恰好缩小到百分之一的液体也很难找。所以我们只能选择一些对我们所要研究的特定问题来说比较重要的力,保持它们之间的比一定,得到满足一定精度要求的结果。一般一对力的比构成一个相似准则,对应一个有特定名称的无量纲数。在计算这些无量纲数时,我们用有代表性的特征速度 V、长度 L、密度 ρ、运动黏度 ν、重力加速度 g 等的组合来表示各种力。流体力学中最常用的无量纲数如下:

(1)雷诺数(Reynolds number ,Re):为惯性力和黏性力之比。

$$Re = \frac{惯性力}{黏性力} = \frac{ma}{L^2 \rho \frac{V}{L}} = \frac{\rho L^3 \, L/t^2}{\rho VL} = \frac{\rho L^2 V^2}{\rho VL} = \frac{VL}{\nu} \qquad (2-4)$$

是判定流体流动为层流、湍流流态的一个重要指标。

(2)弗雷德数(Froude number ,Fr):为惯性力和重力之比。

$$Fr = \frac{惯性力}{重力} = \frac{\rho L^2 V^2}{mg} = \frac{\rho L^2 V^2}{\rho L^3 g} = \frac{V^2}{gL} \qquad (2-5)$$

是反映明渠流缓流、急流的一个重要指标。也有将其平方根定义为弗雷德数的。

(3)欧拉数(Euler number ,Eu):为压力和惯性力的比。

$$Eu = \frac{压力}{惯性力} = \frac{F_p}{F_I} = \frac{pL^2}{\rho L^2 V^2} = \frac{p}{\rho V^2} \qquad (2-6)$$

对于不可压缩流体的流动,常用流场中的压降 Δp 作为欧拉数的分子,它反映了流动过程中动量损失率的相对大小。

(4)马赫数(Mach number ,Ma):为惯性力和弹性力的比。

$$Ma = \frac{惯性力}{弹性力} = \left(\frac{\rho V^2 L^2}{E_v L^2} \right)^{1/2} = \frac{V}{\sqrt{E_v/\rho}} = \frac{V}{c} \qquad (2-7)$$

式中 c 为声音在空气中的速度。一般当在空气中的运动速度的马赫数小于 0.3 时,可将空气视为不可压缩流体。进行空气动力学的有关模型的实验时,一般需保持模型和原型的马赫数一致。

（5）斯特劳哈尔数（Strohal number，St）：为振荡力和惯性力的比。

$$St = \frac{振荡力}{惯性力} = \frac{\omega L}{V} \qquad (2-8)$$

式中 ω 为如圆柱绕流的卡门涡街的振荡频率。风吹过电线及流水绕过桥墩的 $St = 0.21$。

在后面的学习中，我们将进一步熟悉、加深理解这些无量纲数及其应用。

2.3.3　模型试验

进行模型实验时，一般先要根据场地、经费等条件先确定长度比尺。前面已谈到为保持模型和原型相似，还需使它们之间满足一定的相似准则。这须有所取舍，选择对所研究的特定问题而言重要的相似准则，也即保持模型和原型间对应相似准则的无量纲数相等。

流体力学中常遇到的模拟有压管道内水的流动时，黏性力起着重要的作用，这时需要使模型和原型之间的雷诺数一致；而进行水力学的有关明渠流的实验时，重力比较重要，这就需使模型和原型的弗雷德数一致。

2.4　量纲分析 1
——求有压管流的水头损失

量纲分析实例详解——
水头损失公式

量纲分析（dimensional analysis）最初由白金汉（Buckingham，1914）较完整地表述出来，又称为 Pi 定理（Pi theorem），由确定和所研究问题相关的变量、选择**比尺变量**（scaling variables）、确定和问题相关的无量纲数及最终找出无量纲数之间的函数关系等步骤构成。有些量本身就是无量纲量，如弧度角度（为圆弧长度对其半径之比）、体积分数、壁面相对粗糙度及坡度等。下面我们来看推导有压管道流的水头损失的**达西－维斯巴赫公式**（Darcy-Weisbach formula）例子。

2.4.1　找出和研究问题相关的物理量

根据实践经验或文献资料，我们知道管道流的压强损失 $\mathrm{d}p$ 应与流体密度 ρ、流体运动黏度 ν、管道长度 L、管道直径 D、管道壁面粗糙度 e 及流速 V 等相关。所以和此物理过程相关的变量数 $n=7$，它们之间应存在函数关系，即

$$f(\mathrm{d}p, \rho, \nu, L, D, e, V) = 0 \qquad (2-9)$$

2.4.2 选择比尺变量

从其中选出 m 个(一般为 $2 \sim 3$ 个)**比尺变量**(scaling variables)又称**重复变量**(repeating variables),因为它们将被反复使用,与剩下的变量构成 $n-m$ 个无量纲数。选择比尺变量的原则是:它们之间不构成无量纲数,而剩下的变量都可和它们的全部或部分(包括一个)构成无量纲数。每一个无量纲数我们称之为一个 Pi 数,分别用希腊字母 $\varPi_1$,$\varPi_2$ 等来表示。这里存在一定的不确定性,选取不同的比尺变量就会得到不同的无量纲数。除了满足以上两点原则外,一般的经验是不要选需要找出其函数关系的变量。比如说,我们希望研究 dp 和黏度的关系,那么我们就不选它们作为比尺变量。如果它们出现在各个无量纲数中,就不好研究它们之间的关系了。据此,对于水头损失问题,我们选速度 V、管径 D 及水的密度 ρ 为比尺变量。

2.4.3 找出相关无量纲数

这样我们就可得到 4 个无量纲数,分别为

$$\varPi_1 = \frac{\mathrm{d}p}{V^{a_1} D^{b_1} \rho^{c_1}}$$

$$\varPi_2 = \frac{\upsilon}{V^{a_2} D^{b_2} \rho^{c_2}}$$

$$\varPi_3 = \frac{L}{V^{a_3} D^{b_3} \rho^{c_3}}$$

$$\varPi_4 = \frac{e}{\upsilon^{a_4} D^{b_4} \rho^{c_4}}$$

要使它们的分子分母的量纲相同,只要确定好各个比尺变量的指数就可以了。可以通过解三元一次代数方程组求得各个无量纲数的基本量纲的指数值,但如果我们对前述相似准则熟悉的话,可迅速确定这些指数。比如说 $\varPi_1$ 第一个的分子为压力,让我们立即可联想到欧拉数的式(2-6),从而立即得到 $a_1 = 2, b_1 = 0, c_1 = 1$,$\varPi_1 = \frac{\mathrm{d}p}{\rho V^2}$。再看 $\varPi_2$,其分子为运动黏度,分母有速度及长度变量,那么就可以想到它实际上表示的为黏性力和惯性力的比,应是雷诺数式(2-4)的倒数,那么我们立即可写出 $\varPi_2 = \frac{\upsilon}{VD}$。$\varPi_3$,$\varPi_4$ 就更简单了,它们的分子量纲均为长度,那么它们分母的量纲也必然为长度,所以 b_3,b_4 必须等于1,且其他指数均等于0。$\varPi_3 = \frac{L}{D}$ 为简单的管长对管径长度比,$\varPi_4 = \frac{e}{D}$ 为管道的相对粗糙度。

2.4.4　确定无量纲数之间的函数关系

所有的无量纲数求好后，函数式（2-9）就可写成 $\Pi_1 = f(\Pi_2, \Pi_3, \Pi_4)$，即

$$\frac{\mathrm{d}p}{\rho V^2} = f\left(\frac{\nu}{VD}, \frac{L}{D}, \frac{e}{D}\right)$$

还需要实验或理论知识来进一步明确函数关系。实验告诉我们，压强水头的损失是和管道长度的一次方成正比的，所以可以将 Π_3 移至函数符号外部来，另外，函数符号内的 Π_2 为雷诺数的倒数，我们将它倒过来，写成熟知的雷诺数也是没有问题的，两边再乘以速度的平方，除以重力加速度 g，就得到

$$\frac{\mathrm{d}p}{\rho g} = \frac{LV^2}{gD} f\left(Re, \frac{e}{D}\right) = f'\left(Re, \frac{e}{D}\right) \frac{L}{D} \frac{V^2}{2g} = \lambda \frac{L}{D} \frac{V^2}{2g} \qquad (2-10)$$

至此，推出了以水头高度表示的有压管流的压强损失的公式。式中 $f' = 2f$，之所以这么做，是为了以单位重量流体的速度水头 $\dfrac{V^2}{2g}$ 来表示压力水头的损失。式中 $\lambda = f'\left(Re, \dfrac{e}{D}\right)$ 为**水头损失系数**（friction factor）。上面的量纲分析明确告诉我们，它是雷诺数及相对粗糙度的函数。至于其具体函数关系还需要通过实验或理论分析来确定。6.3 节 ~ 6.5 节所讨论的尼古拉兹（Nikuradse）实验和莫迪图（Moody chart）正是为我们确定了这种关系。

由上述量纲分析可见，它不仅可以帮助我们减少分析复杂问题时所需考虑的变量数（由 7 个减少到 4 个），还可以帮助我们发现所考虑的物理过程中重要的无量纲数（如雷诺数、欧拉数等），从而帮助我们规划目的明确的实验（如尼古拉兹实验）来解决单凭理论分析及量纲分析不能解决的问题，如沿程阻力系数 λ 的取值等。

2.5　量纲分析 2——求淹没体的运动阻力

流体力学中研究的一大部分内容是关于淹没体（immersed body）的运动。如常见的飞机、火箭、船舰、汽车、球类等的运动以及风中的建筑物等均可看作是淹没体的运动。其中一个主要的研究内容就是如何减少阻力，使物体运动得更快一点。这节我们将通过量纲分析推导出淹没体的阻力计算公式，并介绍实验测得的一些阻力系数。

2.5.1 基于经验的问题导入

对于物体在流体中的运动,如汽车、火车的行驶,飞机的飞行以及体育速度类的竞技比赛等,流体力学研究的一个主要目的是尽可能地减少阻力,使物体运动得更快些、更节能。就阻力而言,淹没体的运动主要有物体表面的**摩擦阻力**(friction drag)及物体前后的**压差阻力**(pressure drag)两大类。对于流体中快速运动的钝形物体,如图 2-1(a)所示,存在边界层的分离,在流体中运动物体的尾部出现高度的紊流成为一个低压区,使得前后压差阻力非常大,极大地阻碍了物体的快速运动。

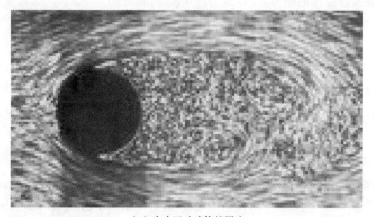

(a)水中运动球体的尾迹

(b)水下企鹅的游动

图 2-1 有无边界层分离的运动对比图

相反在海洋公园仔细观察企鹅、海狮或海豹等在水中的游动,在其全身或尾部几乎观察不到反映边界层分离的大量漩涡,其轻松地扭动身体便可以在水中如箭一样快速游动,如图 2-1(b)所示。这是因为其流线型的体形及特殊的皮毛特性使前后几乎没用压差阻力,并且其皮毛的表面摩擦阻力也很小。在流体力学中如何求得淹没体运动的阻力呢? 由于实际应用中,除掉特殊的迎流面积非常小的薄板的情形,多数情形下的阻力主要为压差阻力,所以下节量纲分析给出的阻力计算公式就是以压差的形式表示的。

2.5.2 淹没体所受阻力的量纲分析

飞机、汽车等在大气中运行及潜艇在水中航行所受到的阻力 $F\ [\mathrm{MLT^{-2}}]$ 是设计这些物体时需要考虑的一个重要的物理量。经验告诉我们,它主要和运动速度 $V\ [\mathrm{LT^{-1}}]$、迎流面断面面积 $A\ [\mathrm{L^2}]$、壁面粗糙度 $e\ [\mathrm{L}]$、流体的密度 $\rho\ [\mathrm{ML^{-3}}]$ 及动力黏度 $\mu\ [\mathrm{ML^{-1}T^{-1}}]$ 等因素有关。取 ρ,V,A 为比尺变量,根据量纲分析可得到 3 个无量纲数,分别为 $\varPi_1=\dfrac{F}{\rho V^2 A},\varPi_2=\dfrac{\mu}{\rho V\sqrt{A}},\varPi_3=\dfrac{e}{\sqrt{A}}$。第二个依然为雷诺数的倒数,和前面一样我们不妨以其倒数雷诺数来替代;第三个为相对粗糙度,亦不妨称之为形状系数。这样我们就可以推出流体中运动物体的阻力表达式了,具体如下:

$$\varPi_1=\frac{F}{\rho V^2 A}=f(\varPi_2,\varPi_3)=f\left(Re,\frac{e}{\sqrt{A}}\right)\Rightarrow$$

$$F=C_\mathrm{D}\rho\frac{V^2}{2}A \qquad\qquad (2-11)$$

式中 $C_\mathrm{D}=2f\left(Re,\dfrac{e}{\sqrt{A}}\right)$ 为**阻力系数**(drag coefficient)。其中相对粗糙度主要反映了摩擦力的影响,而雷诺数则和压差阻力密切相关。可见尽管没有高深的数学推导,量纲分析所给出的阻力计算公式(2-11)却提供给我们许多非常有用的信息。它使我们知道,阻力和流体的密度成正比,所以在水中行驶的阻力比在空气中大许多倍,而如图 2-2 所示的超空泡技术使在水中高速运动的鱼雷的阻力近似为气体的阻力,从而可大大提高其速度。阻力和速度的平方成正比,反映了提高速度的难度之大,游泳运动员将成绩提高 0.1s 都很了不起。而阻力系数反映了阻力和摩擦阻力及流态有关,和前面的管道流的水头损失系数一样,还需实验或其他理论推导求得其对应不同物体不同流态的数值。实验测得的阻力系数值既包含了压差阻力,也含有摩擦阻力。

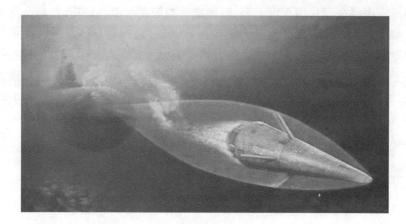

图 2-2　超空泡下的鱼雷

2.5.3　关于阻力系数的一些实验结论

和圆管内流动的沿程阻力系数类似,理论分析仅能得出在雷诺数很低时层流的有关圆球的阻力系数,大多数实用情形下的淹没体运动的阻力系数还需实验测定或**计算流体力学**(computational fluid dynamics/CFD)去估算。图 2-3(a)(b)(c)分别展示了实测的二维圆柱、常见物体在不同雷诺数下的阻力系数值以及汽车的阻力系数随年代逐渐下降的变化图。

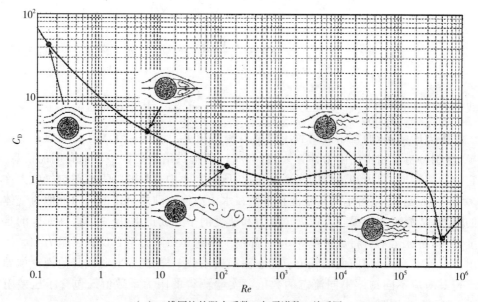

(a)二维圆柱的阻力系数C_D与雷诺数Re关系图

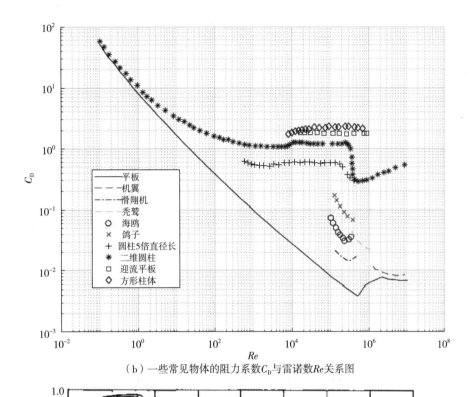

（b）一些常见物体的阻力系数C_D与雷诺数Re关系图

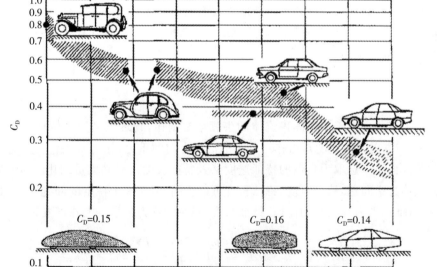

（c）汽车的阻力系数C_D与年代关系图

图 2-3　阻力系数变化图

图 2-3(a)反映了二维圆柱的 C_D 与 Re 的关系图。由图可见,在雷诺数很小时($Re \ll 1$),为蠕动或层流,摩阻与压阻均很大,所以此时 C_D 较大且和雷诺数几乎成线性反比的关系。随着雷诺数的增大,圆柱后出现了边界层分离,压力阻力渐成为主要的阻力,阻力系数继续随着 Re 的增加而下降,但下降速率有所减缓。雷诺数增大至 3×10^5,C_D 变化不大,之后前半部层流边界层转捩为湍流边界层,分离点大幅后移,使压阻大幅减小,从而使 C_D 降低了约一个数量级。

由图 2-3(b)可见,方形等钝形迎流面较大的物体阻力系数高,具有流线形迎流面的圆柱阻力系数相对较小,迎流面更小的沿流向放置的平板阻力系数小,和圆柱类似,它也存在一个使阻力系数明显减少的转捩雷诺数,约为 5×10^5。具有流线形体型的海鸥、老鹰等阻尼系数都很小,只有 0.1 左右。图 2-3(c)显示汽车阻力系数由 20 世纪 20 年代初期的 0.8 左右在 100 年间下降到约 0.15,其中流体力学研究的贡献是不言而喻的。

2.6 基本方程的无量纲化

前面我们通过以特征量表示两个力的比以及量纲分析求有压管流的水头损失都导出了雷诺数,这节我们来看将基本方程无量纲化,在减少变量、方便理论分析的同时,也导出了雷诺数,并且还能助力我们更深刻地洞见基本方程背后的物理意义。以不可压缩流体的纳维尔-斯托克斯方程为例,方程的推导在第 4 章 4.5.6 小节,其张量表达式为

$$\rho \frac{\mathrm{d}u_i}{\mathrm{d}t} = \rho g_i - \frac{\partial p}{\partial x_i} + \mu \frac{\partial^2 u_i}{\partial x_j \partial x_j}$$

其实际上就是应用于单位体积流体的牛顿第二定律,物理意义为单位体积流体沿坐标轴 x_i 方向的加速度是由作用其上的沿该方向的重力、压力及黏性力的合力产生的。我们可以选取为常量的特征速度 V 及特征长度 L 对其无量纲化。对不同的具体流体力学问题,特征速度、特征长度可以不同,但对一个特定的问题,比如说管道流,特征速度为管道平均流速、特征长度为管径,均为常量。上式可变为

$$\rho \frac{V}{L/V} \frac{\mathrm{d}u_i^*}{\mathrm{d}t^*} = \frac{\rho V^2}{L} g_i^* - \frac{\rho V^2}{L} \frac{\partial p^*}{\partial x_i^*} + \frac{\mu V}{L^2} \frac{\partial^2 u_i^*}{\partial x_j^* \partial x_j^*}$$

$$\frac{\mathrm{d}u_i^*}{\mathrm{d}t^*} = g_i^* - \frac{\partial p^*}{\partial x_i^*} + \frac{1}{Re} \frac{\partial^2 u_i^*}{\partial x_j^* \partial x_j^*} \tag{2-12}$$

式中以上标星号表示无量纲量。比如说对速度 u 乘以特征速度除以特征速度

V/V,分母的 V 和其合并就成了无量纲的 u^*,分子的 V 由于为常量可以拿到求导符号外边。其他变量的无量纲化过程以此类推。最后得到的无量纲化后的纳维尔-斯托克斯方程式(2-12),密度及黏度消去变量数减少了,在黏性力项的分母出现雷诺数,向我们揭示了雷诺数很大时,可以忽略黏性力。这正是在第 5 章谈到研究高速运动的物体时,可以将边界层之外的流体假设为理想流体、忽略其黏性力的理论依据。且在分析或做试验研究相关的流动时,无须单独考虑密度或黏度的变化,只要考虑雷诺数改变流动会怎样变化就可以了,减少了需要考虑的变量数,在节省实验所需时间及降低分析复杂性的同时,也使得分析结果更具有一般性,因此基本方程的无量纲化具有极为重要的意义。

2.7* 无量纲化解偏微分方程 —— 边界层方程的布拉修斯解

可以在学习 5.5.2 小节时来看本节内容。本节主要是介绍量纲分析可以将一些难解的偏微分方程转化为相对简单的一般微分方程来求解。5.5.2 小节所介绍的对边界层动量方程进一步假设 $\dfrac{\mathrm{d}U}{\mathrm{d}x_1}=0$,并应用速度散度为零的连续性方程后,关于两个未知函数的偏微分方程化为如下关于一个未知流函数的偏微分方程

$$\frac{\partial \psi}{\partial x_2}\frac{\partial^2 \psi}{\partial x_1 \partial x_2}-\frac{\partial \psi}{\partial x_1}\frac{\partial^2 \psi}{\partial x_2^2}=\nu\frac{\partial^3 \psi}{\partial x_2^3}$$

再根据第 5 章 5.2 节流函数的表达式可得

$$u_1=\frac{\partial \psi}{\partial x_2},u_2=-\frac{\partial \psi}{\partial x_1}$$

如果求得了流函数,那么边界层在两坐标轴方向的速度可由上式求得。边界层方程边界条件如下

$$\begin{cases} u_1(x_1,0)=u_2(x_1,0)=0 \\ u_1(x_1,\delta(x_1))=U(x_1) \end{cases}$$

式中 δ 为边界层厚度。尽管具备了完备的边界条件,上述偏微分方程依然在数学上是难解的。我们可以通过对其进行量纲分析、无量纲化至一般微分方程,进而求得其解。

对此问题进行量纲分析,此问题包含了 ψ,x_1,x_2,ν,U 五个变量,可写成 $F(\psi,x_1,x_2,\nu,U)=0$ 的形式,选取 x_1,ν,U 为比尺变量,可得到 2 个无量纲数:一个

为 $\Pi_1 = \dfrac{\psi}{\sqrt{\nu U x_1}}$，另一个为

$$\eta = x_2 \sqrt{\frac{U}{\nu x_1}} \qquad\qquad (2-13)$$

这样 5 个变量的函数 $F(\psi, x_1, x_2, \nu, U) = 0$ 就可用 2 个无量纲量表示成

$$\Pi_1 = \frac{\psi}{\sqrt{\nu U x_1}} = f(\eta) \Rightarrow \psi = \sqrt{\nu U x_1}\, f(\eta) \qquad (2-14)$$

进一步利用式 $(2-14)$ 将后文中偏微分方程式 $(5-47)$ 化为关于无量纲量 η 的函数 f 的一般微分方程。注意 ψ 是 x_1 及 f 的函数式 $(2-14)$，f 又是 η 的函数，而 η 又是 x_1 及 x_2 的函数式 $(2-13)$。要进行一系列复合函数的求导，先求 ψ 对坐标轴变量相关的导数

$$\frac{2\psi}{\partial x_2} = \sqrt{\nu U x_1}\, \frac{\mathrm{d}f(\eta)}{\mathrm{d}\eta}\, \frac{\partial \eta}{\partial x_2} \overset{f' = \frac{\mathrm{d}f(\eta)}{\mathrm{d}\eta}}{=} \sqrt{\nu U x_1}\, f' \sqrt{\frac{U}{\nu x_1}} = U f' \qquad (2-15\mathrm{a})$$

注意上式求导中，f 为关于一个无量纲的自变量 η 的函数，所以用的是求全导数的运算符。为了书写简洁，我们采用了牛顿的加一撇的简写法；η 是关于 2 个自变量 x_1 及 x_2 的函数，所以其对 x_2 的导数采用了偏微分的符号。下面一系列关于 ψ 的求导变换都是基于相同的原因，不再赘述。

$$\frac{\partial^2 \psi}{\partial x_2^2} = \frac{\partial (U f')}{\partial x_2} = U f'' \frac{\partial \eta}{\partial x_2} = U f'' \sqrt{\frac{U}{\nu x_1}} \qquad (2-15\mathrm{b})$$

$$\frac{\partial^3 \psi}{\partial x_2^3} \psi = \frac{\partial \left(U \sqrt{\dfrac{U}{\nu x_1}}\, f'' \right)}{\partial x_2} = \frac{U^2}{\nu x_1} f''' \qquad (2-15\mathrm{c})$$

$$\frac{\partial^2 \psi}{\partial x_1 \partial x_2} = \frac{\partial}{\partial x_1}\left(\frac{\partial \psi}{\partial x_2} \right) \overset{\text{式}(2-15\mathrm{a})}{=} \frac{\partial}{\partial x_1}(U f') = U f'' \frac{\partial \eta}{\partial x_1} = U f'' \left(\frac{-x_2}{2 x_1} \sqrt{\frac{U}{\nu x_1}} \right) = -\frac{U\eta}{2 x_1} f'' \quad (2-15\mathrm{d})$$

$$\frac{\partial \psi}{\partial x_1} \overset{\text{式}(2-14)}{=} \frac{\partial \left(\sqrt{\nu U x_1}\, f(\eta) \right)}{\partial x_1} = \frac{1}{2} f \sqrt{\frac{\nu U}{x_1}} + \sqrt{\nu U x_1}\, f' \frac{\partial \eta}{\partial x_1}$$

$$= \frac{1}{2} f \sqrt{\frac{\nu U}{x_1}} + \sqrt{\nu U x_1}\, f' \left(\frac{-x_2}{2 x_1} \sqrt{\frac{U}{\nu x_1}} \right) = \frac{1}{2} \sqrt{\frac{\nu U}{x_1}} (f - \eta f') \qquad (2-15\mathrm{e})$$

将式 $(2-15\mathrm{a}) \sim$ 式 $(2-15\mathrm{e})$ 带入后文中式 $(5-47)$ 得

$$U f' \left(-\frac{U\eta}{2 x_1} f'' \right) - \frac{1}{2} \sqrt{\frac{\nu U}{x_1}} (f - \eta f') U f'' \sqrt{\frac{U}{\nu x_1}} = \nu \frac{U^2}{\nu x_1} f'''$$

$$\frac{U^2}{2x_1}\eta f'f'' + \frac{U^2}{2x_1}(f - \eta f')f'' + \frac{U^2}{x_1}f''' = 0$$

$$\eta f'f'' + ff'' - \eta f'f'' + 2f''' = 0 \Rightarrow ff'' + 2f''' = 0 \qquad (2-16)$$

另由式(5-9)、式(2-13)及式(2-14)可推得

$$\frac{u_1}{U} = \frac{\mathrm{d}f}{\mathrm{d}\eta} \qquad (2-17)$$

将后文式(5-46)化为关于 f 函数的边界条件为

$$\text{壁面 } \eta = 0: f(0) = f'(0)\,, \eta \to \infty: \frac{\mathrm{d}f}{\mathrm{d}\eta} = 1 \qquad (2-18)$$

式中边界条件为速度的边界条件式(5-46)的必然结果,在壁面处速度为零,出边界层之外速度和外流场的速度相等。布拉休斯方程式(2-16)及式(2-18)没有解析解,普兰特的学生布拉休斯历经艰辛求得其解的博士论文(1908年)如今使用 MATLAB(参见 5.7.2 小节)的内置函数可迅速求得其数值解(见图 2-4)。

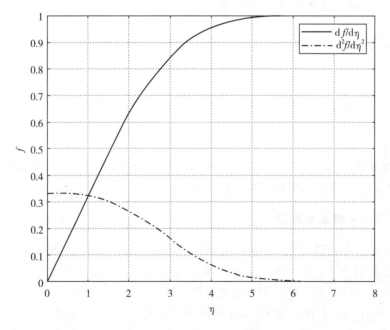

图 2-4　MATLAB 编程求得的布拉休斯方程的数值解

观察其解,满足边界层定义 $u/U > 99\%$ 所对应的 $\eta \approx 5.0$,由式(2-13)就可推导出边界层厚度的计算公式为

$$5.0 = \delta(x_1)\sqrt{\frac{U}{\nu x_1}} \Rightarrow \frac{\delta(x_1)}{x_1} = \frac{5.0}{Re_{x1}}$$

2.8 典型应用

这节我们来看在流体力学中应用非常广泛的几个基本公式的量纲分析推导。

2.8.1 求水坝发电功率

假设要在一条河流上建一座水坝,请对水坝可能的发电功率进行估算。

解:如果不知道计算公式,不要紧张,我们有量纲分析的强大工具。设想一下发电功率 N [ML^2T^{-3}] 可能会和哪些物理量有关呢?应该和水坝所拦住的水的落差 H [L] 有关,因为主要是将水的位置势能转换为电能。还应和流量 Q [ML^{-3}] 有关,单位时间的流量越大,必然发电功率越高,这里面也包含了动能转换为电能的因素。最后就应该和水的重度 γ [$ML^{-2}T^{-2}$] 有关了。我们有 $f(N,H,Q,\gamma)=0$,取 H,Q,γ 为比尺变量,由量纲分析得

$$\frac{N}{\gamma^a Q^b H^c} = \frac{[ML^2T^{-3}]}{[ML^{-2}T^{-2}]^a [L^3T^{-1}]^b [L]^c} \xrightarrow{\text{由分子分母量纲一致推得}} a=b=c=1$$

N 恰和三个比尺变量的乘积构成一无量纲数,即 $\dfrac{N}{\gamma QH}=k$,k 为一无量纲的常数。那么我们就可以求得河流水坝发电功率的基本估算公式为

$$N = k\gamma QH \qquad\qquad (2-19)$$

式中比例常数 k 需实验确定。应和发电机组的效率、过水通道的形状及摩擦力等因素有关。水泵升水功率亦可类似地计算。

2.8.2 求壁面切应力

经验告诉我们影响流体流动的壁面切应力 τ [$ML^{-1}T^{-2}$] 的因素有:过流断面平均流速 V [LT^{-1}]、水力半径 R [L]、壁面粗糙度 e [L]、流体的密度 ρ [ML^{-3}] 及动力黏度 μ [$ML^{-1}T^{-1}$]。求切应力的表达式。

解:取 ρ,V,R 为比尺变量,根据量纲分析可得到 3 个无量纲数,分别为 $\Pi_1 = \dfrac{\tau}{\rho V^2}$,$\Pi_2 = \dfrac{e}{R}$,$\Pi_3 = \dfrac{\mu}{\rho VR}$。第二个为相对粗糙度,第三个为雷诺数的倒数,和管道流的水头损失公式一样,我们不妨以其倒数雷诺数来替代,这样我们就基本推出流体流动壁面切应力的表达式为

$$\Pi_1 = \frac{\tau}{\rho V^2} = f(\Pi_3, \Pi_2) = f\left(Re, \frac{e}{R}\right) \Rightarrow \tau = C_d \rho V^2 。$$

式中 $C_D = f\left(Re, \frac{e}{R}\right)$ 为壁面阻力系数,和管道流的沿程阻力系数一样为雷诺数及壁面粗糙度的函数,还需实验或其他理论推导求得其值。可以看出求壁面切应力和第 2 章 2.5 节求淹没体的运动阻力的推导过程是非常相似的,实际上第 2 章 2.5 节讨论的阻力系数可以认为包含了压差阻力及这里所讨论的摩擦阻力的影响。

2.8.3　输油管道实验

用水管模拟输油管道。已知输油管道直径 $D_p = 500\text{mm}$,管长 $l_p = 100\text{m}$,输油量 $q_p = 0.1\text{m}^3/\text{s}$,油的运动黏度为 $\nu_p = 1.5 \times 10^{-4} \text{m}^2/\text{s}$。水管直径 $D_m = 25\text{mm}$,水的运动黏度为 $\nu_m = 1.0 \times 10^{-6} \text{m}^2/\text{s}$。试求:(1)模拟管道的长度和模型的流量;(2)如模型上测得的压强水头差为 $2.35\text{cm H}_2\text{O}$,求输油管上的压强水头差。

解:(1)

$$l_r = \frac{D_p}{D_m} = \frac{l_p}{l_m} \Rightarrow l_m = \frac{l_p D_m}{D_p} = \frac{100\text{m} \times 25\text{m}}{500\text{m}} = 5\text{m}$$

$$(Re)_p = (Re)_m$$

$$\left(\frac{Vl}{\nu}\right)_p = \left(\frac{Vl}{\nu}\right)_m \Rightarrow \left(\frac{Q}{\nu l}\right)_p = \left(\frac{Q}{\nu l}\right)_m \tag{a}$$

$$Q_m = \left(\frac{Q}{\nu l}\right)_p \times (\nu l)_m = \frac{0.1\text{m}^3/\text{s} \times 1.01 \times 10^{-6}\text{m}^2/\text{s} \times 5\text{m}}{1.5 \times 10^{-4}\text{m}^2/\text{s} \times 100\text{m}} = 3.367 \times 10^{-5}\text{m}^3/\text{s}$$

(2) 设满足动力相似

$$(Re)_p = (Re)_m, (Eu)_p = (Eu)_m$$

$$\left(\frac{\Delta p}{\rho V^2}\right)_p = \left(\frac{\Delta p}{\rho V^2}\right)_m \Rightarrow \left(\frac{\Delta p}{\rho g V^2}\right)_p = \left(\frac{\Delta p}{\rho g V^2}\right)_m \Rightarrow \left(\frac{\Delta p}{\rho g}\right)_p = \left(\frac{\Delta p}{\rho g V^2}\right)_m \left(\frac{V_p^2}{V_m^2}\right)$$

由式(a)得 $\dfrac{V_p}{V_m} = v_r = \dfrac{\nu_p}{\nu_m} \Big/ \dfrac{l_p}{l_m} = \dfrac{\nu_r}{l_r}$,带入上式得

$$\left(\frac{\Delta p}{\rho g}\right)_p = \left(\frac{\Delta p}{\rho g}\right)_m \frac{\nu_r^2}{l_r^2} = 0.0235\text{m} \times \frac{(1.5 \times 10^{-4}/1.01 \times 10^{-6})^2}{(500/25)^2} = 1.29583\text{m}$$

2.8.4　求汽艇功率

设计汽艇在密度为 1.1kg/m^3 的高空以 20m/s 的速度飞行,其流线型设计的阻

力系数为 0.01，迎流面积为 200m²，求所需驱动功率。

解：先求阻力，应用式（2-11）得

$$F = C_D \rho \frac{V^2}{2} A = 0.01 \times 1.1 \, \text{kg/m}^3 \times 0.5 \times (20\text{m/s})^2 \times 200\text{m}^2 = 440\text{N}$$

再求所需功率为

$$FV = 440\text{N} \times 20\text{m/s} = 8800\text{W}$$

2.8.5　求刹车距离

设一赛车重 1500kg，其阻力系数为 0.15，迎流面积为 0.8m²，带有一直径为 2m、阻力系数为 1.2 的减速伞，设空气密度为 1.2kg/m³，求若刹车失灵并忽略底面摩擦阻力，启动减速伞时，该车由 100m/s 减速至 1m/s 的距离。

解：车和减速伞的阻力合力作用使车停下，根据牛顿第二定律得

$$F = (C_{Dc} A_c + C_{Dp} A_p) \rho \frac{V^2}{2} = -M \frac{dV}{dt}$$

式中下标 c 表示赛车，p 表示减速伞，分离变量，定积分得

$$\int_0^t \frac{(C_{Dc} A_c + C_{Dp} A_p) \rho}{2M} dt = -\int_{v_0}^v \frac{dV}{V^2} \Rightarrow \tag{a}$$

$$t = \frac{2M}{(C_{Dc} A_c + C_{Dp} A_p) \rho} \left(\frac{1}{V} - \frac{1}{V_0} \right) \overset{k = \frac{2M}{(C_{Dc} A_c + C_{Dp} A_p) \rho}}{=\!=\!=\!=\!=} k \left(\frac{1}{V} - \frac{1}{V_0} \right) \Rightarrow \tag{b}$$

$$s = \int_0^T V dt = \int_0^T \frac{kV_0}{V_0 t + k} dt = k\ln(V_0 t + k) \Big|_0^T = k\ln\left(\frac{V_0 T}{k} + 1 \right) \tag{c}$$

公式推导完毕，先求 k 值

$$k = \frac{2M}{(C_{Dc} A_c + C_{Dp} A_p) \rho} = \frac{2 \times 1500\text{kg}}{(0.15 \times 0.8\text{m}^2 + 1.2 \times 3.14 \times 1\text{m}^2) \times 1.2\text{kg/m}^2} = 643.00\text{m}$$

再求速度降至 1m/s 时所需的时间 T，由公式（b）得

$$T = 643\text{m} \left(\frac{1}{1\text{m/s}} - \frac{1}{100\text{m/s}} \right) = 643 \times 0.99\text{s} = 636.57\text{s}$$

最后求速度降至 1m/s 时所需的距离，由公式（c）得

$$s = k\ln\left(\frac{V_0 T}{k} + 1 \right) = 643\text{m} \times \ln\left(\frac{100\text{m/s} \times 636.57\text{s}}{643\text{m}} + 1 \right) = 643\text{m} \times 4.605 = 2961\text{m}$$

实际由于地面摩擦，距离要短些。

2.8.6 求流体中圆球颗粒的自由沉降速度

英国物理学家斯托克斯(Stokes)在假定密度为 ρ_s、直径为 d 的固体圆球,在无界的动力黏性系数为 μ、密度为 ρ 的流体中以速度 U_0 做直线运动且雷诺数很小 $(Re = \dfrac{\rho U_0 d}{\mu} < 1)$ 的前提下推导出其阻力系数为 $24/Re$。求此固体圆球的在流体中的自由沉降速度。

解:颗粒做匀速自由沉降时,重力减去浮力等于其所受阻力,则

$$(\rho_s - \rho)\, g\, \frac{4}{3}\pi \left(\frac{d}{2}\right)^3 = C_{\mathrm{D}} A \frac{\rho U_0^2}{2} = \frac{24\mu}{\rho U_0 d} \frac{\pi d^2}{4} \frac{\rho U_0^2}{2} = 3\pi\mu d U_0 \Rightarrow$$

$$U_0 = \frac{1}{18\mu}(\rho_s - \rho)\, g d^2$$

河流动力学中估算泥沙的沉降速率时常要用到此公式。

2.9 编程应用

这节介绍用 MATLAB 制作如图 2-5 所示的量纲速查表的图形用户界面程序(GUI)。输入物理量的中文名称、英文名称、或以质量长度时间的指数所表示的量纲的三个中的任何一个,按回车键即可查到对应的另外两个。

第 2 章应用程序

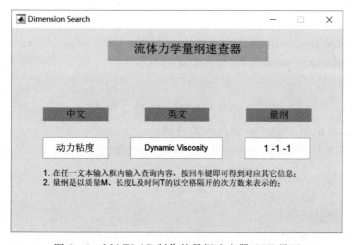

图 2-5　MATLAB 制作的量纲速查器 GUI 界面

具体步骤如下：

（1）在命令行输入 guide，选择弹出的"GUID 快速入门"中既定缺省值的"新建 GUI/Blank GUI(Default)"。

（2）从 GUI 设计模板左边的工具栏拖入一静态文本框来制作标题，拖动其周边的黑点可调节其大小。双击静态文本框，在打开的"属性编辑器"内选择"Background color"设定其颜色，在其"String"属性里输入"流体力学量纲速查器"作为我们 GUI 的标题，可利用"Font size"设定文字大小。

（3）拖入三个静态文本框及可编辑文本框，如图 2－4 所示设定好。静态文本用于提示用户在其下边的可编辑文本框内输入对应的量。最后在下边再引入一静态文本用于提示用户程序的进程及使用方法。为后面编程的需要，利用三个可编辑文本框及最下边的静态文本框的"Tag"属性将其分别命名为"edit_name""edit_engName""edit_dimension""text_strDisplay"。

（4）点击储存，将程序命名为"dimension"，在弹出的"dimension. m"程序的回调函数"dimension_OpeningFcn"里进行如下编程：

```
global C n disStr % 设定全局变量,和其他回调函数共享
clc
fid = fopen ('dimension. txt');
C = textscan(fid,'%s %q %q');
% 使用 textscan 内置函数从数据文件 dimensions. txt 里读入物理量的中文名(name)、英文名
(engName)及其量纲的 MLT 指数
clc
% 下面三行将三个可编辑文本框初始值设定为读入数据文件的第一行的物理量
set(handles. edit_name,'String',C{1}(1))
set(handles. edit_engName,'String',C{2}(1))
set(handles. edit_dimension,'String',C{3}(1))
disStr = get(handles. text_display,'String');
fclose(fid)
```

除了程序语句后边的注释外，这里对数据文件"dimensions. txt"的格式及 MATLAB 内置函数 textscan 做进一步说明。

（5）数据文件"dimensions. txt"的格式。用微软的记事本（Notepad）打开"dimensions. txt"可见其内容为

```
长度 "Length"    "0  1  0"
质量 "Mass"      "1  0  0"
时间 "Time"      "0  0  1"
面积 "Area"      "0  2  0"
```

```
体积 "Volume"     "0  3  0"
速度 "Velocity"     "0  1  -1"
密度 "Density"     "1  -3  0"
重度 "SpecificWeight"     "1  -2  -2"
动力黏度 "DynamicViscosity"     "1  -1  -1"
……
```

即一行表示一个物理量的中文名称、以双引号标记的英文名称及其量纲的 MLT 指数,以空格隔开。读者可以在此文件后加入更多的物理量,使此 GUI 应用更广。

(6)内置函数 textscan 说明。其调用语句 C＝textscan(fid,'%s %q %q')为我们很好地展示了其使用方法。等号左边为读入的元胞数组变量名。函数名后的圆括号内首先要读入的文件指针,后边单引号内的文字串表示要读入变量的格式,这里"%s"表示以文字串的形式读入这些数据;"%q"表示读入以英文双引号表示的字符串。使用元胞数组的好处是其内各元素的长度可以不等,恰好满足我们需要。

(7)下面要分别对三个可编辑文本框的回调函数进行编程,使得按回车键后,程序即读入输入的物理量,和数据库资料进行对比,找到相同的即在另外 2 个文本框内显示该物理量的其他两个数据。我们以中文名的回调函数 edit_ name_callback 为例进行说明,其他 2 个类似。

```
global name engName dimension n disStr      % 通过全局变量共享程序启动时读入变量
nam = get(hObject,'String');                % 读取文本框输入的物理量的中文名称
% 和数据库内的数据一一对比
for i = 1:n
  c = strcmpi(nam,C{1}(i));                  % 使用内置函数进行对比,不区别英文大小写
  % 匹配成功,即在另外 2 个文本框显示对应物理量的英文名及其量纲的 MLT 指数
  if c
    set(handles. edit_engName,'String',C{2}(i))
    set(handles. edit_dimension,'String',C{3}(i))
    set(handles. text_display,'String',disStr)
    break                % 跳出搜索循环
  end
end

    if ~c              % 未找到匹配,提示用户
  strd = strvcat('Not found. Try next,please. ',disStr);
  set(handles. text_display,'String',strd)
end
```

程序的关键处都使用注释进行了详细的说明。对英文名称及量纲读入的回调函数与对中文名读入的图调函数类似,稍做改动即可。

思考练习题

2.1 什么是基本量纲及导出量纲?

2.2 何为量纲和谐原理?

2.3 模型和原型的流动相似包含哪三个方面内容?

2.4 已知原型和模型的长度及时间比尺,试求对应的加速度比尺。

2.5 若某有关明渠流的实验采用弗雷德准则,原型和模型的长度比尺为 r,那么模型的速度及流量分别为原型的多少?

2.6 为研究汽车的空气动力特性,在风洞中进行模拟实验。已知原型汽车高 $h_p = 1.5m$,行车速度为 $V_p = 108km/h$,风洞风速 $V_m = 45m/s$,测得模型车的阻力 $P_m = 14kN$。试求模型车的高度 h_m 以及原型汽车受到的阻力。

2.7 有哪些找出重要的无量纲数方法?

2.8 贮水池放水模型实验,长度比尺为 22,开闸放水后 10min 水全部放空。试求放空贮水池所需时间。

2.9 做溢流堰泄流模型实验,模型长度比尺为 60,溢流堰的泄流量 $500m^3/s$。试求:(1)模型泄流量;(2)模型的堰上水头 6cm,原型对应的堰上水头是多少?

2.10 为研究输水管道上直径 $D_p = 600mm$ 阀门的阻力特性,采用直径 $D_m = 300mm$、几何相似的阀门用气流做模型实验。已知输水管道的流量为 $0.283m^3/s$,水的运动黏性系数 $1.01 \times 10^{-6} m^2/s$,空气的运动黏性系数 $1.6 \times 10^{-5} m^2/s$,试求模型的气流量。

2.11 防浪堤模型实验,长度比尺 40,测得浪压力 130N。试求作用在原型防浪堤上的浪压力。

2.12 为研究风对高层建筑物的影响,在风洞中进行模型实验,当风速为 9m/s 时,测得迎风面压强为 42Pa,背风面压强为 -20Pa,试求温度不变,风速增至 12m/s 时,迎风面和背风面的压强差。

2.13 水泵的轴功率 N 与泵轴的转矩 M、角速度 ω 有关。试用瑞利法导出轴功率表达式。

2.14 圆形孔口出流的流速 V 与作用水头 H,孔口直径 d,水的密度 ρ,动力黏性系数 μ 和重力加速度 g 有关,试用 Π 定理推导孔口流量公式。

2.15 已知文丘里流量计喉管流速 V 与流量计压强差 Δp、主管直径 D_1、喉管直径 D_2 以及流体的密度 ρ 和运动黏度 ν 有关。试用 Π 定理确定流速关系式。

2.16 一水下矩形桩高 6m、宽 0.2m,设迎流面的阻力系数为 2.1,来流为均匀流速 1.5m/s,求水流作用于桩底部的力矩。

第3章 流体静力学

这一章我们学习静止或相对静止的液体内部压力的分布特征和计算方法。这里所说的相对静止是指液体整体做匀加速运动或等角速度的转动的运动,液体内部质点之间没有相对运动,因而也没有黏性力的作用。

3.1 静液的压强及平衡微分方程

大量的实践、实验及牛顿第二定律告诉我们静止液体内部的压强简称为静压,其有两个特性:

(1)静压的方向与作用面的内法线方向一致;

(2)静止液体中任一点的各方向的压强大小一致。

下面我们推导静止液体的平衡微分方程。如图 3-1 所示的直角坐标系中取边长分别为 dx, dy, dz 的微元六面体,设 ρ 为流体密度,f_x, f_y, f_z 分别为沿坐标轴各方向的单位质量力。考虑其沿 x 轴方向的受力。

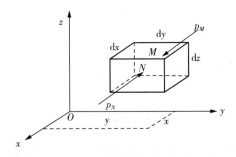

图 3-1　直角坐标系下的微元正六面体

先分析压力,设垂直于 x 轴后面面中心 M 点的压强 $p_M = p$,方向指向 x 轴正向,那么前面面中心点 N 的压强大小为 $p_N = p + \dfrac{\partial p}{\partial x} dx$,方向指向 x 轴负向(根据前述静压指向作用面内法线的特性)。六面体沿 x 轴方向所受压力合力为 $(p_M - p_N) dy dz = -\dfrac{\partial p}{\partial x} dx dy dz$,质量力为 $f_x \rho dx dy dz$,微元体保持静止,合外力应为 0,即

$$f_x\rho\mathrm{d}x\mathrm{d}y\mathrm{d}z - \frac{\partial p}{\partial x}\mathrm{d}x\mathrm{d}y\mathrm{d}z = 0 \Rightarrow \rho f_x - \frac{\partial p}{\partial x} = 0 \qquad (3-1\mathrm{a})$$

在 y, z 轴方向上同理可推得

$$\rho f_y - \frac{\partial p}{\partial y} = 0, \rho f_z - \frac{\partial p}{\partial z} = 0 \qquad (3-1\mathrm{b})$$

对以上 3 个方程分别乘以 $\mathrm{d}x, \mathrm{d}y, \mathrm{d}z$ 相加得

$$\rho(f_x\mathrm{d}x + f_y\mathrm{d}y + f_z\mathrm{d}z) - \left(\frac{\partial p}{\partial x}\mathrm{d}x + \frac{\partial p}{\partial y}\mathrm{d}y + \frac{\partial p}{\partial z}\mathrm{d}z\right) = 0$$

$$\mathrm{d}p = \rho(f_x\mathrm{d}x + f_y\mathrm{d}y + f_z\mathrm{d}z) \qquad (3-1\mathrm{c})$$

这就是关于静止液体压力和质量力之间的**平衡微分方程**,又称为**欧拉平衡微分方程**。据之可以推出下节的所有结论。可以说这是本章最重要的一个方程。由方程可推得静止、联通的同种液体在同一水平面上的压强是相等的。读者可试着将式(3-1a、c)写成张量表达式并乘以微元线段矢量进行推导(思考练习题 3.1)。

3.2 等压面、测压管水头及静压的分布

上节我们推出了静止液体的平衡微分方程。我们可根据其推导出有关等压面、测压管水头、静压的分布及做刚体运动流体内部压力分布的一系列特性,下面我们逐一应用,可见基本方程的广泛适用性。

3.2.1 等压面

在等压面(equipressure surface)上 $\mathrm{d}p = 0$,由欧拉平衡微分方程式(3-1c)可得

$$f_x\mathrm{d}x + f_y\mathrm{d}y + f_z\mathrm{d}z = \vec{f} \cdot \mathrm{d}\vec{r} = 0 \qquad (3-2)$$

式中 $\vec{f}$ 为单位质量力矢量,$\mathrm{d}\vec{r}$ 为等压面上的任意一微元线段,可见静液**等压面上的单位质量力和等压面总是互相垂直**。

3.2.2 测压管水头

对静液建立 x, y 轴在水平面上,z 轴指向天空的地表直角坐标系,则有 $f_x = 0$,$f_y = 0, f_z = -g, g$ 为当地重力加速度。带入静液平衡微分方程(3-1c)得

$$\mathrm{d}p = -\rho g \mathrm{d}z \qquad (3-3)$$

两边不定积分,合并积分常数得

$$z + \frac{p}{\rho g} = c \tag{3-4}$$

式中 c 表示不定积分的常数。我们将 z、$\frac{p}{\rho g}$ 分别定义为单位重量液体的**位置水头**（position head）及**压力水头**（static pressure head），二者之和即为静液在竖直的测压管内所能上升的高度,形象地称之为**测压管水头**（piezometric head）。式（3-4）表明静液的测压管水头恒定在同一高度。位置水头及压力水头代表了单位重量液体的位置势能及压力势能,而测压管水头反映的是**单位重量液体的总势能**。

3.2.3 静压的计算

对如图 3-2 所示的静液建立如上小节所述的地表坐标系,对式（3-3）应用定积分求其内部任意两点间的压强差:

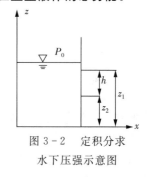

图 3-2 定积分求
水下压强示意图

$$\int_{p_1}^{p_2} \mathrm{d}p = \int_{z_1}^{z_2} -\rho g \, \mathrm{d}z$$

$$p_2 - p_1 = \rho g (z_1 - z_2) = \rho g h \tag{3-5}$$

由上式我们可知**静液内部任意两点间的压强差等于液体重度乘以在重力方向上这两点间的深度差**,与这两点间的水平间距是无关的。若将 z_1 取在水平面,p_1 即为当地大气压,我们即可得到高中物理的水下压强公式 $p = \rho g h$,h 代表水深,即水面至所求压力点的高度差。我们将相对于绝对真空的压强称为**绝对压强**（absolute pressure）,将绝对压强减去当地大气压称为**相对压强**（relative pressure）或**表压强**（gage pressure）。若表压强为负,则为存在着真空,其绝对值即为**真空度**。

3.2.4 匀线性加速的液体压力分布

设液体整体沿地表直角坐标系的 y 轴正向以加速度 a 做匀加速运动,那么液体除受到重力外,还受到沿 $-y$ 方向的惯性质量力,应用欧拉微分方程式（3-1c）得

$$\mathrm{d}p = \rho(-a\mathrm{d}y - g\mathrm{d}z) \tag{3-6}$$

由之我们可以推出有关其等压面和内部压力分布的所有特征。其等压面为一条斜率为 $-a/g$ 的斜线;其内部任意两点间的压力差由两部分构成:一部分和静止的水体一样,为重度乘以这两点在重力方向上的高度差,另一部分为这两点在 y 轴方向的距离乘以流体密度再乘以其方向上的加速度 a。如果 $\mathrm{d}y$ 等于零,即在重力方向的竖直线上任意两点间的压力差和静止水体的是完全一样的。

3.2.5 匀速刚体转动的液体压力分布

设液体整体绕直角坐标系的 z 轴为中心做等角速度 ω 转动,那么其在 x,y 方向上分别存在指向内部的向心加速度 $-\omega^2 x$ 和 $-\omega^2 y$,转动液体则分别受到指向外部沿 x,y 轴正方向上的单位质量力 $\omega^2 x$ 和 $\omega^2 y$。应用平衡微分方程式(3-1c)得

$$dp = \rho(\omega^2 x dx + \omega^2 y dy - g dz) \tag{3-7}$$

同样我们也可以据之推出有关其等压面和内部压力分布的所有特征。其等压面为一关于 $z-r$ 坐标的二次抛物线,$r=\sqrt{x^2+y^2}$ 为旋转圆的半径(思考习题3.2)。其内部任意两点间的压力差由三部分构成:第一部分和静止水体一样,为重度乘以这两点在重力方向上的高度差,第二部分为这两点在 x 轴方向的距离乘以密度再乘以其方向上的加速度 $\omega^2 x$,第三部分为这两点在 y 轴方向的距离乘以密度再乘以其方向上的加速度 $\omega^2 y$。如果 dx,dy 等于零,其在重力方向的竖直线上任意两点间的压力差和静止水体的是完全一样的。

本节有关静液平衡微分方程的多方面的应用帮助我们认识其物理意义:**静止或作刚体运动的联通的液体内部任意两点间的压强差等于液体密度和这两点在各直角坐标系方向的间隔距离及对应方向上的单位质量力的乘积之和。**

3.3 静液作用于平面的力

这一节我们要解决两个问题,静液作用于平面的总压力及其作用点的位置。

3.3.1 总压力

如图3-3所示,设水下任意一平面 EF 和水平面的夹角为 α,建一过平面 EF 且和水平面夹角为 α 的 y 轴,其坐标原点 O 为和水平面的交点,正向指向水下的方向。由于一般液面下平面上各点的压强是不同且连续变化的,所以我们可以应用微积分来求总压力。设 dA 为平面上任一面积微元,h 为该微元处的水深,那么作用在该面上的总压力为

$$F_p = \int_A dF_p = \int_A \rho g h \, dA = \rho h \sin\alpha \underbrace{\int_A y \, dA}_{\substack{\text{积分为平面的} \\ \text{形心坐标} y}} = \rho g \sin\alpha y_C A = \rho g h_C A = p_C A \tag{3-8}$$

式中 $y_C \sin\alpha$ 即为形心处的水深 h_C，p_C 为形心处的压强。最后的结论很简单，**水下任一平面所受的总压力等于其形心处的压强乘以其面积，和其倾角无关**。只要其形心保持位置不变，不论此平面如何转动，总压力总是恒定的。

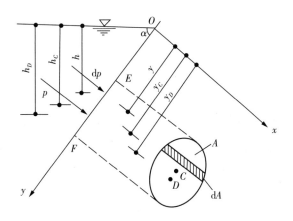

图 3 - 3　求水下平面作用力及其作用点示意图

3.3.2　总压力作用点

总压力作用点的位置坐标 y_D 是通过总压力的力矩等于各面积微元的力矩之和求得的。用方程表述即为

$$F_p y_D = \int_A y \, \mathrm{d}F_p = \rho g \sin\alpha \int_A y^2 \, \mathrm{d}A$$

由式（3 - 8）且已知 $F_p = \int_A \mathrm{d}F_p = \rho g \sin\alpha \int_A y \, \mathrm{d}A$，带入上式得

$$y_D = \frac{\int_A y^2 \, \mathrm{d}A}{\int_A y \, \mathrm{d}A} \tag{3 - 9a}$$

根据式（3 - 9a）可推出（思考练习题 3.5）

$$y_D = y_C + \frac{I_C}{y_C A} \tag{3 - 9b}$$

式中 I_C 为该面在以其形心为坐标轴原点的针对平行于水面的 x 轴的惯性矩。

3.4 静液作用于曲面的力

静液作用于曲面上的力由于方向会随曲率的改变而不同,不可简单地代数相加,我们一般将其分解成两个互相垂直方向的分力来考虑。这两个方向一个是曲面的竖直投影面,另一个是其水平投影面,这样分力在各投影面上就可代数相加减了。

3.4.1 作用于曲面的水平压力

设 dA 为曲面上一微元面积,我们可以将曲面微元近似看作平面,借用图 3-3,静液作用在曲面竖直投影面的作用力为其对曲面的水平压力,可以通过如下积分来求:

$$F_{px} = \int_A dF_{px} = \rho g \int_A h \sin\alpha dA = \rho g \int_A h \, dA' = \rho g h_C A' = p_C A' \qquad (3-10)$$

式中 α 为 dA 和水平面的夹角,那么 $\sin\alpha dA = dA'$ 即为微元面积在竖直投影面上的面积。式(3-10)告诉我们:**静液内曲面在竖直投影面上所受到的水平作用力为此投影面的形心的压强乘以该投影面的面积。**

3.4.2 作用于曲面的垂向压力

下面我们研究静液内曲面在水平投影面上的垂向压力。设水深为 h 处曲面的水平投影面的面积微元为 dA_z,那么其在垂向上所受的压力可由如下积分求得:

$$F_{pz} = \int dF_{pz} = \rho g \int_{A_z} h \, dA_z = \rho g \int_\Omega d\Omega = \rho g \Omega \qquad (3-11)$$

式中 $h dA_z$ 可近似看作曲面微元和其上的液体所构成的柱体的体积 Ω,那么整个积分的结果如式(3-11)所示为:**静液内曲面在垂向上的受力为曲面上柱体体积的液体重量。**

3.5 典型应用

我们来看流体静力学的一些典型应用。

3.5.1 测压管测压力

如图 3-4 所示,A,B 两种不同液体的重度分别为 8.4kN/m^3,12.4kN/m^3。测

压管液体为水银。已知 $p_B = 207\text{kPa}$，各点高度如图所示，求 p_A。

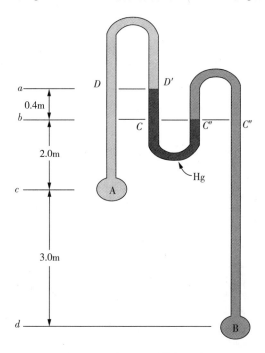

图 3 - 4　多重 U 形管侧压力

解：根据静止的联通的同种液体在同一水平面上压强相等的原理，有

$$p_C = p_{C'} = p_{C''}$$

$$p_{D'} + \gamma_M h_{ab} = p_B - \gamma_B h_{bd}$$

$$(p_A - \gamma_A h_{ac}) + \gamma_M h_{ab} = p_B - \gamma_B h_{bd}$$

$$p_A = \gamma_A h_{ac} - \gamma_M h_{ab} + p_B - \gamma_B h_{bd}$$

$$= (8.4 \times 2.4 - 13.6 \times 9.8 \times 0.4 + 207 - 12.4 \times 5)\text{kPa} = 112\text{kPa}$$

3.5.2　压强分布图及压力体图

压强分布图为以矢量箭头画出液体作用在所分析面上不同位置压强的大小及方向；压力体图为画出等同于作用在液面下所考虑面上的垂向分力的液体的面积，并标明其作用方向是向下（实压力体）还是向上（虚压力体）。它们可帮助我们形象直观地把握液体作用在平面或曲面上力的大小及方向。来看下面一些例子。

（1）作出下图中水下 AB 或 ABC 面上的压强分布图。

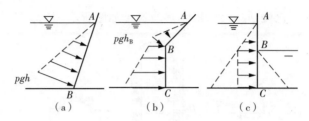

图 3-5　压强分布图的绘制

解:答案如图中箭头线所示。要点如下:图 3-5(a) 中,压强由水面往下以重度为斜率线性增长,静压垂直于其作用面。图 3-5(b) 中,在 B 处由于面法线的改向,压强的作用方向也相应地改变,但在 B 点处的两不同方向的压强矢量的大小是相等的。图 3-5(c) 中,作用面的两边均有水,B 点以下线性增长的部分互相抵消,所以 BC 段压强恒等于 B 点处的压强。

(2) 绘出下图中曲面所受液体垂向作用力的压力体图。

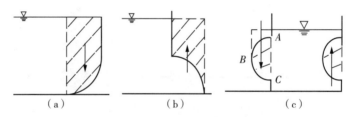

图 3-6　压力体图的绘制

解:答案如图中斜虚线和箭头线所示。要点如下:图 3-6(a) 中曲面部分垂向上的液体重量即为其在垂向上所受到的向下的压力,标出这部分液体并画一向下的箭头即为其实压力体图。图 3-6(b) 中由于曲面上各点均受到等同于左边液面延长过来的水下压强,不过垂向上的分力是朝上的,画出水面延长线和曲面所包围的部分并画一向上的箭头即为其虚压力体图。图 3-6(c) 中左右两个半圆形曲面,内部分别为含水、不含水,取其中点 B 分别分析其上下两部分的压力体后可得出:内部含有水体的半圆的压力体即为其内部所包含的水,方向朝下,为实压力体;内部不含水的半圆的压力体也同样等同于其内部含有水的体积部分,不过方向朝上,为虚压力体(具体分析见思考练习题 3.3)。

3.5.3　求水下平面所受的总压力及其作用点

图示平板 AB 水平垂直于纸面方向宽 $b=1m$,倾角 $\alpha=30°$,左侧水深3m,右侧水深2m。求静水总压力

水下平面受力
作用点的三种解法

及其作用点的位置。这是一个典型的问题,下面给出三种解法。

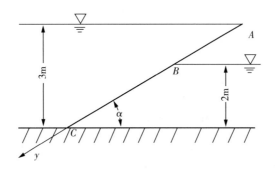

图 3 - 7　两边有不同高度的水的合压力及其作用点的求解

解法 1:我们可以应用式(3-8)及式(3-9a)直接求出合压力 F_p 及作用点 y_D:

$$F_p = \int_A dF_p = \int_A \rho g h_C dA = \rho g \sin\alpha \left\{ \int_{y_A}^{y_B} yb\,dy + \int_{y_C}^{y_B} [y-(y-2)]b\,dy \right\}$$

$$= 9800\text{N/m}^3 \times 0.5 \times 1\text{m} \times (0.5\, y^2\,|_0^2 + 2\, y\,|_2^6\text{m}) = 4900\text{N/m}^2 \times (2+8)\,\text{m}^2$$

$$= 49\text{kN}$$

$$F_p y_D = \int_A y\,dF_P = \rho g \sin\alpha \int_A y^2\,dA = \rho g \sin\alpha \left\{ \int_{y_A}^{y_B} y^2 b\,dy + \int_{y_C}^{y_B} [y-(y-2)]yb\,dy \right\}$$

$$= 9800\text{N/m}^3 \times 0.5 \times 1\text{m} \times \left(\frac{y^3}{3}\Big|_0^2 + y^2\,|_2^6\text{m} \right) = 4900\text{N/m}^2 \times (8/3 + 6^2 - 2^2)\,\text{m}^3$$

$$= 4900 \times 34.67\text{N} \cdot \text{m}$$

$$y_D = \frac{4900 \times 34.67\text{N} \cdot \text{m}}{F_p} = \frac{4900 \times 34.67\text{Nm}}{49000\text{N}} = 3.47\text{m}$$

解法 2:对于此较为复杂的问题,我们可以应用式(3-9b)及式(3-10)先分别求出左边、右边的压力及作用点,再求合压力及总的受力作用点。

$$F_{p左} = p_{C左}A_{左} = \rho g h_{C左}A_{左} = 1000\text{kg/m}^3 \times 9.8\text{m/s}^2 \times 1.5\text{m} \times 6\text{m}^2 = 88.2\text{kN}$$

$$y_{D左} = y_C + \frac{I_C}{y_C A} = 3\text{m} + \frac{6^3\,\text{m}^4}{12 \times 3\text{m} \times 6\text{m}^2} = 3\text{m} + 1\text{m} = 4\text{m}$$

同理求得 $F_{p右} = 39.2\text{kN}$, $y_{D右} = 2\text{m} + 2.67\text{m} = 4.67\text{m}$

合力 $F_p = F_{p左} - F_{p右} = 88.2\text{kN} - 39.2\text{kN} = 49\text{kN}$，再通过合力矩等于左力矩减去右力矩得

$$F_p y_D = F_{p左} y_{D左} - F_{p右} y_{D右} \Rightarrow y_D = \frac{F_{p左} y_{D左} - F_{p右} y_{D右}}{F_p}$$

$$= \frac{88.2 \times 4 - 39.2 \times 4.67}{49}\text{m} = 3.46\text{m}$$

解法 3：在压强分布图的基础上求解，实际上是解法 1 的简化。先将平板的总的压力图画出来如图 3-8 所示，通过积分求压力图 $EDCBA$ 的压力大小及其所用点就行了。

$$F_p = \int_A^D p\,\mathrm{d}A + \int_D^C p\,\mathrm{d}A = \int_0^2 \rho g y \sin\alpha\, b\,\mathrm{d}y + \int_2^6 \rho g \times (3-2)\text{m} \times b\,\mathrm{d}y$$

$$= \rho g b \left(\frac{1}{2}\sin\alpha\, y^2 \Big|_0^2 + 4\text{m}^2 \right)$$

$$= 1000\text{kg/m}^3 \times 9.8\text{m/s}^2 \times 1\text{m} \times (0.5 \times 0.5 \times 2^2 + 4)\text{m}^2 = 49\text{kN}$$

$$F_p y_D = \int_A^D p y\,\mathrm{d}A + \int_D^C p y\,\mathrm{d}A = \int_0^2 \rho g y \sin\alpha\, b y\,\mathrm{d}y + \int_2^6 \rho g \times (3-2)\text{m} \times b y\,\mathrm{d}y$$

$$= \rho g b \left[\frac{1}{3}\sin\alpha\, y^3 \Big|_0^2 + \frac{1}{2}(y_C^2 - y_D^2)\text{m}^3 \right]$$

$$= 1000\text{kg/m}^3 \times 9.8\text{m/s}^2 \times 1\text{m} \times \left[\frac{1}{3} \times 0.5 \times 2^3 + 0.5(6^2 - 2^2)\text{m}^3 \right]$$

$$\Rightarrow y_D = 3.47\text{m}$$

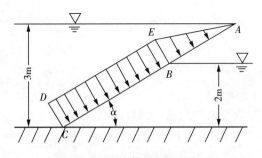

图 3-8 压力体图解法示意图

3.5.4 求压力罐螺栓的拉力

水平放置的圆柱形压力水罐由上下两个横断面为半圆形的柱体由螺栓连接而

成,其半径为 0.5m,长 2m,顶部的压力表显示压力为 23.72kPa,求连接螺栓所受总压力。

解:已知 $R=0.5\text{m}$,$l=2\text{m}$,$p=23\text{kPa}$,那么上部盖板所受的总压力应等于顶部压强水高加上半径高的水的体积重量减去半圆形盖板内的水的重量,即

$$F = \rho g\left[\Omega_{\text{立方柱体}} - \Omega_{\text{半圆柱体}}\right] = \rho g\left[\left(\frac{p}{\rho g} + R\right) \times 2R - \frac{\pi R^2}{2}\right]l$$

$$= 9800\text{N/m}^3 \times 0.5\text{m} \times 2\text{m} \times \left[2\left(\frac{23000\text{N/m}^2}{9800\text{N/m}^3} + 0.5\text{m}\right) - \frac{3.14 \times 0.5\text{m}}{2}\right]$$

$$= 48107\text{kN}$$

此压力即为螺栓所承受的拉力。

3.5.5　求匀加速运动液面的倾角

如图 3-9 所示,小车载着水以匀加速度 a 沿倾角为 β 斜坡向上运动,求液面倾角 α。

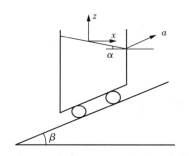

图 3-9　液体的匀加速运动分析

解:建立如图所示的直角坐标系,应用静止液体平衡微分方程

$$\text{d}p = \rho(f_x\text{d}x + f_y\text{d}y + f_z\text{d}z)$$

$$f_x = -a\cos\beta,\ f_y = 0,\ f_z = -(g + a\sin\beta)$$

在液面上大气压为常数,$\text{d}p = 0$

$$-a\cos\beta\text{d}x - (g + a\sin\beta)\text{d}z = 0$$

将以上关系代入平衡微分方程,得

$$-a\cos\beta\mathrm{d}x-(g+a\sin\beta)\mathrm{d}z=0$$

$$-\frac{\mathrm{d}z}{\mathrm{d}x}=\tan\alpha=\frac{a\cos\beta}{g+a\sin\beta}\Rightarrow\alpha=\tan^{-1}\left(\frac{a\cos\beta}{g+a\sin\beta}\right)$$

3.5.6 求刚体旋转液柱体的压力

一半径 $R=30\mathrm{cm}$ 的圆柱形容器中盛满水,然后用螺栓固定住中心带有圆形通气小孔的盖板。当容器以角速度 $\omega=5\mathrm{rad/s}$ 旋转时,求作用于盖板螺栓的拉力。

解:建立一位于盖板中心通气处的直角坐标系,对式(3-7)$\mathrm{d}p=\rho(\omega^2x\mathrm{d}x+\omega^2y\mathrm{d}y-g\mathrm{d}z)$ 不定积分得,$p=\frac{1}{2}\rho\omega^2r^2-gz+c$,在圆心处 $r=0$,$z=0$,$p=0$(大气压),得积分常数 $c=0$。又由于作用于盖板螺栓的拉力即为上盖板所受的压力,在上盖板处 $z=0$,即重力不起作用,所以只需计算旋转所引起的压力增加即可。因由圆心向外,压力是渐渐增加的,故采取微积分求解

$$F=\int_0^R\mathrm{d}F=\int_0^R p\mathrm{d}A=\int_0^R\frac{1}{2}\rho\omega^2r^2 2\pi r\mathrm{d}r=\pi\rho\omega^2\int_0^R r^3\mathrm{d}r=\frac{\pi\rho\omega^2R^4}{4}$$

$$=\frac{3.14\times1000\mathrm{kg/m^3}\times(5\mathrm{s^{-1}})^2\times(0.3\mathrm{m})^4}{4}=159\mathrm{N}$$

3.6 编程应用

第3章应用程序

MATLAB 不仅可以计算、作图、编写 GUI 程序,还可以进行微积分符号运算、求定积分及不定积分,乃至于解微分方程及偏微分方程等。本节我们介绍利用其求积分的内置函数 int 来求解矩形、圆形及三角形的惯性矩,从而方便地利用式(3-9b)求液面下规则平面的受力作用点。设矩形沿 x 轴方向宽为 b,在其垂向 y 方向上的长度为 h,圆的半径为 r。

对于矩形建立以其形心为中心的坐标系如图 3-10 所示,则有

$$I_x=\int_A y^2\mathrm{d}A=\int_{-h/2}^{h/2}y^2 b\mathrm{d}y=b\left.\frac{y^3}{3}\right|_{-h/2}^{h/2}=\frac{bh^3}{12} \tag{3-12}$$

对于圆形建立以其形心为中心的坐标系,如图 3-11 所示,并进行柱坐标变换

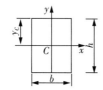
图 3 - 10　求矩形惯性矩

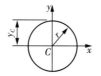
图 3 - 11　求圆形惯性矩

$$I_x = \int_A y^2 \, dA \stackrel{\text{柱坐标变换}}{=} \int_0^{2\pi} \int_0^r r^2 \sin^2\theta \, r \, dr \, d\theta = \int_0^{2\pi} \sin^2\theta \frac{r^4}{4} \, d\theta$$

$$= \frac{r^4}{4} \int_0^{2\pi} \left(\frac{1 - \cos 2\theta}{2} \right) d\theta = \frac{\pi r^4}{4} \tag{3-13}$$

注意上式中积微元 dA 在直角坐标系中为 $dxdy$，极坐标系中面的表达式为 $r \, dr \, d\theta$，$r \, d\theta$ 相当于直角坐标系中的 dy。

　　对于三角形建立以其形心为中心的坐标系如图 3 - 12 所示。这里和前面不同的是，表征三角形的变量 x 和 y 不再是互相独立的，得把它们的线性关系确定好，再进行二重积分。我们知道形心在其高距底边 $1/3$ 处，用点斜率写出两边的方程分别为 $y_1 = \frac{h}{b/2} x + \frac{2}{3} h = \frac{2h}{b} x +$

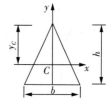
图 3 - 12　求矩形惯性矩

$\frac{2}{3} h, y_2 = -\frac{2h}{b} x + \frac{2}{3} h$，那么其关于 x 轴的惯性矩为

$$I_x = \int_A y^2 \, dA \stackrel{\substack{\text{考虑对称性}\\\text{算半边乘2}}}{=} 2 \int_{-b/2}^0 dx \int_{-h/3}^{y_1} y^2 \, dy = bh^3/36 \tag{3-14}$$

　　以上三题的 MATLAB 计算程序如下：

```
clc
clear
syms y b h r s x y1 y2        % 声明系统变量,以进行符号运算

% % 求矩形的关于通过形心的坐标轴 x 轴的惯性矩
fun = b * y * y
Irec = int(fun,y, - h/2,h/2)
% 调用内置函数 int 进行关于函数 fun 的以 y 为自变量的在 - h/2 到 h/2 之间的定积分

% % 求圆的惯性矩
fun = r^3 * sin(s) * sin(s)
Icir = int(int(fun,r,0,r),s,0,2 * pi)        % 二阶定积分
```

```
% % 求三角形的惯性矩
fun = y * y;
y1 = 2 * h * x/b + 2/3 * h;
y2 = - 2 * h * x/b + 2/3 * h;
Itri = 2 * int(int(fun,y, - h/3,y1),x, - b/2,0)
```

思考练习题

3.1 试着将式(3-1a)及式(3-1c)写成张量表达式并对式(3-1a)乘以微元线段矢量推导出式(3-1c)。

3.2 试根据静液的欧拉平衡微分方程式(3-7)推导出做刚体旋转的液体的等压面为一关于 $z-r$ 坐标的二次抛物线，$r=\sqrt{x^2+y^2}$ 为其旋转半径。

3.3 试具体分析图 3-6(c)的每个半圆的压力体图。

3.4 如图(a)所示，已知水力千斤顶作用于面积为 $a=15\text{cm}^2$ 的小滑塞上的作用力为 800N，求和其连通的充满密度为 1000kg/m^3 液体的面积为 $A=150\text{cm}^2$ 大滑塞所能顶起物体的重量。如果如图(b)所示，小滑塞比大滑塞高 $h=1\text{m}$，又如何呢？

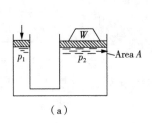 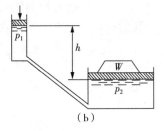

（a）　　　　　　　　　　　　　（b）

习题 3.4 图

3.5 试由水下平面作用点的一般计算公式(3-9)，建立以该平面形心为中心的坐标系，推导出 $y_D=y_C\dfrac{I_C}{y_C A}$，式中 I_C 为该面在以其形心为坐标轴原点的针对平行于水面的 x 轴的惯性矩。

3.6 试求如图所示的梯形以其形心为坐标轴原点的针对平行于水面 x 轴的惯性矩。设其底宽为 b，顶宽为 a，其垂向 y 方向上的高为 h。已知其形心坐标为 $y_C=\dfrac{h(a+2b)}{3(a+b)}$。

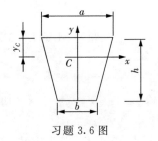

习题 3.6 图

3.7 求如图所示半圆的惯性矩。已知其形心坐标为 $y_C=4r/3\pi$。

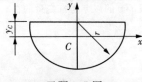

习题 3.7 图

3.8 如图所示的密闭水箱,压力表测得的压强为 4900Pa,压力表中心比 A 点高 0.4m,A 点在液面下 1.5m。求液面的绝对压强。

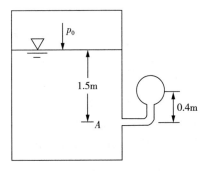

习题 3.8 图

3.9 水箱形状如图所示。若不计水箱箱体重量,试求水箱底面上的静水总压力和水箱所承受的支撑力。

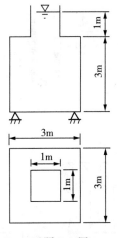

习题 3.9 图

3.10 试问如图所示中 A,B,C,D 点的测压管高度,测压管水头。(D 点闸门关闭,以 D 点所在的水平面为基准面)

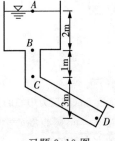

习题 3.10 图

3.11 绘制下图中 *AB* 面上的压强分布图。

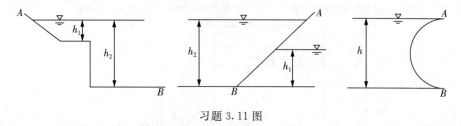

习题 3.11 图

3.12 如图所示多个 U 形水银测压计串接起来称为多管(或复式)压力计,可用来测量较大的压强值。已知图中标高的单位为米,试求水面的绝对压强 p_0。

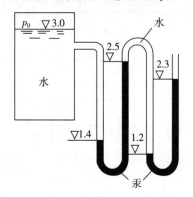

习题 3.12 图

3.13 如图所示为一铅直矩形闸门,已知 $h_1=1\mathrm{m}$,$h_2=2\mathrm{m}$,宽 $b=1.5\mathrm{m}$,求总压力及其作用点。

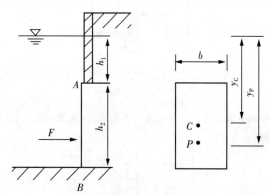

习题 3.13 图

3.14 如图所示已知矩形平板闸门高 $h=3\mathrm{m}$,宽 $b=2\mathrm{m}$,两侧水深分别为 $h_1=8\mathrm{m}$ 和 $h_2=5\mathrm{m}$。试求:(1)作用在闸门上的静水总压力;(2)压力中心的位置。

3.15 如图所示为一弧形闸门,宽 $b=2\mathrm{m}$,圆心角 $\alpha=30°$,半径 $R=3\mathrm{m}$,闸门转轴与水平齐平,试求作用在闸门上的静水总压力的大小和方向。

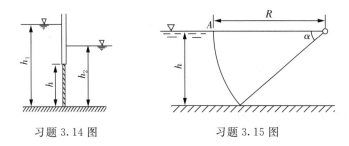

习题 3.14 图　　　　　　　　习题 3.15 图

3.16　密闭盛水容器如图所示,水深 $h_1 = 100\text{cm}$,$h_2 = 125\text{cm}$,水银测压计读值 $\Delta h = 60\text{cm}$,试求半径 $R = 0.5\text{m}$ 的半球形盖 AB 所受总压力的水平分力和铅垂分力。

3.17　已知 U 形管水平段长 $l = 30\text{cm}$,当它沿水平方向做等加速运动时,液面高差 $h = 5\text{cm}$。试求其加速度 a。

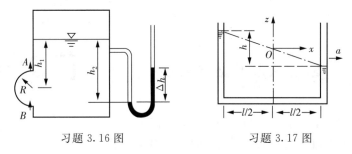

习题 3.16 图　　　　　　　　习题 3.17 图

3.18　装满水的圆柱形容器直径 $D = 80\text{cm}$,顶盖中心点装有真空表,表的读值为 4900Pa,试求:(1)容器静止时,作用于顶盖上总压力的大小和方向;(2)容器以角速度 $\omega = 20\text{s}^{-1}$ 旋转时,真空表的读值不变,作用于顶盖上总压力的大小和方向。

3.19　如图所示直径为 $D = 10\text{cm}$ 的圆盘,由轴带动在一平台上旋转,圆盘与平台间充有厚度为 $\delta = 1.5\text{mm}$ 的油膜相隔,当圆盘以 $n = 50\text{r/min}$ 旋转时,测得扭矩 $M = 2.94 \times 10^{-4}\text{N} \cdot \text{m}$。设油膜内速度沿垂直方向为线性分布,试确定油的黏度。

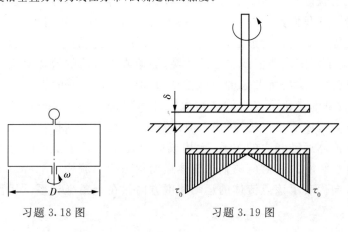

习题 3.18 图　　　　　　　　习题 3.19 图

第4章 流体动力学的理论基础

流体流动是由力驱动的,**流体动力学**(fluid dynamics)研究流体所受到的重力、压力、摩擦力等与运动之间的关系。

流体力学基本方程的
微分及积分表达式

4.1 欧拉法及其数学表述

研究流体运动一般采用欧拉法,本节我们主要学习欧拉法的基本概念及其对运动加速度等的数学描述。

4.1.1 拉格朗日法和欧拉法

高中物理中跟踪研究单个质点的力和运动的方法称为**拉格朗日法**(Lagrangian approach)。拉格朗日法所描述质点运动的轨迹为**迹线**(path line)。

研究流体运动时如采用拉格朗日法,存在两个问题:①因为构成流体的质点非常多且运动轨迹复杂多变,如湍流的涡动等,使得工作量异常艰巨;②不必要,因为多数情况下我们关心的是流体对物体的作用力,如流体对桥墩、船舶及飞行器等的阻力等。在这些情形下,我们并不需要知道流体的单个质点从哪儿来、到哪儿去,只需了解围绕我们所关心的桥墩、船舶或飞行器的流体对其的作用力就可以了,这就是欧拉法所考虑的。**欧拉法**(Eulerian approach)以场的观点研究流体,这个场就是围绕所研究物体被称为**控制体积**(control volume,CV)的一定范围内的流体。流体质点可进、可出,亦可留在这个场内。欧拉法关注的是在这个场内各点的流体运动和力的关系,而构成场内各点的流体在不同时刻可为不同的流体质点。和欧拉法对应的描述流体运动状态的是**流线**(stream line),其上各点的切线方向代表了该点流体的运动速度方向。在直角坐标系下用数学式表示出来为

$$\frac{u_1}{\mathrm{d}x_1} = \frac{u_2}{\mathrm{d}x_2} = \frac{u_3}{\mathrm{d}x_3} \qquad (4-1)$$

此即为流线的微分方程。我们将流场中流线为平行直线的流动定义为广义的**均匀流**（uniform flow），把垂直于流线的断面称为**过流断面**（cross section）。狭义的更为严格的均匀流是指流场中各点的流动速度的大小及方向都相同的流动。本书所使用的均匀流一般都是指广义的均匀流。

　　根据上述欧拉法的定义，如采用笛卡尔直角坐标系，所有和流体相关的变量，如速度、加速度、压力、密度等，均为四维时空的函数。用 φ 代表这些变量以数学式子表示出来，即为 $\varphi(x_1, x_2, x_3, t)$，式中位置坐标采用张量表述时，将 x_1, x_2, x_3 等同于直角坐标系中的 x, y, z, t 表示时间。如时间 t 固定为某一时刻 t_0，$\varphi(x_1, x_2, x_3, t_0)$ 即表示 t_0 时刻流场中不同质点的变量值；如位置坐标为流场中某一固定点 (x_{10}, x_{20}, x_{30})，则 $\varphi(x_{10}, x_{20}, x_{30}, t)$ 表示的是在流场中流动至该位置的质点在 t 时刻的速度。如果流场中描述流体运动的变量和时间无关即为**恒定流**（steady flow），否则为**非恒定流**（unsteady flow）；在简化的情形下如果流体变量仅和一个方向位置坐标相关即为**一维流动**（one-dimensional flow），和两个方向的位置坐标相关为**二维流动**（two-dimensional flow），一般的和三个方向的位置坐标均相关为**三维流动**（three-dimensional flow）。

4.1.2　标量梯度及其哈密顿算符和张量表示法

　　这里我们复习一下后面反复要用到的高等数学的相关内容，重点在于对其物理意义的理解。标量的**梯度**（gradient）为一矢量，其方向指向该标量场（如压力、浓度、密度或矢量速度的分量等）的单位长度增长最大的方向，其大小或模长即为该增长率。设某固定时刻的标量场为 $\varphi(x_1, x_2, x_3)$，那么其梯度在直角坐标系下的数学表达式为

$$\mathrm{grad}\,\varphi = \nabla \varphi = \frac{\partial \varphi}{\partial x_1}\vec{e}_1 + \frac{\partial \varphi}{\partial x_2}\vec{e}_2 + \frac{\partial \varphi}{\partial x_3}\vec{e}_3 = \frac{\partial \varphi}{\partial x_i}\vec{e}_i \qquad (4-2)$$

从左到右依次为标量 φ 梯度的文字表述式、哈密顿算符表达式、直角坐标系下的表达式及张量表达式。式中**哈密顿算符**（Hamilton operator）

$$\nabla = \frac{\partial}{\partial x_1}\vec{e}_1 + \frac{\partial}{\partial x_2}\vec{e}_2 + \frac{\partial}{\partial x_3}\vec{e}_3 = \frac{\partial}{\partial x_i}\vec{e}_i \qquad (4-3)$$

具有矢量及微分的双重性质，作用于一标量即为求该标量的梯度；x_1, x_2, x_3 为直角坐标系的三个互相垂直方向的位置坐标；$\vec{e}_1, \vec{e}_2, \vec{e}_3$ 则为对应 x_1, x_2, x_3 坐标方向的单位方向矢量，又叫**基矢量**（basis vectors），和通常直角坐标系中所用的 $\vec{i}, \vec{j}, \vec{k}$ 是

等效的。这样写是为了方便写成如式(4-2)和式(4-3)的最后一项所示的张量表达式(参见1.4.1小节)。

梯度在直角坐标系下的表达式有三项,写起来费时又不方便,于是就约定俗成地写成了式(4-2)最右边的张量表示法。这就是著名的**爱因斯坦约定**:一项中如果有2个下标相同,那么它就等于这个下标分别取1,2,3的三项相加。这样一项就可以表达梯度、散度及许多有关流体力学的方程式中的类似的三项。张量表达式不仅表述便利,公式推导也便利,因为它把握了类似数学运算在各坐标方向进行分别相加的内在规律性。根据张量表达式的定义,一项中两个相同的下标可以更换为任何其他字母而并不改变其值。

4.1.3 速度散度及其物理意义

流体速度矢量的**散度**(divergence)有着丰富的内涵,其数学表达式如下:

$$\mathrm{div}\ \vec{u} = \nabla \cdot \vec{u} = \left(\frac{\partial}{\partial x_1}\vec{e}_1 + \frac{\partial}{\partial x_2}\vec{e}_2 + \frac{\partial}{\partial x_3}\vec{e}_3 \right) \cdot (u_1\vec{e}_1 + u_2\vec{e}_2 + u_3\vec{e}_3)$$

$$= \frac{\partial u_1}{\partial x_1} + \frac{\partial u_2}{\partial x_2} + \frac{\partial u_3}{\partial x_3} = \frac{\partial u_i}{\partial x_i} \tag{4-4}$$

从左到右依次为速度矢量$\vec{u}$散度的文字表达式、哈密顿算符表达式、直角坐标系下的计算式及表达式、张量表达式。

速度散度既表示流体微元在各坐标轴方向上的线性变化率之和(4.3.2小节进一步讨论),也表示如下式(4-5)所示的流体体积($\Delta\Omega$)的在单位时间内的体积相对变化率。

$$\frac{1}{\Delta\Omega}\frac{\mathrm{d}(\Delta\Omega)}{\mathrm{d}t} = \frac{1}{\Delta\Omega}\frac{\mathrm{d}(\mathrm{d}x_1\mathrm{d}x_2\mathrm{d}x_3)}{\mathrm{d}t}$$

$$= \frac{\mathrm{d}x_2\mathrm{d}x_3}{\Delta\Omega}\frac{\mathrm{d}(\mathrm{d}x_1)}{\mathrm{d}t} + \frac{\mathrm{d}x_1\mathrm{d}x_3}{\Delta\Omega}\frac{\mathrm{d}(\mathrm{d}x_2)}{\mathrm{d}t} + \frac{\mathrm{d}x_1\mathrm{d}x_2}{\Delta\Omega}\frac{\mathrm{d}(\mathrm{d}x_3)}{\mathrm{d}t}$$

$$= \frac{1}{\mathrm{d}x_1}\frac{\mathrm{d}(\mathrm{d}x_1)}{\mathrm{d}t} + \frac{1}{\mathrm{d}x_2}\frac{\mathrm{d}(\mathrm{d}x_2)}{\mathrm{d}t} + \frac{1}{\mathrm{d}x_3}\frac{\mathrm{d}(\mathrm{d}x_3)}{\mathrm{d}t}$$

$$= \frac{1}{\mathrm{d}x_i}\frac{\mathrm{d}(\mathrm{d}x_i)}{\mathrm{d}t} = \frac{\partial u_i}{\partial x_i} \overset{\text{式}(4-4)}{=} \nabla \cdot \vec{u} \tag{4-5}$$

即速度的散度为单位体积的流体在单位时间内的体积改变量。

4.1.4 速度的旋度及其物理意义

如何考察流体微元是否存在着转动及其强度呢?所用的数学工具就是旋度。

我们先看速度环量的概念。速度沿封闭曲线 L 的矢量点积为其**环量**,即

$$\oint_L \vec{u} \cdot \mathrm{d}\vec{L} = \oint_L (u_1 \mathrm{d}x_1 + u_2 \mathrm{d}x_2 + u_3 \mathrm{d}x_3) \tag{4-6}$$

为了比较速度环量的相对大小,需要比较单位面积的速度环量,我们定义单位面积的速度环量等于速度**旋度**(rotation)rot $\vec{u}$ 投影在 L 所包围的按右手螺旋法则定其正法线方向 $\vec{n}$ 的面积为 S 的曲面的分量,即

$$\mathrm{rot}_n \vec{u} = \mathrm{rot}\, \vec{u} \cdot \vec{n} = \lim_{S \to 0} \frac{\oint_L \vec{u} \cdot \mathrm{d}\vec{L}}{S} \begin{array}{l} \text{斯托克斯定理} \\ = \\ \text{中值定理} \end{array}$$

$$\left(\frac{\partial u_3}{\partial x_2} - \frac{\partial u_2}{\partial x_3}\right) \cos(\vec{n}, \vec{e}_1) + \left(\frac{\partial u_1}{\partial x_3} - \frac{\partial u_3}{\partial x_1}\right) \cos(\vec{n}, \vec{e}_2) + \left(\frac{\partial u_2}{\partial x_1} - \frac{\partial u_1}{\partial x_2}\right) \cos(\vec{n}, \vec{e}_3)$$

所以我们得到速度旋度的表达式为

$$\mathrm{rot}\, \vec{u} = \left(\frac{\partial u_3}{\partial x_2} - \frac{\partial u_2}{\partial x_3}\right) \vec{e}_1 + \left(\frac{\partial u_1}{\partial x_3} - \frac{\partial u_3}{\partial x_1}\right) \vec{e}_2 + \left(\frac{\partial u_2}{\partial x_1} - \frac{\partial u_1}{\partial x_2}\right) \vec{e}_3$$

$$= \nabla \times \vec{u} = \begin{vmatrix} \vec{e}_1 & \vec{e}_2 & \vec{e}_3 \\ \dfrac{\partial}{\partial x_1} & \dfrac{\partial}{\partial x_2} & \dfrac{\partial}{\partial x_3} \\ u_1 & u_2 & u_3 \end{vmatrix} = \varepsilon_{ijk} \frac{\partial u_k}{\partial x_j} \vec{e}_i \tag{4-7}$$

从前至后依次为速度矢量旋度的符号表示法、直角坐标系下的分量表达式、哈密顿算符表达式、行列式表达式及张量表达式。张量表达式中的**置换符** ε_{ijk} 的定义为

$$\varepsilon_{ijk} = \begin{cases} 0, i, j, k \text{ 有 2 个或 2 个以上相同} \\ 1, ijk \text{ 为 123 或 231 或 312} \\ -1, ijk \text{ 为 213 或 321 或 132} \end{cases} \tag{4-8}$$

速度旋度反映了流场中流体微团旋转的大小和方向。由其推导式我们可看出其模长代表了该点旋度的最大值,其方向即为按速度旋转方向依据右手螺旋法则所定的取旋度最大值时包围速度环量积分曲线曲面的法线方向。

4.2　欧拉场中的物理量对时间的变化率

这里我们先讨论欧拉场中物质质点的某个量 $\varphi(x_1, x_2, x_3, t)$ 对时间的变化率,即物质导数或随体导数,然后考察宏观物质系统中其在欧拉场中的控制体积中

是如何表述的,这就是雷诺运输方程。

4.2.1 质点的物理量对时间的变化率 —— 物质导数

考虑惯性坐标系欧拉流场中任一变量 $\varphi(x_1, x_2, x_3, t)$。求在 t 时刻位于 x_1,x_2, x_3 流体质点的 φ 对时间的变化率,这就是其**物质导数**(material derivative)。要注意的是,对于流动的流场中 t 时刻位于 x_1, x_2, x_3 **流体质点**来说,由于该质点的是运动着的,其位置坐标 x_1, x_2, x_3 也是时间 t 的函数,所以求对该质点的物质导数就得采用复合函数求导:

$$\frac{\mathrm{d}\varphi(x_1, x_2, x_3, t)}{\mathrm{d}t} = \frac{\partial\varphi}{\partial t} + \frac{\partial\varphi}{\partial x_1}\frac{\mathrm{d}x_1}{\mathrm{d}t} + \frac{\partial\varphi}{\partial x_2}\frac{\mathrm{d}x_2}{\mathrm{d}t} + \frac{\partial\varphi}{\partial x_3}\frac{\mathrm{d}x_3}{\mathrm{d}t}$$

$$= \frac{\partial\varphi}{\partial t} + u_1\frac{\partial\varphi}{\partial x_1} + u_2\frac{\partial\varphi}{\partial x_2} + u_3\frac{\partial\varphi}{\partial x_3} = \frac{\partial\varphi}{\partial t} + \vec{u}\cdot\nabla\varphi = \frac{\partial\varphi}{\partial t} + u_i\frac{\partial\varphi}{\partial x_i}$$

$$(4-9)$$

从前至后分别为变量 φ 的物质导数或随体导数表达式(也有用大写的 D 代替小写的 d 表示的)、直角坐标系下分步求导的推导过程、应用了直角坐标系下速度分量 u_1, u_2, u_3 的计算表达式、哈密顿算符表达式及张量表达式。由于物质导数的物理意义为求跟随流场中**物体质点**的物理量对时间的变化率,又被称之为**随体导数**(substantial derivative)。分析物质导数张量表达式,我们可看出其由两部分构成,前一项 $\frac{\partial\varphi}{\partial t}$ 表示其**时变率**,即位置不变,对时间的变化率;第二项 $u_i\frac{\partial\varphi}{\partial x_i}$ 是其**位变率**,即时间固定,由于流体流动所带来的变化率。

对欧拉场中的速度矢量 $\vec{u}(x_1, x_2, x_3, t)$ 求物质导数,就得到关于欧拉场中流体物质质点的加速度表达式:

$$\vec{a} = \frac{\mathrm{d}\vec{u}(x_1, x_2, x_3, t)}{\mathrm{d}t} = \frac{\partial\vec{u}}{\partial t} + u\cdot\nabla\vec{u} = \frac{\partial\vec{u}}{\partial t} + u_i\frac{\partial\vec{u}}{\partial x_i} \qquad (4-10)$$

最后等号右边的两项分别表示**时变加速度**或**当地加速度**(local acceleration)、**位变加速度**或**迁移加速度**(convective acceleration)。要注意的是,式(4-10)为一矢量方程式,等号两边均为矢量,计算时需对速度分量分别计算,从而得出各方向上的加速度(参见 4.8.1 小节)。

4.2.2* 非惯性坐标系中质点的物质导数及其受力分析

这一小节的内容对于研究地球上大尺度的流体流动,需考虑由于地球的转动所带来的离心力及科里奥利力时非常重要。如图 4-1 所示,设一质点 M 在以角速

度为 $\vec{\Omega}$ 转动的非惯性坐标系 x_i 中(比如说地球)的位置坐标为 $\vec{r}=x_i\vec{e}_i$,而此非惯性坐标系的原点在惯性坐标系 X_i 中的位置坐标为 $\vec{R}(X_i)$,那么 $\vec{r}$ 针对惯性坐标系 X_i 的物质导数为

$$\left(\frac{\mathrm{d}\,\vec{r}}{\mathrm{d}t}\right)_X=\frac{\mathrm{d}(x_i\vec{e}_i)}{\mathrm{d}t}=\vec{e}_i\,\frac{\mathrm{d}x_i}{\mathrm{d}t}+x_i\,\frac{\mathrm{d}\,\vec{e}_i}{\mathrm{d}t} \qquad (4-11)$$

式中大写下标 X 表示在惯性坐标系中所考虑的变量或运算,小写下标 x 表示在非惯性坐标系中所考虑的变量或运算。式(4-11)最右边等号后第一项的物理意义为质点在非惯性坐标系 x_i 内的速度 $\vec{u}_x$;等号后第二项由于 $\vec{e}_i$ 为单位方向矢量,其长度不会改变,所以其物质微分没有线性运动速度,但存在因非惯性坐标系旋转所产生的以 e_i 为半径的转动速度 $\vec{\Omega}\times e_i$,所以上式可写成

$$\left(\frac{\mathrm{d}\,\vec{r}}{\mathrm{d}t}\right)_X=\vec{u}_x+x_i(\vec{\Omega}\times\vec{e}_i)=\vec{u}_x+\vec{\Omega}\times(x_i\vec{e}_i)=\vec{u}_x+\vec{\Omega}\times\vec{r}=\left(\frac{\mathrm{d}\,\vec{r}}{\mathrm{d}t}\right)_x+\vec{\Omega}\times\vec{r}$$

$$(4-12)$$

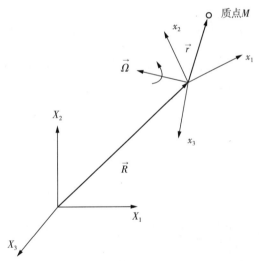

图 4-1　在惯性坐标系 X_i 中的非惯性坐标系 x_i 中的质点 M

过程较复杂,但结论的物理意义非常清楚:**一质点在惯性坐标系 X_i 内的速度为其在非惯性坐标系 x_i 内的速度加上其在惯性坐标系内的转动速度。**注意下标 x 不是表示沿着 x 轴的分量,而是表示在非惯性坐标系 x_i 中的量。式(4-12)的结论可进一步一般化为:**相对于惯性坐标系 X_i 以角速度 $\vec{\Omega}$ 转动的非惯性坐标系 x_i 内的任意矢量(不仅仅是位置矢量 $\vec{r}$) 对惯性坐标系物质导数为其在非惯性坐标系内的物质导数加上 $\vec{\Omega}$ 叉乘该矢量。**这在推导后面加速度式(4-14)时要用到。

下面我们求质点 M 在惯性坐标 X_i 中的绝对速度 $\vec{V}$ 及加速度 $\vec{a}$

$$\vec{V} = \left(\frac{\mathrm{d}(\vec{R}+\vec{r})}{\mathrm{d}t}\right)_X = \left(\frac{\mathrm{d}\vec{R}}{\mathrm{d}t}\right)_X + \left(\frac{\mathrm{d}\vec{r}}{\mathrm{d}t}\right)_X \overset{(4\text{-}12)}{=} \vec{V}_X + \left(\frac{\mathrm{d}\vec{r}}{\mathrm{d}t}\right)_x + \vec{\Omega}\times\vec{r} = \vec{V}_X + \vec{u}_x + \vec{\Omega}\times\vec{r}$$

$$(4-13)$$

即惯性坐标系中的 $\vec{V}$ **由三部分构成**：非惯性坐标系 x_i 原点的线速度 $\vec{V}_X$、质点在非惯性坐标系中 x_i 的线速度 $\vec{u}_x$，及其转动速度 $\vec{\Omega}\times\vec{r}$。下面求质点在惯性坐标系 X_i 中的加速度

$$\vec{a} = \frac{\mathrm{d}\vec{V}}{\mathrm{d}t} \overset{(4\text{-}13)}{=} \left(\frac{\mathrm{d}\vec{V}_X}{\mathrm{d}t}\right)_X + \left(\frac{\mathrm{d}\vec{u}_x}{\mathrm{d}t}\right)_X + \left[\frac{\mathrm{d}(\vec{\Omega}\times\vec{r})}{\mathrm{d}t}\right]_X$$

$$\overset{\substack{\text{对前式后2项}\\ \text{应用广义的式(4-12)}}}{=} \vec{a}_X + \left[\left(\frac{\mathrm{d}\vec{u}_x}{\mathrm{d}t}\right)_x + \vec{\Omega}\times\vec{u}_x\right] + \left[\left(\frac{\mathrm{d}(\vec{\Omega}\times\vec{r})_x}{\mathrm{d}t}\right)_x + \vec{\Omega}\times(\vec{\Omega}\times\vec{r})\right]$$

$$= \vec{a}_X + \vec{a}_x + \vec{\Omega}\times\vec{u}_x + \left(\frac{\mathrm{d}\vec{\Omega}}{\mathrm{d}t}\right)_x\times\vec{r} + \vec{\Omega}\times\left(\frac{\mathrm{d}\vec{r}}{\mathrm{d}t}\right)_x + \vec{\Omega}\times(\vec{\Omega}\times\vec{r})$$

$$= \vec{a}_X + \vec{a}_x + 2\vec{\Omega}\times\vec{u}_x + \left(\frac{\mathrm{d}\vec{\Omega}}{\mathrm{d}t}\right)_x\times\vec{r} + \vec{\Omega}\times(\vec{\Omega}\times\vec{r}) \qquad (4-14)$$

即惯性坐标系 X_i **中的** $\vec{a}$ **由五部分构成**：非惯性坐标系原点的加速度 $\vec{a}_X$、质点在非惯性坐标系中的线加速度 $\vec{a}_x$、科里奥利加速度 $2\vec{\Omega}\times\vec{u}_x$、角加速度 $\left(\frac{\mathrm{d}\vec{\Omega}}{\mathrm{d}t}\right)_x\times\vec{r}$ 及其向心加速度 $\vec{\Omega}\times\vec{\Omega}\times\vec{r}$。

下面来看非惯性坐标系质点 m 的受力情况。根据牛顿第二定理得：

$$\sum\vec{F} = m\vec{a} = m\left[\vec{a}_X + \vec{a}_x + 2\vec{\Omega}\times\vec{u}_x + \left(\frac{\mathrm{d}\vec{\Omega}}{\mathrm{d}t}\right)_x\times\vec{r} + \vec{\Omega}\times(\vec{\Omega}\times\vec{r})\right] \Rightarrow$$

$$m\vec{a}_x = \sum\vec{F} - m\left[\vec{a}_X + 2\vec{\Omega}\times\vec{u}_x + \left(\frac{\mathrm{d}\vec{\Omega}}{\mathrm{d}t}\right)_x\times\vec{r} + \vec{\Omega}\times(\vec{\Omega}\times\vec{r})\right]$$

$$(4-15)$$

也即在非惯性坐标系中（比如说地球上），所观察到的质点在非惯性坐标系中的线加速度力仅仅是其在非惯性坐标系中所受总力 $\sum\vec{F}$ 的一部分，此外还有非惯性坐标系的**线加速度的惯性力**（linear acceleration inertial force） $m\vec{a}_X$、**科里奥利力**（Coriolis force） $m\times2\vec{\Omega}\times\vec{u}_x$、**角加速度力**（angular acceleration force） $m\left(\frac{\mathrm{d}\vec{\Omega}}{\mathrm{d}t}\right)_x\times\vec{r}$ 及**离心力**（centrifugal force） $-m\vec{\Omega}\times(\vec{\Omega}\times\vec{r})$。对于地球上许多小尺度的运动，这些力一般很小，我们将它们忽略了。

4.2.3　应用于流场速度矢量的高斯定理

设欧拉场中的控制体积 Ω 是由光滑或分段光滑的封闭曲面 S 所包围的有界封闭空间(注意前一小节我们用矢量 $\vec{\Omega}$ 表示转动角速度,这里及下面我们均用标量 Ω 表示体积), $\vec{n}$ 为 S 的外法线方向的单位矢量, $\vec{u}(x_1, x_2, x_3, t)$ 为流场速度矢量,则流体通过 Ω 的纯流出流量为

$$Q = \underbrace{\int_s \vec{u} \cdot \mathrm{d}\vec{S}}_{\text{I}} = \underbrace{\int_s \vec{u} \cdot \vec{n}\mathrm{d}S}_{\text{II}} \overset{\text{高斯定理}}{=} \underbrace{\int_\Omega \left(\frac{\partial u_1}{\partial x_1} + \frac{\partial u_2}{\partial x_2} + \frac{\partial u_3}{\partial x_3}\right) \mathrm{d}x_1 \mathrm{d}x_2 \mathrm{d}x_3}_{\text{III}} = \underbrace{\int_\Omega (\nabla \cdot \vec{u}) \mathrm{d}\Omega}_{\text{IV}}$$

$$(4-16\mathrm{a})$$

积分式 Ⅰ、Ⅱ 是表示流体通过封闭曲面 S 的体积流量的不同数学表述方式。如果将 S 看成一个平面,此积分即表示通过该面的流量,数学点积使只有垂直于该面的速度分量对流量有贡献,且流出为正(速度分量和该面外法线方向一致),流入为负(速度分量和该面外法线方向相反)。所以 $Q > 0$ 表示 Ω 内有源,有多余的流体流出;相反 $Q < 0$ 则表示 Ω 内有槽,有流体在 Ω 内消失;若 $Q = 0$,则表示流体流入的等于流出的,体积守恒。积分式 Ⅲ、Ⅳ 分别为高斯定理在直角坐标系下的表述及使用哈密顿算符的表述。关于流场速度矢量的高斯定理说的是:**流体通过一控制体积的纯流量(流出的减去流进的)等于该控制体积内速度散度的体积分**。高斯定理将对矢量的关于封闭曲面的面积分转换成对矢量散度标量的体积分,简化了计算的复杂性。

上面讨论的关于矢量面积分的高斯定理可推广至标量 c 及张量 P 如下:

$$\int_S c\,\mathrm{d}\vec{A} = \int_S c\,\vec{n}\mathrm{d}A = \int_\Omega \nabla c\,\mathrm{d}\Omega \qquad (4-16\mathrm{b})$$

$$\int_S P \cdot \vec{n}\mathrm{d}A = \int_\Omega \nabla \cdot P\,\mathrm{d}\Omega \qquad (4-16\mathrm{c})$$

如果要用一句话来概括高斯定理帮助记忆,那就是:针对某个量的关于某个以其外法线为正方向的封闭曲面的面积分等于哈密顿算符作用于该量后对该曲面所包围体积的体积分。

4.2.4　物质系统的物理量对时间的变化率 —— 雷诺运输方程

本章 4.2.1 小节讨论了物质质点对时间的变化率即物质导数或随体导数在欧拉场中的表述。实际应用时,我们更关心宏观物质系统中的物理量对时间的变化率,其数学表达即为**雷诺运输方程**(Reynolds transport theorem)。雷诺运输方程可以说是流体力学中最基本的方程,其他的各守恒方程如连续性方程、动量方程、

能量方程、传质方程等均可以由之导出。并且这些方程的积分及微分形式可以通过高斯定理便利地相互转换。

由于宏观物质系统中的物理量的分布一般是不均匀的,设单位体积该量的分布函数为 $\varphi(x_1, x_2, x_3, t)$,t 时刻该物质系统所占的空间 Ω 为我们所考虑的欧拉场的控制体积,那么该系统中我们所考虑的物理量的总量由如下体积分给出:

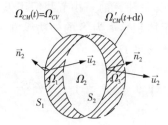

$$\Phi = \int_{CM} \varphi \, \mathrm{d}\Omega \qquad (4-17)$$

下标 CM 表示我们所考虑的物质系统的控制质量(control mass)。 如图 $4-2$ 所示,在时刻 $t(\mathrm{d}t = 0)$ 固定的欧拉场的控制体积 Ω_{CV} 和控制质量 Ω_{CM} 重合(图中实线所示部分,$\Omega_{CM}(t) = \Omega_{CV}$)。现在我们要求物质系统的 Φ 对时间的变

$$\Omega_1 = \vec{u}_1 \cdot \vec{n}_1 S_1 \mathrm{d}t < 0$$
$$\Omega_3 = \vec{u}_2 \cdot \vec{n}_2 S_2 \mathrm{d}t > 0$$

图 $4-2$ 雷诺运输方程
推导示意图

化率并以欧拉场的控制体积的形式表述出来。让我们考察控制体积内该量的时间导数:

$$\frac{\mathrm{d}\Phi}{\mathrm{d}t} = \frac{\mathrm{d}}{\mathrm{d}t} \int_{CV} \varphi \, \mathrm{d}\Omega = \lim_{\Delta t \to 0} \frac{1}{\Delta t} \left[\int_{CV} \varphi(t + \Delta t) \, \mathrm{d}\Omega - \int_{CV} \varphi(t) \, \mathrm{d}\Omega \right]$$

$$= \lim_{\Delta t \to 0} \frac{1}{\Delta t} \left[\int_{CM} \varphi(t + \Delta t) \, \mathrm{d}\Omega - \varphi(t + \Delta t)\Omega_\mathrm{o} + \varphi(t + \Delta t)\Omega_\mathrm{i} - \int_{CM} \varphi(t) \, \mathrm{d}\Omega \right]$$

$$= \frac{\mathrm{d}}{\mathrm{d}t} \int_{CM} \varphi \, \mathrm{d}\Omega - \lim_{\Delta t \to 0} \frac{1}{\Delta t} \left[\varphi(t + \Delta t)\Omega_\mathrm{o} - \varphi(t + \Delta t)\Omega_\mathrm{i} \right] \Rightarrow$$

$$\frac{\mathrm{d}}{\mathrm{d}t} \int_{CM} \varphi \, \mathrm{d}\Omega = \frac{\mathrm{d}}{\mathrm{d}t} \int_{CV} \varphi \, \mathrm{d}\Omega + \lim_{\Delta t \to 0} \frac{\varphi(t)}{\Delta t} \left[\vec{u}_\mathrm{o} \cdot s_\mathrm{o} \Delta t - \vec{u}_\mathrm{i} \cdot s_\mathrm{i} \Delta t \right]$$

$$= \frac{\mathrm{d}}{\mathrm{d}t} \int_{CV} \varphi \, \mathrm{d}\Omega + \int_s \varphi \, \vec{u} \cdot \vec{n} \, \mathrm{d}S \qquad (4-18)$$

式中下标 i 表示流进,o 表示流出。最后我们以 Ω 表示控制体积 CV,得到雷诺运输方程的一般表达式为

$$\frac{\mathrm{d}}{\mathrm{d}t} \int_{CM} \varphi \, \mathrm{d}\Omega = \frac{\mathrm{d}}{\mathrm{d}t} \int_\Omega \varphi \, \mathrm{d}\Omega + \int_s \varphi \, \vec{u} \cdot \vec{n} \, \mathrm{d}S \qquad (4-19\text{a})$$

式中的 S 为包围控制体积 Ω 的外表面,$\vec{n}$ 为其外法线单位方向矢量。在很多应用中,控制体积固定不变,式(4-19a)等号右边第一项的全微分可写成对积分变量的偏微分的形式如下:

$$\frac{\mathrm{d}}{\mathrm{d}t}\int_{CM}\varphi\mathrm{d}\Omega = \int_{\Omega}\frac{\partial\varphi}{\partial t}\mathrm{d}\Omega + \int_{S}\varphi\,\vec{u}\cdot\vec{n}\,\mathrm{d}S \qquad (4-19\mathrm{b})$$

因为在体积分前 φ 既是时间的函数,也是空间的函数,所以其对时间的微分应写成偏微分的形式。从上面的推导过程中我们可看出物质导数和雷诺运输方程在本质上是类似的,都是将拉格朗日针对物质的时间导数转化为欧拉场中对应变量的时变率及运动变化率两部分来表述。不同之处在于物质导数是针对单个流体质点的,而雷诺运输方程是针对宏观物质系统的。下面考察完流体微团基本运动形式的数学表述后,我们将应用雷诺运输方程推导出流体的质量、动量及能量守恒方程。

4.3　流体微团运变的基本形式及其张量表述

上一节分别讨论了针对流体质点及物质系统的物理量随时间的变化率在欧拉场中的数学表述,即物质导数和雷诺运输方程。本节我们将考虑流场中某一流体微团由于其各处速度的不同所带来的流体微团形状改变的数学描述。所谓运变是指由运动所带来的变化。

4.3.1　流体微团运变的基本形式

设想如图 4-3 实线所示的长方形流体微团,其形状的改变是由 4 个顶点的运动所带来的。由于其各点运动速度的不同而可能产生改变的基本形式有平移、旋转和变形。**平移**(translation):微团内各点以相同的速度运动,方形微团保持形状不变;**旋转**(rotation):微团以某点为中心做整体的转动;**变形**(transformation):微团内各点的运动速度不同使其自身的形状发生了改变,包括夹角不变只是线段长短发生变化的**线变形**(linear transformation)及相邻边夹角发生了改变的**角变形**(angular transformation)。

流体微团的形状改变与否决定于其内部点之间的运动速度的差异,也即速度梯度,那么流体微团的这些运变的基本形式是否可以用速度梯度的形式表示出来呢? 答案是肯定的。设某固定时刻微团内相距为 $\mathrm{d}\vec{r}=\mathrm{d}x_1\vec{e}_1+\mathrm{d}x_2\vec{e}_2+\mathrm{d}x_3\vec{e}_3$ 两点间的速度分别为 $\vec{u}(x_1,x_2,x_3)$ 及 $\vec{u}+\mathrm{d}\vec{u}$,式中 $e_i(i=1,2,3)$ 为直角坐标系的三个互相垂直方向的单位方向矢量。由泰勒级数展开的一级近似有

$$\mathrm{d}\vec{u} = \frac{\partial\vec{u}}{\partial x_1}\mathrm{d}x_1 + \frac{\partial\vec{u}}{\partial x_2}\mathrm{d}x_2 + \frac{\partial\vec{u}}{\partial x_3}\mathrm{d}x_3 \qquad (4-20\mathrm{a})$$

上式是关于矢量的全微分,等号两边各有一微分项均包含速度的三个分量的偏微分,用直角坐标系及矩阵的表述都较长,最简单的是采用前述张量的表述如下:

$$\mathrm{d}u_i = \frac{\partial u_i}{\partial x_j}\mathrm{d}x_j \qquad (4-20\mathrm{b})$$

式中等号两边各有一个自由下标 i 可以取值 $1,2,3$，表明其为一个矢量方程；而对 i 的每一个取值 j 均需取值 $1,2,3$ 相加，所以其共有 9 个分量，以矩阵的形式表述上式，即为

$$\begin{bmatrix} \mathrm{d}u_1 \\ \mathrm{d}u_2 \\ \mathrm{d}u_3 \end{bmatrix} = \begin{bmatrix} \dfrac{\partial u_1}{\partial x_1} & \dfrac{\partial u_1}{\partial x_2} & \dfrac{\partial u_1}{\partial x_3} \\ \dfrac{\partial u_2}{\partial x_1} & \dfrac{\partial u_2}{\partial x_2} & \dfrac{\partial u_2}{\partial x_3} \\ \dfrac{\partial u_3}{\partial x_1} & \dfrac{\partial u_3}{\partial x_2} & \dfrac{\partial u_3}{\partial x_3} \end{bmatrix} \begin{bmatrix} \mathrm{d}x_1 \\ \mathrm{d}x_2 \\ \mathrm{d}x_3 \end{bmatrix} \qquad (4-20\mathrm{c})$$

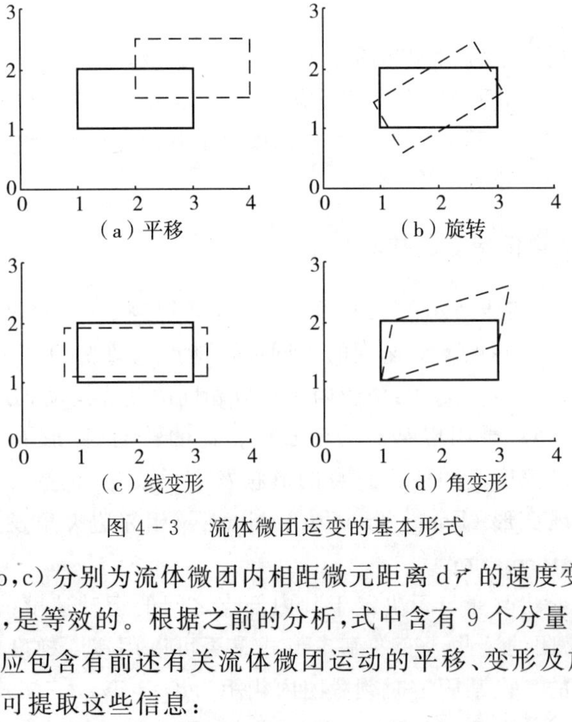

（a）平移　　（b）旋转　　（c）线变形　　（d）角变形

图 4-3　流体微团运变的基本形式

式（4-20a,b,c）分别为流体微团内相距微元距离 $\mathrm{d}\vec{r}$ 的速度变化量的矢量、张量及矩阵表达式，是等效的。根据之前的分析，式中含有 9 个分量的为二阶张量的速度矢量梯度里应包含有前述有关流体微团运动的平移、变形及旋转等信息。对之做如下变换即可提取这些信息：

$$\nabla\, \vec{u} = \frac{\partial u_i}{\partial x_j} = \frac{1}{2}\left(\frac{\partial u_i}{\partial x_j} + \frac{\partial u_j}{\partial x_i}\right) + \frac{1}{2}\left(\frac{\partial u_i}{\partial x_j} - \frac{\partial u_j}{\partial x_i}\right) = s_{ij} + \omega_{ij} \qquad (4-21\mathrm{a})$$

变换看起来很复杂，实际很简单，等同于对 a 作了如下变换：$a = \frac{1}{2}(a+b) + \frac{1}{2}(a-b)$。只不过这儿 $a = \dfrac{\partial u_i}{\partial x_j}$，$b = \dfrac{\partial u_j}{\partial x_i}$。

在 1.4.2 小节讨论三维运动的牛顿内摩擦力时引入的对称的二阶**应变率张量** s_{ij} 以及包含有流体微团的旋转运动信息的**旋转率张量** ω_{ij} 分别为

$$s_{ij} = \frac{1}{2}\left(\frac{\partial u_i}{\partial x_j} + \frac{\partial u_j}{\partial x_i}\right) \tag{4-21b}$$

$$\omega_{ij} = \frac{1}{2}\left(\frac{\partial u_i}{\partial x_j} - \frac{\partial u_j}{\partial x_i}\right) \tag{4-21c}$$

式(4-21a)第一个等号的两边为速度矢量的两种不同表述方式:哈密顿算符及张量表示法。注意式中哈密顿算符和速度矢量间没有点积符,有的话就表示求速度的散度。我们观察将速度矢量梯度等价变换后的式(4-21a)中间带括号的两项,前一项恰为**应变率张量**,应包含有流体微团的变形信息,后一项为二阶反对称张量,即 $\omega_{ij} = -\omega_{ji}$,只有三个独立分量,恰为 4.1.4 小节所讨论反映流体微团旋转的速度旋度的一半(思考练习题 4.3)。下面将继续讨论它们的物理意义。

4.3.2　流体微团运变的基本形式的几何释义及推导

为更直观地理解流体微团运变的基本形式及其微分的数学表达式(4-21),以图 4-4 所示的二维直角坐标系下在初始时刻 t 流体微团的两直角相交的边长分别为 $\mathrm{d}x_1$,$\mathrm{d}x_2$ 的微元线段 AB,AC 为例来进行解说。设在 t 时刻 A 的速度为 $\vec{u}_A = u_1 \vec{e}_1 + u_2 \vec{e}_2$,那么水平微元另一端 B 点的速度可近似表示为 $\vec{u}_B = \left(u_1 + \frac{\partial u_1}{\partial x_1}\mathrm{d}x_1\right)\vec{e}_1 + \left(u_2 + \frac{\partial u_2}{\partial x_1}\mathrm{d}x_1\right)\vec{e}_2$,同理 C 点的速度可近似表示为 $\vec{u}_C = \left(u_1 + \frac{\partial u_1}{\partial x_2}\mathrm{d}x_2\right)\vec{e}_1 + \left(u_2 + \frac{\partial u_2}{\partial x_2}\mathrm{d}x_2\right)\vec{e}_2$。

线变形率(linear transformation rate)的定义为:流体微团内的线段在单位时间内单位长度的改变量。以图 4-4 中平行于 x_1 轴的 AB 线段为例,我们要考察其在 x_1 轴方向上在 $\mathrm{d}t$ 时间内有无线变形,只需考察 A,B 两点沿此方向的速度 u_1 的差就行了,即

$$s_{11} = \frac{(u_{B1} - u_{A1})\mathrm{d}t}{\mathrm{d}x_1 \mathrm{d}t} = \left(u_1 + \frac{\partial u_1}{\partial x_1}\mathrm{d}x_1 - u_1\right)\Big/\mathrm{d}x = \frac{\partial u_1}{\partial x_1} \tag{4-22}$$

同理可推得在 x_2,x_3 方向上的线变形率分别为 $\frac{\partial u_2}{\partial x_2}$,$\frac{\partial u_3}{\partial x_3}$。这里我们就发现了 4.1.3 小节所介绍的**速度梯度的新的物理意义**:其各分量分别为对应坐标轴方向的流体微团的线变形率。再通过和应变率张量式(4-21)中的 s_{ij} 对比发现,三个方向的线变形率恰为应变率张量 s_{ij} 的主对角线方向的三个元素。

角变形率（angular transformation rate）的定义为：流体微团内原相互正交线相互靠近角变形速度的一半。考察图 4-4 中在 t 时刻互相垂直的两条线段，沿 x_1 方向线段由于其两端点在 x_2 方向的速度不同发生了转动，其转动的微元角度为

$$d\alpha = \lim_{dt \to 0} \left[\tan^{-1} \frac{B'B''}{A'B''} \right] \approx \lim_{dt \to 0} \left[\tan^{-1} \frac{\dfrac{\partial u_2}{\partial x_1} dx_1 dt}{dx_1 + \dfrac{\partial u_1}{\partial x_1} dx_1 dt} \right] \approx \frac{\partial u_2}{\partial x_1} dt$$

图中 B'' 为假设 AB 线段不发生转动时 B 点在 $t+dt$ 时刻的位置，同理 x_2 方向的微元线段的转动微元角度为

$$d\beta = \lim_{dt \to 0} \left[\tan^{-1} \frac{C'C''}{A'C''} \right] \approx \lim_{dt \to 0} \left[\tan^{-1} \frac{\dfrac{\partial u_1}{\partial x_2} dx_2 dt}{dx_2 + \dfrac{\partial u_2}{\partial x_2} dx_2 dt} \right] \approx \frac{\partial u_1}{\partial x_2} dt$$

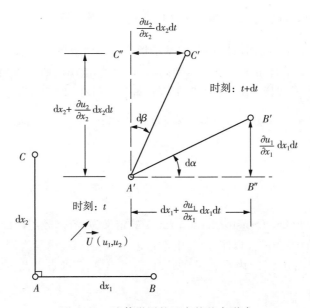

图 4-4　流体微团的运变的基本形式

按照角变形率的定义，得其微分表达式为 $s_{12} = s_{21} = \dfrac{1}{2} \dfrac{d\alpha + d\beta}{dt} = \dfrac{1}{2} \left(\dfrac{\partial u_1}{\partial x_2} + \dfrac{\partial u_2}{\partial x_1} \right)$，同理推得其他方向的角变形率分别为 $s_{23} = s_{32} = \dfrac{1}{2} \left(\dfrac{\partial u_3}{\partial x_2} + \dfrac{\partial u_2}{\partial x_3} \right)$，$s_{13} = s_{31} = \dfrac{1}{2} \left(\dfrac{\partial u_1}{\partial x_3} + \dfrac{\partial u_3}{\partial x_1} \right)$。和应变率张量（式 4-21 的 s_{ij}）对比发现，三个方向的角变形率恰为对称的应变率张量除主对角线之外的三个独立元素。

　　旋转率或**旋转角速度**（angular velocity）的定义为：液体微团上两相邻原来相互正交边逆时针旋转角度的平均值。按照定义，和角变形讨论的微元角度不同的是此时 AC 转动的角速度为顺时针方向为负，那么我们可得到沿 x_3 方向转动的旋转率为 $\omega_3 = \dfrac{1}{2}\dfrac{\mathrm{d}\alpha - \mathrm{d}\beta}{\mathrm{d}t} = \dfrac{1}{2}\left(\dfrac{\partial u_2}{\partial x_1} - \dfrac{\partial u_1}{\partial x_2}\right)$，同理得其他两坐标方向的旋转率分别为 $\omega_1 = \dfrac{1}{2}\left(\dfrac{\partial u_3}{\partial x_2} - \dfrac{\partial u_2}{\partial x_3}\right)$，　$\omega_2 = \dfrac{1}{2}\left(\dfrac{\partial u_1}{\partial x_3} - \dfrac{\partial u_3}{\partial x_1}\right)$。和式（4-21c）的反对称旋转率张量 ω_{ij} 对比发现，它们恰为其 3 个独立元素。

4.4　流体连续性方程

连续性方程的
微分及积分推导

　　取雷诺运输方程（4-19a）中的单位体积变量 φ 为流体密度，即 $\varphi(\vec{x},t) = \rho(x_1,x_2,x_3,t)$，根据质量守恒定理得积分形式的连续方程

$$\frac{\mathrm{d}}{\mathrm{d}t}\int_{CM}\rho\,\mathrm{d}\Omega = \frac{\mathrm{d}M}{\mathrm{d}t} \overset{\text{质量守恒定理}}{=\!=\!=} 0 \overset{\text{式(4-19a)}}{=\!=\!=} \frac{\mathrm{d}}{\mathrm{d}t}\int_{\Omega}\rho\,\mathrm{d}\Omega + \oint_{S}\rho\,\vec{u}\cdot\vec{n}\,\mathrm{d}S$$

$$(4-23\text{a})$$

式中 M 表示所考虑物质系统的质量。如果控制体积固定，结合式（4-19b）同理可得一般流体运动的**连续性方程**（continuity equation）或**质量守恒方程**（mass conservation equation）的积分表达式为

$$\int_{\Omega}\frac{\partial\rho}{\partial t}\mathrm{d}\Omega + \oint_{S}\rho\,\vec{u}\cdot\vec{n}\,\mathrm{d}S = 0 \qquad (4-23\text{b})$$

　　将上述方程应用于如图 4-5 所示两个过流断面 1、2 间的恒定管道流的一段，可方便地推导出一维流动的质量守恒方程（思考练习题 4.4）。

$$\rho_1 V_1 A_1 = \rho_2 V_2 A_2 \qquad (4-24\text{a})$$

式中 V 代表平均流速。下标 1、2 分别表示入口和出口。若进一步为不可压缩流体，密度为常量，可得

$$V_1 A_1 = V_2 A_2 \qquad (4-24\text{b})$$

　　对积分形式的连续性方程式（4-23b）的面积分应用高斯定理得

$$\int_\Omega \frac{\partial \rho}{\partial t}\mathrm{d}\Omega + \oint_S \vec{u}\cdot\vec{n}\,\mathrm{d}S \xlongequal{高斯定理} \int_\Omega \left[\frac{\partial \rho}{\partial t} + \nabla\cdot(\rho\vec{u})\right]\mathrm{d}\Omega = \int_\Omega \left[\frac{\partial \rho}{\partial t} + \frac{\partial(\rho u_i)}{\partial x_i}\right]\mathrm{d}\Omega = 0$$

由于体积 Ω 不等于零,从而得到**流体连续性方程的微分方程式**为

$$\underset{\text{I}}{\frac{\partial \rho}{\partial t} + \frac{\partial(\rho u_i)}{\partial x_i}} = \underset{\text{II}}{\frac{\partial \rho}{\partial t} + \nabla\cdot(\rho\vec{u})} = 0 \qquad (4-25)$$

I、II 分别为使用张量及哈密顿算符的表达式。特别地针对不可压缩流体密度为常数,其连续性方程即为速度的散度等于零

$$\frac{\partial u_i}{\partial x_i} = \nabla\cdot\vec{u} = 0 \qquad (4-26)$$

图 4 - 5　管道流示意图

4.5　流体动量方程

流体运动的**动量方程**(momentum equation)为牛顿第二定律在流体力学中的应用。为讨论方便,我们将雷诺运输方程式(4-19a)等号两边对调得

$$\frac{\mathrm{d}}{\mathrm{d}t}\int_\Omega \varphi\,\mathrm{d}\Omega + \underset{\text{III}}{\oint_S \varphi\vec{u}\cdot\vec{n}\,\mathrm{d}S} = \frac{\mathrm{d}\Phi}{\mathrm{d}t} \qquad (4-27)$$

取 $\varphi(\vec{x},t) = \rho\vec{u}$,即单位体积的动量,带入上式

$$\frac{\mathrm{d}}{\mathrm{d}t}\int_\Omega (\rho\vec{u})\,\mathrm{d}\Omega + \oint_S \rho\vec{u}\,\vec{u}\cdot\vec{n}\,\mathrm{d}S = \frac{\mathrm{d}}{\mathrm{d}t}\int_{CM}\rho\vec{u}\,\mathrm{d}\Omega = \frac{\mathrm{d}(M\vec{u})}{\mathrm{d}t} \xlongequal{动量定理} \sum_i \vec{F}_i \qquad (4-28a)$$

若控制体积 Ω 固定,动量方程可写成

$$\int_\Omega \frac{\partial(\rho\vec{u})}{\partial t}\mathrm{d}\Omega + \oint_S \rho\vec{u}\,\vec{u}\cdot\vec{n}\,\mathrm{d}S = \sum_i \vec{F}_i \qquad (4-28b)$$

根据动量定理,上式右边为作用在控制体积 Ω 上的合外力。一般作用在流体上的力主要有重力($\vec{F}_1$)、压力($\vec{F}_2$)及黏性力($\vec{F}_3$)。下面逐一考虑其作用于控制体积的积分表达式。

4.5.1　作用于控制体的重力

重力（gravity）为质量力，在地球表面作用于物体上，等于质量乘以表示单位质量力的重力加速度 $\vec{g}$，对于所考虑的控制体积内的流体，其作用力为

$$\vec{F}_1 = \oiint_\Omega \rho\, \vec{g}\, \mathrm{d}\Omega \tag{4-29}$$

4.5.2　作用于控制体的压力

压力（pressure）是面力，流体的压力又总是垂直于作用面并指向其内部，我们沿着包围所考虑控制体积的表面 S 积分即可求出其合力为

$$\vec{F}_2 = \oiint_S \vec{p} \cdot \vec{n}\, \mathrm{d}S = -\oiint_S p\, \vec{n}\, \mathrm{d}S \tag{4-30}$$

式中 $\vec{n}$ 为控制体积 Ω 的表面 S 的外法线方向的单位矢量，引入负号实际上是应用了我们已知的流体力学的压强的作用方向总是与面外法线方向相反的知识，从而可将压力当作标量处理。

4.5.3　作用于控制体的黏性力

黏性力（viscous force）和压力一样为作用在单位面积上的面力。参见第 1 章 1.4.2 和 1.4.3 小节，我们一般以二阶张量 τ_{ij} 表示流体内部的黏性力，它的作用面及力的方向由其两个下标分别决定。第一个下标 i 表示切应力的作用面的法线方向，第二个下标 j 表示力的作用方向。求其作用在包围所考虑控制体积的表面 S 上的合力同上述压力一样需进行面积分：

$$\vec{F}_3 = \oiint_S \tau_{ij} \cdot \vec{n}\, \mathrm{d}S \tag{4-31}$$

点积保证了在面 S 上各点同方向的力相加，在直角坐标系中即将各方向的力分解为三个互相垂直的力分别进行求和运算。

4.5.4　积分及微分形式的动量方程

综合式（4-29）～ 式（4-31），对于固定控制体积，流体**动量方程**的积分表达式为

$$\int_\Omega \frac{\partial(\rho \vec{u})}{\partial t}\, \mathrm{d}\Omega + \oiint_S \rho\, \vec{u}\, \vec{u} \cdot \vec{n}\, \mathrm{d}S = \sum_i \vec{F}_i$$

$$= \int_\Omega \rho\, \vec{g}\, \mathrm{d}\Omega - \oiint_S p\, \vec{n}\, \mathrm{d}S + \oiint_S \tau_{ij} \cdot \vec{n}\, \mathrm{d}S \tag{4-32}$$

实际流体动量方程
推导及其张量表述

对所有的面积分项应用高斯定理式(4-16a～c)

$$\int_{\Omega} \underset{\text{I}}{\frac{\partial(\rho \vec{u})}{\partial t}} \mathrm{d}\Omega + \int_{\Omega} \underset{\text{II}}{\nabla \cdot (\rho \vec{u} \, \vec{u})} \, \mathrm{d}\Omega =$$

$$\int_{\Omega} \rho \vec{g} \, \mathrm{d}\Omega - \int_{\Omega} \nabla p \, \mathrm{d}\Omega + \int_{\Omega} \nabla \cdot \tau_{ij} \, \mathrm{d}\Omega \tag{4-33}$$

式(4-32)及式(4-33)都是以积分方程形式的动量方程。其物理意义为:流体在重力、压力及黏性力的作用下,一是使控制体内部的流体动量发生了变化(Ⅰ),二是使部分流体动量流出(Ⅱ 为正)或流入(Ⅱ 为负)控制体。关于此积分形式的微分方程的应用可参见第 5 章 5.6.4 小节求平板边界层拖曳力的应用。

对于如图 4-5 所示的恒定一维管道流,式(4-32)的第一项等于零,第二项面积分对管壁的积分均为零,所以只剩下对入口和出口的积分,入流为负,出口的为正,假设只有一个出口一个入口,参照式(4-16a),应用于管道流的**动量方程**为

$$\rho Q(\beta_{\text{出口}} V_{\text{出口}} - \beta_{\text{入口}} V_{\text{入口}}) = \sum_{i} \vec{F}_i \tag{4-34}$$

式中 V 代表平均流速,β 为断面动量修正系数,其作用是使按平均流速计算的断面总动量等于其断面积分的准确值,对一般过流断面来说有

$$\beta \rho V Q = \beta \rho V A V = \int_{A} \rho u^2 \, \mathrm{d}A \Rightarrow \beta = \frac{\int_{A} u^2 \, \mathrm{d}A}{V^2 A} \tag{4-35}$$

式中 A 为过流断面的面积。

由式(4-33),因体积 $\Omega \neq 0$,所以我们得到**流体动量方程的微分表达式**如下:

$$\begin{cases} \dfrac{\partial(\rho \vec{u})}{\partial t} + \nabla \cdot (\rho \vec{u} \, \vec{u}) = \rho \vec{g} - \nabla p + \nabla \cdot \tau_{ij} \\[3mm] \dfrac{\partial(\rho u_i)}{\partial t} + \dfrac{\partial(\rho u_j u_i)}{\partial x_j} = \rho g_i - \dfrac{\partial p}{\partial x_i} + \dfrac{\partial \tau_{ji}}{\partial x_j} \end{cases} \tag{4-36}$$

式(4-36)第一行采用了哈密顿算符的写法,第二行为张量表达式。忽略其黏性力项,就得到理想流体或非黏性流体的动量方程

$$\frac{\mathrm{d}(\rho u_i)}{\mathrm{d}t} = \frac{\partial(\rho u_i)}{\partial t} + \frac{\partial(\rho u_j u_i)}{\partial x_j} = \rho g_i - \frac{\partial p}{\partial x_i} \tag{4-37}$$

根据此方程,我们可以推导出著名的伯努利方程(参见本章 4.8.4 小节)。再假设为恒定流(加速度为零),就得到静止液体的平衡微分方程:

$$\rho g_i - \frac{\partial p}{\partial x_i} = 0 \tag{4-38}$$

其与式(3-1a)及式(3-1b)是一致的,我们从另一个角度用一般动量方程简化演绎的方法又推导出了静液的平衡微分方程。

4.5.5　理想流体非稳定流管的伯努利方程

如图 4-6 所示,我们把流场中相距为 ds 两过流断面和由过断面边线的所有流线所构成管状部分称为微元流管。设流管上游入口断面的密度、压力、平均流速及面积分别为 ρ, p, V, A,经 dt 时间后与其相距 ds 的下游出口断面上这些变量的增量分别为 $d\rho, dp, dV, dA$,两断面间的中心高度差为 $dz = ds\sin\theta$。

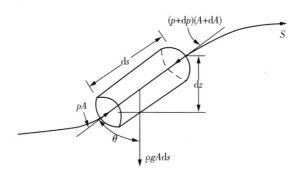

图 4-6　微元流管示意图

取此流管为控制体积,由连续性方程式(4-23a)得

$$\frac{d}{dt}\int_{\Omega}\rho d\Omega + \oint_{S}\rho\,\vec{u}\cdot\vec{n}dS = 0 = \int_{\Omega}\frac{\partial\rho}{\partial t}d\Omega + d(\rho VA) \tag{4-39}$$

最右边等号右边第一项成立的原因为控制体积 Ω 恒定,第二项成立的原因为流进流出的质量差只源自流管的入口、出口,且流出为正、流入为负,管壁上的面积分项为零(流管表面无流体进出)。

进一步对流管沿流线方向应用积分形式的动量方程式(4-32),假设为理想流体,忽略黏性力得

$$\int_{\Omega}\frac{\partial(\rho V)}{\partial t}d\Omega + d(\rho V^2 A) \approx \frac{\partial\rho}{\partial t}Vd\Omega + \frac{\partial V}{\partial t}\rho A ds + Vd(\rho VA) + \rho VA dV$$

$$= \sum_{i}\vec{F}_i = \int_{\Omega}\rho\,\vec{g}d\Omega - \int_{S}p\,\vec{n}dS$$

$$\approx -\rho g\sin\theta A ds + [-(p+dp)(A+dA) + p(A+dA)] \approx -\rho g A dz - A dp$$

由式(4-39)知上式第一行等号右边第一、三项抵消,然后两边同除以 $\rho g A$ 得到

$$\frac{\partial V}{g \partial t} \mathrm{d}s + \mathrm{d}\left(\frac{V^2}{2g}\right) + \mathrm{d}z + \frac{\mathrm{d}p}{\gamma} = 0 \tag{4-40a}$$

此即为**非恒定理想流体沿流管的伯努利微分方程**，若为恒定流，其第一项为零，即为我们更为常见和用到的关于**理想流体能量守恒的伯努利方程**（Bernoulli equation/Bernoulli's theorem）

$$\mathrm{d}\left(\frac{V^2}{2g}\right) + \mathrm{d}z + \frac{\mathrm{d}p}{\gamma} = 0 \Rightarrow \frac{V^2}{2g} + z + \frac{p}{\gamma} = C \tag{4-40b}$$

式中 C 为常数。我们将在本章 4.7.4 小节通过积分形式的能量方程推导出同样的伯努利方程，在看到教学推导方法多样性的同时，进一步明确其成立的条件。

4.5.6　不可压缩牛顿流体的纳维尔-斯托克斯方程

若流体为牛顿流体，如第 1 章 1.4.2 小节所述其黏性力 τ_{ij} 与应变率 s_{ij} 成正比，其比例系数为动力黏性系数 μ 的 2 倍，即

$$\tau_{ij} = 2\mu s_{ij} = \mu\left(\frac{\partial u_i}{\partial x_j} + \frac{\partial u_j}{\partial x_i}\right) \tag{4-41}$$

带入一般流体的动量方程式（4-36）为

$$\rho \frac{\mathrm{d}\vec{u}}{\mathrm{d}t} = \rho \vec{g} - \nabla p + \frac{\partial}{\partial x_j}\left[\mu\left(\frac{\partial u_i}{\partial x_j} + \frac{\partial u_j}{\partial x_i}\right)\right] = \rho \vec{g} - \nabla p + \mu\left[\frac{\partial}{\partial x_j}\left(\frac{\partial u_i}{\partial x_j}\right) + \frac{\partial}{\partial x_i}\left(\frac{\partial u_j}{\partial x_j}\right)\right]$$

进一步假设流体为不可压缩流体（$\nabla \cdot \vec{u} = \frac{\partial u_j}{\partial x_j} = 0$）可以将其简化为

$$\begin{cases} \rho \dfrac{\mathrm{d}u_i}{\mathrm{d}t} = \rho g_i - \dfrac{\partial p}{\partial x_i} + \mu \dfrac{\partial^2 u_i}{\partial x_j \partial x_j} \\ \rho \dfrac{\mathrm{d}\vec{u}}{\mathrm{d}t} = \rho \vec{g} - \nabla p + \mu \nabla^2 \vec{u} \end{cases} \tag{4-42}$$

此即为不可压缩牛顿流体且黏性系数为常量的动量方程的微分方程表达式，也就是流体力学中著名的**纳维尔-斯托克斯方程**（Navier-Stokes equation，NS）。它是一个矢量方程，实际上就是牛顿第二定律，即流体的加速度是由作用在其上的重力、压力及黏性力等合力所引起的。式（4-42）上边为张量表达式，下边为使用了哈密顿算符的矢量表达式。

4.6　流体角动量方程

角动量方程（angular momentum equation）为动量矩定律在流体力学中的应

用。取 $\varphi(\vec{x},t)=\rho\,\vec{r}\times\vec{u}$，即单位体积的动量矩带入式(4-27)的雷诺运输方程式得到积分形式的**角动量方程**：

$$\underbrace{\frac{\mathrm{d}}{\mathrm{d}t}\int_{\Omega}(\rho\,\vec{r}\times\vec{u})\,\mathrm{d}\Omega}_{\text{I}}+\underbrace{\oint_{S}\vec{r}\times\vec{u}(\rho\vec{u}\cdot\vec{n})\,\mathrm{d}S}_{\text{II}}=\underbrace{\frac{\mathrm{d}}{\mathrm{d}t}\int_{CM}\rho\,\vec{r}\times\vec{u}\,\mathrm{d}\Omega}_{\text{III}}\overset{\text{动量矩定理}}{=}\underbrace{\sum_{i}\vec{T}_{i}}_{\text{IV}}$$

$$(4-43)$$

式中 $\vec{T}_{i}$ 代表各外力矩。同样若控制体积固定，可写成

$$\underbrace{\int_{\Omega}\frac{\partial(\rho\,\vec{r}\times\vec{u})}{\partial t}\mathrm{d}\Omega}_{\text{I}}+\underbrace{\oint_{S}\vec{r}\times\vec{u}(\rho\vec{u}\cdot\vec{n})\,\mathrm{d}S}_{\text{II}}\overset{\text{动量矩定理}}{=}\underbrace{\sum_{i}\vec{T}_{i}}_{\text{III}}\qquad(4-44)$$

应用至恒定一维流管，上式第一项为零，设只有一个入口和出口，由 II 式得

$$m(\vec{r}_{\text{out}}\times\vec{u}_{\text{out}}-\vec{r}_{\text{in}}\times\vec{u}_{\text{in}})=\sum_{i}\vec{T}_{i}\qquad(4-45)$$

式中 $m=\rho\,\vec{u}\cdot\vec{S}_{\text{入口}}$，表示单位时间的质量流。

由微元动量矩方程可推导出应力张量对称性：设一初始时刻固定控制质量和控制体积 Ω 重合、表面为 S 流体微元受到重力质量力及包含压力在内的表面力 τ_{n} 的作用。对这微元流体系统应用式(4-43)所示的动量矩定理得

$$\frac{\mathrm{d}}{\mathrm{d}t}\int_{CM}\rho\,\vec{r}\times\vec{u}\,\mathrm{d}\Omega=\int_{\Omega}\rho\,\frac{\mathrm{d}}{\mathrm{d}t}(\vec{r}\times\vec{u})\mathrm{d}\Omega=\sum_{i}\vec{T}_{i}$$

$$=\vec{T}_{g}+\vec{T}_{n}=\int_{\Omega}\vec{r}\times(\rho\,\vec{g})\,\mathrm{d}\Omega+\oint_{S}\vec{r}\times\tau\cdot\vec{n}\,\mathrm{d}S$$

式中下标 n 表示切应力作用于面的法线方向。其中第一个等号应用了雷诺运输方程的积分变量可以表示为密度和另外一个变量的乘积在初始时刻控制质量和固定控制体积重合的等价表达式(张鸣远等,2006)。为方便推导，以张量的形式写出上面方程：

$$\int_{\Omega}\varepsilon_{ijk}\rho\,\frac{\mathrm{d}}{\mathrm{d}t}(x_{j}u_{k})\,\mathrm{d}\Omega=\int_{\Omega}\varepsilon_{ijk}\rho\,(x_{j}g_{k})\,\mathrm{d}\Omega+\oint_{S}\varepsilon_{ijk}x_{j}\tau_{lk}n_{l}\,\mathrm{d}S$$

对上式最后一项应用高斯定理，并将置换符提出至括号外得

$$\int_{\Omega}\varepsilon_{ijk}\left[\rho\,\frac{\mathrm{d}}{\mathrm{d}t}(x_{j}u_{k})-\frac{\partial(x_{j}\tau_{lk})}{\partial x_{l}}-\rho x_{j}g_{k}\right]\mathrm{d}\Omega=0$$

将中括号内前两项展开

$$\int_\Omega \varepsilon_{ijk} \left[\rho u_k \frac{\mathrm{d}x_j}{\mathrm{d}t} + \rho x_j \frac{\mathrm{d}u_k}{\mathrm{d}t} - \tau_{lk} \frac{\partial x_j}{\partial x_l} - x_j \frac{\partial \tau_{lk}}{\partial x_l} - \rho x_j g_k \right] \mathrm{d}\Omega = 0$$

$$\int_\Omega \left[\rho \varepsilon_{ijk} u_k u_j + \varepsilon_{ijk} x_j \left(\rho \frac{\mathrm{d}u_k}{\mathrm{d}t} - \frac{\partial \tau_{lk}}{\partial x_l} - \rho g_k \right) - \varepsilon_{ijk} \tau_{jk} \right] \mathrm{d}\Omega = 0$$

$$\int_\Omega \left[0 + \varepsilon_{ijk} x_j \times 0 - \varepsilon_{ijk} \tau_{jk} \right] \mathrm{d}\Omega = 0 \Rightarrow \int_\Omega - \varepsilon_{ijk} \tau_{jk} \mathrm{d}\Omega = 0 \Rightarrow \varepsilon_{ijk} \tau_{jk} = 0$$

上面公式第二行最后一项是由第一行中括号内第三项简化而来的,因为 x_j 对 x_l 的偏微分只有在 l 等于 j 时为 1,其他均为零;第二行中括号内第一项相当于 $\rho \vec{u} \times \vec{u} = 0$,第二项圆括号内由动量方程知为零,所以得到上述结果,展开进一步可推得

$$\varepsilon_{123} (\tau_{23} - \tau_{32}) + \varepsilon_{231} (\tau_{31} - \tau_{13}) + \varepsilon_{312} (\tau_{12} - \tau_{21}) = 0 \Rightarrow$$

$$\tau_{23} = \tau_{32}, \tau_{31} = \tau_{13}, \tau_{12} = \tau_{21} \tag{4-46}$$

所以**流体微元的动量矩的微分方程表明应力张量** τ_{ij} **为对称张量。**

4.7　流体能量方程

4.5.5 小节从对一段微元流管应用积分形式的连续性方程及动量方程推导出了反映能量守恒的伯努利方程,这节我们将从流体单位质量能量的角度应用热力学第一定理及雷诺运输方程再次推导出伯努利方程。定义流体中**单位质量的能量**(energy per unit mass) $e [\mathrm{L}^2 \mathrm{T}^{-2}]$ 为单位质量内能 $\varepsilon [\mathrm{L}^2 \mathrm{T}^{-2}]$ 和单位质量动能及势能之和,即

$$e = \varepsilon + \frac{u^2}{2} + gz \tag{4-47}$$

取雷诺运输方程式(4-26)中的 $\varphi(\vec{x}, t) = \varphi(x_1, x_2, x_3, t) = \rho e$ 得**能量方程**(energy equation)

$$\frac{\mathrm{d}}{\mathrm{d}t} \int_\Omega (\rho e) \mathrm{d}\Omega + \oint_S \rho e \, \vec{u} \cdot \vec{n} \mathrm{d}S = \frac{\mathrm{d}}{\mathrm{d}t} \int_{CM} \rho e \mathrm{d}\Omega = \frac{\mathrm{d}E}{\mathrm{d}t} \overset{\text{热力学第一定理}}{=} \frac{\mathrm{d}Q}{\mathrm{d}t} + \frac{\mathrm{d}W}{\mathrm{d}t}$$

$$\tag{4-48}$$

式中 $E[\mathrm{ML}^2 \mathrm{T}^{-2}]$ 为系统包括内能、动能及势能在内的总能量。若控制体积固定,则可写成

$$\int_{\Omega} \frac{\partial(\rho e)}{\partial t} d\Omega + \oint_{S} \rho e \ \vec{u} \cdot \vec{n} dS = \frac{d}{dt} \int_{CM} \rho e \, d\Omega = \frac{dE}{dt} \stackrel{\text{热力学第一定理}}{=} \frac{dQ}{dt} + \frac{dW}{dt}$$

$$(4-49)$$

式中 $E \ [ML^2 T^{-2}]$ 为系统包括内能、动能及势能在内的总能量,$Q \ [ML^2 T^{-2}]$ 为向系统传递的热量,$W \ [ML^2 T^{-2}]$ 为力对系统所做的功,常用单位为焦耳(J)。因重力已包含在内能中[式(4-47)],式(4-49)最后一项的功率应包含压力、黏性力及外部机械力的功率等,设不存在外部机械力做功,即

$$\frac{dW}{dt} = \frac{dW_p}{dt} + \frac{dW_\nu}{dt}$$

$$(4-50)$$

式中下标 p 及 ν 分别表示压力及黏性力。下面我们分别考虑热传递率、压力功率及黏性力功率。

4.7.1 热量传递率

式(4-49)最后的等号右边第一项理论上应包含热传导、热辐射等。假设仅有遵循傅里叶传导律的热传导,即

$$\frac{dQ}{dt} = \int_{\Omega} \nabla \cdot (K \nabla T) \, d\Omega$$

$$(4-51)$$

式中 $K \ [J/(m \cdot ℃)]$ 为热传导系数。

4.7.2 压力功率

单位时间内压力所做的功可表示为

$$\frac{dW_p}{dt} = -\oint_{S} p \ \vec{u} \cdot \vec{n} dS$$

$$(4-52)$$

因为压力总是垂直指向 S 的内法线方向,所以只有垂直于面 S 的速度分量对压力的功有贡献,所以需要速度和面法线矢量的点积。又因压力是作用于单位面积的力,所以需要面积分。

4.7.3 黏性力功率

单位时间内黏性力的功表示为

$$\frac{dW_\nu}{dt} = \oint_{S} \vec{\tau}_n \cdot \vec{u} dS$$

$$(4-53)$$

式中 $\vec{\tau}_n$ 表示在单位外法线为 $\vec{n}$ 的面 S 上的应力矢量,本章4.7.6小节的微分形式的

能量方程中还将对之进行进一步的讨论。同压力类似,只有和速度方向相同的切应力才做功,所以我们需要它和速度的点积求得其功率;黏性力和压力一样都是作用于单位面积的力,所以需要面积分。

4.7.4　积分形式的能量方程及伯努利方程

将式(4-50)～式(4-53)带入式(4-49)即得到积分形式的能量方程

$$\int_{\Omega}\frac{\partial(\rho e)}{\partial t}\mathrm{d}\Omega+\oint_{S}\rho e\,\vec{u}\cdot\vec{n}\,\mathrm{d}S=\int_{\Omega}\nabla\cdot(K\nabla T)\,\mathrm{d}\Omega-\oint_{S}p\,\vec{u}\cdot\vec{n}\,\mathrm{d}S+\oint_{S}\vec{\tau}_{n}\cdot\vec{u}\,\mathrm{d}S$$

$$(4-54)$$

将等号左右两边的第两项的面积分合并,并将 e 展开得

$$\int_{\Omega}\frac{\partial(\rho e)}{\partial t}\mathrm{d}\Omega+\oint_{S}\rho\Big(\varepsilon+\frac{u^{2}}{2}+gz+\frac{p}{\rho}\Big)\vec{u}\cdot\vec{n}\,\mathrm{d}S=\int_{\Omega}\nabla\cdot(K\nabla T)\,\mathrm{d}\Omega+\oint_{S}\vec{\tau}_{n}\cdot\vec{u}\,\mathrm{d}S$$

$$(4-55)$$

此即为所讨论的假设前提条件下(仅有热传导、无外部机械力做功)的积分形式的能量守恒方程。

应用至一维流动的流管中,进一步假设为恒定流,式(4-55)第一项为零,考虑流管中的控制断面1,2间的流动,且没有热传导及为理想流体没有黏性力做功,式(4-55)右边为零,等号左边第二项的面积分因沿流管壁的积分为零(速度平行管壁面或者为零),可写为

$$\Big(\varepsilon_{2}+\frac{u_{2}^{2}}{2}+gz_{2}+\frac{p_{2}}{\rho}\Big)m_{2}-\Big(\varepsilon_{1}+\frac{u_{1}^{2}}{2}+gz_{1}+\frac{p_{1}}{\rho}\Big)m_{1}=0$$

式中 m 为流体密度乘以速度点乘以外法线方向为正方向的控制断面的面积所得的单位时间的质量流量,下标1,2分别表示入口、出口断面。若流量和内能均不变的话,两边再同除以 g 我们就又得到关于理想流体的**伯努利方程**(Bernoulli Equation):

$$\frac{u_{2}^{2}}{2g}+z_{2}+\frac{p_{2}}{\rho g}=\frac{u_{1}^{2}}{2g}+z_{1}+\frac{p_{1}}{\rho g}\qquad(4-56)$$

其物理意义为理想液体恒定流的单位重量液体的总机械能守恒,从左至右三项的物理意义分别为单位重量液体的动能、位置势能及压力势能,应用至水的流动时,它们代表能使水上升的高度,又分别称为速度水头、位置水头及压力水头。参见本章4.5.5小节通过应用于微元流管的动量方程所推导出的伯努利方程(4-40b),两者是一致的。

应用至管道流时,和动量方程引入断面动量修正系数 β 类似,我们需对速度项

引入动能修正系数 α,其作用是使按平均流速 V 计算的断面总动能等于其断面积分的动能准确值,即对一般过流断面来说有

$$\alpha \frac{\rho V^2}{2} Q = \alpha \frac{\rho V^2}{2} A V = \int_A \frac{\rho u^2}{2} u \mathrm{d}A \Rightarrow \alpha = \frac{\int_A u^3 \mathrm{d}A}{V^3 A} \tag{4-57}$$

进一步考虑有黏性的实际流体的管道流,设上游过流断面为 1 断面,下游为 2 断面,将理想流体的伯努利方程推广至此情形就应考虑由于黏性摩擦所带来的能量损失 h_f。

$$\alpha_1 \frac{V_1^2}{2g} + z_1 + \frac{p_1}{\rho g} = \alpha_2 \frac{V_2^2}{2g} + z_2 + \frac{p_2}{\rho g} + h_\mathrm{f} \tag{4-58}$$

应用至水的管道流时,h_f 代表损失的能量可使水上升的高度,所以又被称为**水头损失**。

4.7.5　水头损失和壁面切应力的关系 —— 均匀流基本方程

既然水头损失是由流体的黏性切应力所带来的,那么它们之间就必然存在一定的关系。我们可以通过对如图 4-7 所示的管道流的一段进行受力分析,并应用伯努利方程推导出适用于处于层流或湍流状态的有压管流、明渠流的这两者之间的关系。对于处于恒定状态的管道流的一段 1,2 断面间进行受力分析,设其轴心线和水平面间的夹角为 α,其压力、重力及黏性力沿管道流动方向的合力应为零。

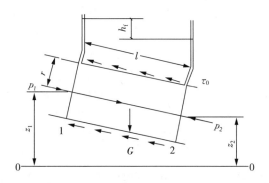

图 4-7　水头损失和壁面切应力的关系推导示意图

$$F_{p1} - F_{p2} + F_G \cos\alpha - F_V = 0$$

式中下标 p,G,V 分别代表压力、重力、黏性力。也即

$$p_1 A - p_2 A + \rho g A l \cos\alpha - \tau_0 P l = 0$$

式中 P 为断面和水接触部分的周长,我们称之为**湿周**(wetting parameter);$l\cos\alpha = z_1 - z_2$,带入,移项,两边同除以 $\rho g A$ 得

$$\left(z_1 + \frac{p_1}{\rho g}\right) - \left(z_2 + \frac{p_2}{\rho g}\right) = \frac{\tau_0 P l}{\rho g A}$$

因两断面的速度水头相等,由伯努利方程式(4 - 58)知 $\left(z_1 + \frac{p_1}{\rho g}\right) - \left(z_2 + \frac{p_2}{\rho g}\right) = h_f$,带入上式就得到了壁面切应力和水头损失的关系 $\tau_0 = \rho g \dfrac{A}{P} \dfrac{h_f}{l} = \rho g R J$,也即

$$\tau_0 = \gamma R J \qquad\qquad (4-59)$$

式中的 $R = \dfrac{A}{P}$ 为**水力半径**(hydraulic radius),对于充满水的圆管来说,其为圆管半径的一半;无量纲量 $J = \dfrac{h_f}{l}$ 为单位长度管长的水头损失,我们称其为**水力坡度**(hydraulic gradient)。这些概念在后面研究明渠流时都要用到。

4.7.6* 微分形式的能量方程

流体微元上某点的切应力不仅是该点空间坐标和时间的函数,也是通过该点截面方向的函数,即

$$\vec{\tau}_n = \vec{\tau}_n(\vec{n}, \vec{x}, t) \qquad\qquad (4-60)$$

式中 $\vec{n}$ 表示该截面的单位外法线方向矢量。第 1 章 1.4.3 小节已证明过一点任意一个平面上的应力矢量可以用过该点三个互相垂直面上应力张量 τ_{ij} 来表示。

将应力矢量的关系式(1-12c)带入积分形式的能量方程(4-55)得

$$\int_\Omega \frac{\partial(\rho e)}{\partial t} d\Omega + \oint_S \rho e \, \vec{u} \cdot \vec{n} dS = \oint_\Omega \nabla \cdot (K\nabla T) d\Omega - \int_S p \, \vec{u} \cdot \vec{n} dS + \int_S \tau_{ij} \cdot \vec{u} \cdot \vec{n} dS$$

应用高斯定理得

$$\int_\Omega \frac{\partial(\rho e)}{\partial t} d\Omega + \int_\Omega \nabla \cdot (\rho e \, \vec{u}) d\Omega$$

$$= \int_\Omega \nabla \cdot (K\nabla T) d\Omega - \int_\Omega \nabla \cdot (p \, \vec{u}) d\Omega + \int_\Omega \nabla \cdot (\tau_{ij} \cdot \vec{u}) d\Omega$$

$$= \int_\Omega \left[\nabla \cdot (K\nabla T) - \nabla \cdot (p \, \vec{u}) + \nabla \cdot (\tau_{ij} \cdot \vec{u}) \right] d\Omega$$

因体积 $\Omega \neq 0$，所以我们可得到如下**微分形式的以哈密顿及以张量形式所表示的能量方程**：

$$\frac{\partial(\rho e)}{\partial t} + \nabla \cdot (\rho e \, \vec{u}) = \nabla \cdot (K \nabla T) - \nabla \cdot (p \vec{u}) + \nabla \cdot (\tau_{ij} \cdot \vec{u})$$

$$(4-61)$$

$$\frac{\partial(\rho e)}{\partial t} + \frac{\partial}{\partial x_j}(\rho e u_j) = \frac{\partial}{\partial x_j}\left(K \frac{\partial T_j}{\partial x_j}\right) - \frac{\partial}{\partial x_j}(p u_j) + \frac{\partial}{\partial x_j}(\tau_{ji} \cdot u_i)$$

进一步展开得

$$\frac{\partial(\rho e)}{\partial t} + \vec{u} \cdot \nabla(\rho e) + \rho e \nabla \cdot \vec{u} = \nabla \cdot (K \nabla T) - \vec{u} \cdot \nabla p - p \nabla \cdot \vec{u} + \nabla \cdot (\tau_{ij} \cdot \vec{u})$$

上式前两项可写成密度乘以单位质量能量的物质导数，设环境流体为不可压缩流体，速度的散度为零，上式可写为

$$\frac{\mathrm{d}(\rho e)}{\mathrm{d}t} = \nabla \cdot (K \nabla T) - \vec{u} \cdot \nabla p + \nabla \cdot (\tau_{ij} \cdot \vec{u})$$

$$(4-62)$$

式(4-62)反映的是单位体积的流体的能量对时间的变化率是由热传导率、压力功率及黏性力功率所带来的。进一步展开最右边的黏性力功率项得

$$\nabla \cdot (\tau_{ij} \cdot \vec{u}) = \vec{u} \cdot (\nabla \cdot \tau_{ij}) + \tau_{ij} \cdot (\nabla \vec{u})$$

$$(4-63)$$

等号右边第一项为各方向上的应力因平动所做功的功率(思考练习题4.7)；而第二项的物理意义为黏性力因角变形及旋转所做功的功率，我们称之为黏性力耗散项。对牛顿流体，以张量的形式进一步化简黏性力耗散项得

$$\Phi = \tau_{ij} \cdot (\nabla \vec{u}) = \tau_{ij} \frac{\partial u_j}{\partial x_i} = \mu\left(\frac{\partial u_j}{\partial x_i} + \frac{\partial u_i}{\partial x_j}\right)\left[\frac{1}{2}\left(\frac{\partial u_j}{\partial x_i} + \frac{\partial u_i}{\partial x_j}\right) + \frac{1}{2}\left(\frac{\partial u_j}{\partial x_i} - \frac{\partial u_i}{\partial x_j}\right)\right]$$

$$= 2\mu s_{ij} : s_{ij}$$

$$= \mu\left[2\left(\frac{\partial u}{\partial x}\right)^2 + 2\left(\frac{\partial v}{\partial y}\right)^2 + 2\left(\frac{\partial w}{\partial z}\right)^2 + \left(\frac{\partial v}{\partial x} + \frac{\partial u}{\partial y}\right)^2 + \left(\frac{\partial u}{\partial z} + \frac{\partial w}{\partial x}\right)^2 + \left(\frac{\partial v}{\partial z} + \frac{\partial w}{\partial y}\right)^2\right]$$

$$(4-64)$$

其中第一行中括号加号后的旋转角速度张量为反对称张量，其和括号外的切应力

对称张量的双点积为零,也即黏性力对旋转不做功,而仅对变形做功。将式(4-63)及式(4-64)带入式(4-62)得

$$\frac{\mathrm{d}(\rho e)}{\mathrm{d}t} = \nabla \cdot (K \nabla T) - \vec{u} \cdot \nabla p + \vec{u} \cdot (\nabla \cdot \tau_{ij}) + \Phi \qquad (4-65)$$

对密度为常量的不可压缩流体,还可进一步简化,用速度点乘微分形式的动量方程式(4-36)并移项得(思考练习题 4.7)

$$\vec{u} \cdot (\nabla \cdot \tau_{ij}) = \frac{\mathrm{d}(\rho u^2)}{2\mathrm{d}t} - \rho \vec{g} \cdot \vec{u} + \vec{u} \cdot \nabla p$$

和单位质量的能量定义式(4-47)一起带入式(4-65)先消去压力做功项得

$$\frac{\mathrm{d}\left[\rho\left(\varepsilon + \frac{u^2}{2} + gz\right)\right]}{\mathrm{d}t} = \nabla \cdot (K \nabla T) + \frac{\mathrm{d}(\rho u^2)}{2\mathrm{d}t} - \rho \vec{g} \cdot \vec{u} + \Phi$$

$$\rho \frac{\mathrm{d}\varepsilon}{\mathrm{d}t} + \frac{\mathrm{d}(\rho u^2)}{2\mathrm{d}t} + \rho g \frac{\mathrm{d}z}{\mathrm{d}t} = \nabla \cdot (K \nabla T) + \frac{\mathrm{d}(\rho u^2)}{2\mathrm{d}t} - \rho \vec{g} \cdot \vec{u} + \Phi \quad (4-66)$$

两边单位体积动能变化率项及重力做功项完全相同(思考练习题 4.9),可以消去。我们即得到传热所带来内能变化的方程

$$\rho \frac{\mathrm{d}\varepsilon}{\mathrm{d}t} = \nabla \cdot (K \nabla T) + \Phi \qquad (4-67)$$

式中 ε 为单位质量内能。对于密度及定容比热 c_V 为常量的流体,$\mathrm{d}\varepsilon \approx c_V \mathrm{d}T$,上式可进一步表示成

$$\rho c_V \frac{\mathrm{d}T}{\mathrm{d}t} = \nabla \cdot (K \nabla T) + \Phi \qquad (4-68)$$

可见我们所熟知的传热方程也是能量方程的一种表现形式。

4.8　典型应用

4.8.1　拉格朗日法及欧拉法流场的数学描述

拉格朗日法表述的在 $t = 0$ 时刻位于 (x_0, y_0, z_0) 的流体质点的运动规律如下:$x = x_0 \mathrm{e}^{-2t}, y = y_0 \mathrm{e}(1+t)^2, z = z_0 \mathrm{e}^{2t}(1+t)^{-2}$。试求:(1)该质点的加速度及欧拉速度场;(2)该流动为恒定流吗?(3)其在欧拉场中的加速度。

解:(1) 先求其在拉格朗日表述下的速度:

$$u = \frac{\mathrm{d}x}{\mathrm{d}t} = -2x_0 \mathrm{e}^{-2t}, v = \frac{\mathrm{d}y}{\mathrm{d}t} = 2y_0(1+t) ,$$

$$w = \frac{\mathrm{d}z}{\mathrm{d}t} = -2z_0 \mathrm{e}^{2t}(1+t)^{-3} + 2z_0 \mathrm{e}^{2t}(1+t)^{-2}$$

根据已知条件将速度表达式中的固定点的 (x_0, y_0, z_0) 坐标换为流场中任意点的 (x, y, z) 即为欧拉场的速度表述:

$$u = -2x, v = 2y(1+t)^{-1}, w = -2z(1+t)^{-1} + 2z$$

(2) 因为速度表达式是时间的函数,所以其为非恒定流动。

(3) $\quad a_x = \dfrac{\partial u}{\partial t} + u\dfrac{\partial u}{\partial x} + v\dfrac{\partial u}{\partial y} + w\dfrac{\partial u}{\partial x} = 0 - 2x(-2) + 0 + 0 = 4x$

$a_y = \dfrac{\partial v}{\partial t} + u\dfrac{\partial v}{\partial x} + v\dfrac{\partial v}{\partial y} + w\dfrac{\partial v}{\partial x}$

$\quad = -\dfrac{2y}{(1+t)^2} + 0 + \dfrac{2y}{(1+t)^1} \times 2 \times (1+t)^{-1} + 0 = \dfrac{2y}{(1+t)^2}$

$a_z = \dfrac{\partial w}{\partial t} + u\dfrac{\partial w}{\partial x} + v\dfrac{\partial w}{\partial y} + w\dfrac{\partial w}{\partial x}$

$\quad = \dfrac{2z}{(1+t)^2} + 0 + [-2z(1+t)^{-1} + 2z][-2(1+t)^{-1} + 2]$

$\quad = \dfrac{2z}{(1+t)^2} + 4z\left(\dfrac{t}{1+t}\right)^2 = \dfrac{2z + 4zt^2}{(1+t)^2}$

4.8.2 雷诺运输方程的应用

一固定控制体积容器有两个入口、一个出口,以表所列的密度、速度及单位质量能量进出而处于恒定状态。求此刻控制体积内部系统物质的能量变化率。

边界号	类型	密度 ρ (kg/m³)	速度 V (m/s)	断面面积 A (m²)	单位质量能量 e (J/kg)
1	入口	800	5	2	300
2	入口	800	8	3	100
3	出口	800	17	2	150

解:应用式(4-19)的雷诺运输方程 $\dfrac{\mathrm{d}\Phi}{\mathrm{d}t} = \displaystyle\int_\Omega \dfrac{\partial \varphi}{\partial t}\mathrm{d}\Omega + \oint_S \varphi \vec{u} \cdot \vec{n}\,\mathrm{d}S$,取 $\varphi = e$,控制

体积处于恒定状态,等号右边第一项的积分为零,只需对入、出口进行面积分就可以了。所以上面的雷诺运输方程应用到此问题,则系统的能量变化率为

$$\frac{\mathrm{d}\Phi}{\mathrm{d}t} = \oint_S \varphi \, \vec{u} \cdot \vec{n} \, \mathrm{d}S = -e_1 \rho_1 V_1 A_1 - e_2 \rho_2 V_2 A_2 + e_3 \rho_3 V_3 A_3$$

$$= 800\mathrm{kg/m^3} \times (-300 \times 5 \times 2 - 100 \times 8 \times 3 + 150 \times 17 \times 2)\,\mathrm{J \cdot m^3/(s \cdot kg)}$$

$$= -240\mathrm{kJ/s}$$

这部分能量可以认为是通过容器壁传走了,但容器内部的流体能量却是保持恒定的,损失的部分是由入口流体带进来的。

4.8.3 积分形式的连续性方程的应用

高炉煤气柜是钢厂用来调节炼钢用煤气的重要设施。如图4-8所示,煤气可从下边的管道口根据需要进出煤气柜,设其断面面积为A,平均流速为u_{in}。另外煤气柜上部的顶盖根据内部煤气的多少可以缓慢地上下移动。设煤气柜半径为R,其上下移动速度为u_{up}。如果我们假设:

（1）内部是均匀的,但密度、压力是可以变化的;

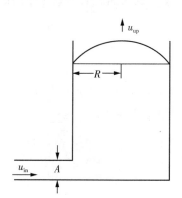

图 4-8　高炉煤气柜示意图

（2）煤气柜是半径为R的圆柱形,但底部及顶部活塞可为平或拱等任意形状;

（3）初始时刻入流气体密度和煤气柜内气体密度是相同的,为ρ_0;

（4）高炉煤气为理想气体,满足气体状态方程。

试求其内部密度的变化。

解:取煤气柜内部为控制体,此时控制体由于其上部的煤气柜盖会上下移动,是随时间变化的,可应用变控制体积积分形式的连续性方程(4-23a)对其内部密度变化的变化做出估算:

$$\frac{\mathrm{d}m}{\mathrm{d}t} = 0 = \frac{\partial}{\partial t} \int_\Omega \rho \, \mathrm{d}\Omega + \oint_S \rho \, \vec{u} \cdot \vec{n} \, \mathrm{d}S$$

式中Ω为煤气柜体积;S为Ω的表面积;$\vec{n}$为S的单位外法线方向矢量;ρ为煤气密度;$\vec{u}$为煤气流动速度;t为时间;m为煤气质量。

对于高炉煤气柜,由假设(1)(3),上式可进一步化为

$$\frac{\partial \rho}{\partial t}\Omega_0 + \underset{\substack{\text{对体积分项采用分部积分}}}{\rho_0 \frac{\partial \Omega}{\partial t}} - \underset{\substack{\text{面积分项只有}\\\text{一人口},u_{\text{in}}\text{流入}\\\text{为正,流出为负}}}{\rho_0 u_{\text{in}} A_{\text{in}}} = 0$$

式中下标 0 表示初始 $t=0$ 时的值,下标 in 表人口处的值,A 表示垂直于人口流速的断面面积。再根据假设(2),可求得在 $\mathrm{d}t$ 时间内密度的变化量约为

$$\mathrm{d}\rho = \frac{\rho_0 u_{\text{in}} A_{\text{in}} - \rho_0 u_{\text{up}} \pi R^2}{\Omega_0} \mathrm{d}t$$

4.8.4　动量方程的应用

(1) 由理想流体运动微分方程式$(4-37)$ $\dfrac{\mathrm{d}(\rho u_i)}{\mathrm{d}t} = \rho g_i - \dfrac{\partial p}{\partial x_i}$ 推导伯努利方程。

解:进一步设为不可压缩流体,方程可写为$\dfrac{\mathrm{d}u_i}{\mathrm{d}t} = g_i - \dfrac{\partial p}{\rho \partial x_i}$,建立 x_3 指向重力加速度反方向的地表直角坐标系,方程两边同点乘矢量微元线段 $\mathrm{d}x_i e_i = \mathrm{d}x_1 \vec{e}_1 + \mathrm{d}x_2 \vec{e}_2 + \mathrm{d}x_3 \vec{e}_3$ 得

$$\frac{\mathrm{d}u_i}{\mathrm{d}t}\mathrm{d}x_i = g_i \mathrm{d}x_i - \frac{\partial p}{\rho \partial x_i}\mathrm{d}x_i \tag{1}$$

$$\underset{\substack{\text{速度定义}}}{u_i \mathrm{d}u_i} = \underset{\substack{g\text{仅在}x_3\text{负方向}\\\text{上作用}}}{-g\mathrm{d}x_3} - \underset{\substack{\text{设为恒定流}\\\text{压力的全微分定义}}}{\frac{\mathrm{d}p}{\rho}} \tag{2}$$

式(1) 各项均为两矢量的点乘,化为式(2) 的理由及假设条件均写在了对应项的下面。将 x_3 改写为我们常用的 z 坐标得

$$\mathrm{d}\left(\frac{u_i u_i}{2}\right) + \mathrm{d}(gz) + \mathrm{d}\left(\frac{p}{\rho}\right) = 0$$

$$\mathrm{d}\left(\frac{u_1^2 + u_2^2 + u_3^2}{2} + gz + \frac{p}{\rho}\right) = 0$$

$$\Rightarrow \frac{U^2}{2} + gz + \frac{p}{\rho} = C$$

$$\Rightarrow \frac{U^2}{2g} + z + \frac{p}{\rho g} = C$$

式中 $U = \sqrt{u_1^2 + u_2^2 + u_3^2}$ 为平均流速,C 表示常量。这样我们就通过动量定理推导出了和由能量方程推导出的式$(4-56)$以及根据流管推导出的式$(4-40b)$一致的关于理想不可压缩流体恒定流的伯努利方程。

(2) 求作用于溢流坝的作用力。如图 $4-9$ 所示溢流坝的上下游水深分别为 h_1,h_2,上游水流的均匀行近流速为 V_1,试求单宽坝体受到的水平推力 F。

解:如图 $4-9$ 所示取上下游均匀流段 h_1,h_2 间的水体为控制体,设两断面的压

力按静压分布,对应 h_2 处的水流速度为 V_2,由连续性方程得 $V_1h_1 = V_2h_2 \Rightarrow V_2 = \dfrac{h_1}{h_2}V_1$,忽略摩擦力,坝体所受的推力等于其所作用于水体的力,由恒定一维总流的动量方程式(4 - 34)得

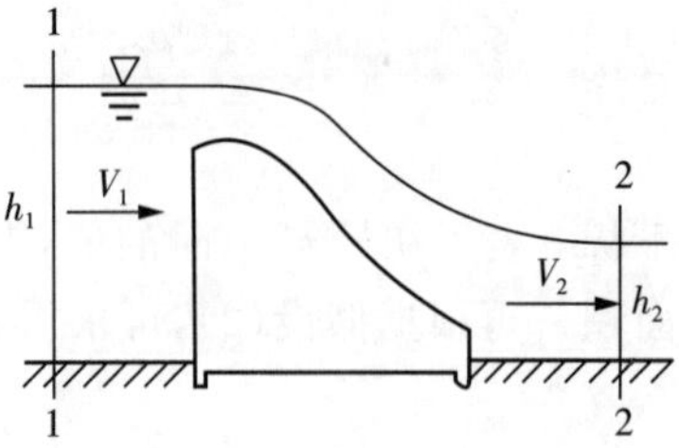

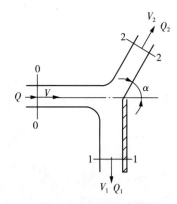

图 4 - 9　溢流坝流动示意图

$$\rho q (V_2 - V_1) = \sum_i \vec{F_i} = F + p_1h_1 - p_2h_2 \Rightarrow$$

$$F = \rho V_1 h_1 \left(\frac{h_1}{h_2} V_1 - V_1 \right) + \gamma \left(\frac{h_2^2 - h_1^2}{2} \right) = \rho V_1^2 \frac{h_1}{h_2}(h_1 - h_2) + \gamma \left(\frac{h_2^2 - h_1^2}{2} \right) \quad (1)$$

式中 q 为单宽流量,力的方向朝右。如进一步忽略水头损失,可以应用伯努利方程消去 V_1,过程如下

$$h_1 + \frac{V_1^2}{2g} = h_2 + \frac{V_2^2}{2g} \Rightarrow V_1 = h_2 \sqrt{\frac{2g}{(h_1 + h_2)}} \quad (2)$$

将式(2)带入式(1)得 $F = 2\rho g h_1 h_2 \dfrac{h_1 - h_2}{h_1 + h_2} + \gamma \left(\dfrac{h_2^2 - h_1^2}{2} \right)$。

(3) 如图 4 - 10 所示流量 $Q = 0.036\text{m}^3/\text{s}$、平均流速 $V = 30\text{m/s}$ 的射流,冲击水平平板后分成两股,一股沿板面以流量 $Q_1 = 0.012\text{m}^3/\text{s}$ 流出,另一股以倾角 α 射出。忽略摩擦力及重力求射流对平板的作用力及倾角 α。

解:应用动量方程要注意的一点是,其为矢量方程,一般首先要建立恰当的直角坐标系,然后在各方向上分别应用动量方程。设水对板的力水平向右,则板对水的力 F' 水平向左。建立以水平向右为 x 轴正方向、向上为 y 轴正方向的直角坐标系。由式(4 - 34)分别写出 x,y 方向动量守恒方程得

图 4 - 10　水平分叉射流示意图

$$- F' = \rho Q_2 V_2 \cos\alpha - \rho QV, \rho Q_1 V_1 - \rho Q_2 V_2 \sin\alpha = 0$$

又根据伯努利方程 $V = V_1 = V_2$,又因为 $Q = Q_1 + Q_2$,带入动量方程得

$$Q_2 = Q - Q_1 = 0.036\text{m}^3/\text{s} - 0.012\text{m}^3/\text{s} = 0.024\text{m}^3/\text{s}$$

$$\sin\alpha = \frac{Q_1}{Q_2} = \frac{0.012\text{m}^3/\text{s}}{0.024\text{m}^3/\text{s}} = \frac{1}{2}$$

$$\alpha = \arcsin \frac{1}{2} = 30°$$

射流对平板的作用力为

$$F = \rho Q_2 V_2 \cos\alpha - \rho QV = \rho(Q_2 V_2 \cos\alpha - \rho QV) = 1000\text{kg/m}^3 \times$$

$$\left(0.024\text{m}^3/\text{s} \times 30\text{m/s} \times \frac{\sqrt{3}}{2} - 0.036\text{m}^3/\text{s} \times 30\text{m/s}\right) = 456.5\text{N}$$

4.8.5　角动量方程的应用

(1) 如图 4-11 所示，一臂长为 R 的草坪洒水器绕 O 点以固定角速度 ω 转动，流量为 Q，入流管断面面积为 A。设入流和出流的流速大小均为 V，求洒水器在 O 点所受到的阻力矩 T。

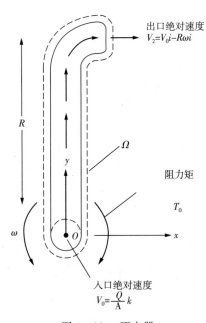

出口绝对速度
$V_2 = V_0 i - R\omega i$

Ω

阻力矩

T_0

R

y

ω

O

x

入口绝对速度
$V_0 = \dfrac{Q}{A} k$

图 4-11　洒水器

解：建立如图所示的坐标系和如虚线框所示的随转臂动的控制体，应用式(4-27) 角动量方程 $m(\vec{r}_{\text{out}} \times \vec{u}_{\text{out}} - \vec{r}_{\text{in}} \times \vec{u}_{\text{in}}) = \sum_i \vec{T}_i$ 得(注意动量方程为矢量方程，图中及公式中速度均需使用矢量，$\vec{i}$、$\vec{j}$、$\vec{k}$ 分别表示沿图中 x、y 及垂直纸面指向我们的 z 轴的单位方向矢量)

$$\rho Q[R\vec{j} \times (V - \omega R)\vec{i} - 0\vec{j} \times V\vec{j}] = -T\vec{k}$$
$$\Rightarrow T = \rho QR(V - \omega R)$$

(1)

（2）如图4-12所示双出口洒水器的半径$R=$200mm，喷口直径$d=10$mm，方向与轴线成45°，每个喷口出流量$Q=0.3\times10^{-3}$m³/s。若已知摩擦阻力矩$T=0.2$N·m，求转速。

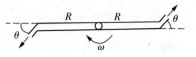

图4-12 两喷口的旋转喷嘴

解：这题可直接应用上题所推出的结论。不过由于有两个出口，力矩为其两倍。另外应注意出流速度应使用垂直于旋转臂的分量，即

$$V_i = V\cos\frac{\pi}{4} = Q\cos\frac{\pi}{4}\Big/\Big(\frac{\pi d^2}{4}\Big) = \frac{4Q}{\pi d^2}\cos\frac{\pi}{4} = \frac{4\times0.3\times10^{-3}\,\text{m}^3/\text{s}}{3.14\,(0.01\text{m})^2}\times\frac{\sqrt{2}}{2} = 2.70\text{m/s}$$

$$T = 2\rho QR(V_i - \omega R)\vec{k} \Rightarrow$$

$$\omega = \frac{V_i}{R} - \frac{T}{2\rho QR^2} = \frac{2.70\text{m/s}}{0.2\text{m}} - \frac{0.2\text{N}\cdot\text{m}}{2\times1000\text{kg/m}^3\times0.0003\text{m}^3/\text{s}\times0.04\text{m}^2}$$

$$= (13.5 - 8.33)\text{s}^{-1} = 5.17\text{s}^{-1}$$

4.8.6 能量方程的应用

如图4-13所示，虹吸管从水池引水至C端流入大气，已知$a=1.6$m，$b=3.6$m。若不计水头损失，试求：（1）管中流速；（2）顶点B处的压强；（3）若B点压强不能低于0.24m以防止气化发生，设b保持不变，a不能超过多少。

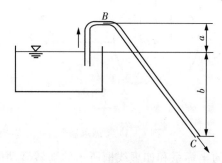

图4-13 虹吸管引流示意图

解：（1）对水池面及管出口列伯努利方程得（取出口处$z_C=0$）

$$b + \frac{p_a}{\rho g} + 0 = 0 + \frac{p_a}{\rho g} + \frac{u^2}{2g} \Rightarrow$$

$$u = \sqrt{2gb} = \sqrt{2\times9.8\text{ms}^{-2}\times3.6\text{m}} = 8.4\text{m/s}$$

（2）对水池面及 B 点列伯努利方程得

$$0 + \frac{p_a}{\rho g} + 0 = a + \frac{p_B}{\rho g} + \frac{u^2}{2g} \Rightarrow$$

$$\frac{p_B}{\rho g} = \frac{p_a}{\rho g} - a - \frac{u^2}{2g} = 10\text{m} - 1.6\text{m} - 3.6\text{m} = 4.8\text{m}$$

（3）由上式得

$$a < 10\text{m} - 0.24\text{m} - 3.6\text{m} = 6.16\text{m}$$

4.8.7　纳维尔-斯托克斯方程的精确解

本章 4.5.6 小节的纳维尔-斯托克斯方程式（4-42）没有一般解，但在一些特殊简单情形下的层流，可以求得其精确解，这里给出两个例子。

（1）定常压力驱动下的间距为 h 的两平行平板间的恒定平行剪切流动。

解：先考虑简化式（4-42）一般纳维尔-斯托克斯方程 $\rho \dfrac{\mathrm{d}u_i}{\mathrm{d}t} = \rho g_i - \dfrac{\partial p}{\partial x_i} + \mu \dfrac{\partial^2 u_i}{\partial x_j \partial x_j}$，这实际上是二维的流动，假设流动发生在无须考虑重力作用的沿 x 轴的水平面上，x_2 方向垂直向及平板，在此方向上没有流动和压力梯度，即 $u_2 = 0, \dfrac{\partial p}{\partial x_2} = 0$。$x_1$ 方向上由于没有加速度、重力，只需考虑压力和黏性力的平衡就可以了，该方向上的动量方程如下：

$$0 = -\frac{\partial p}{\partial x_1} + \mu \frac{\partial^2 u}{\partial x_1^2} + \mu \frac{\partial^2 u}{\partial x_2^2} \tag{1}$$

进一步假设沿 x_1 方向的压力梯度恒定，压力梯度 $J = -\dfrac{\partial p}{\partial x_1}$，各点的流速 u 在 x_1 方向上没有变化，仅为 x_2 的函数，难解的纳维尔-斯托克斯偏微分方程问题即转化为如下一般二阶微分方程 $\mu \dfrac{\partial^2 u}{\partial x_2^2} = -J$，其一般解为 $u(y) = -\dfrac{J}{\mu} x_2^2 + C_1 x_2 + C_2$，应用无滑移边界条件 $u(0) = 0, u(h) = 0$ 得，$C_2 = 0, C_1 = \dfrac{Jh}{\mu}$，代入一般解，得本题最终解析解为 $u(x_2) = \dfrac{J x_2}{\mu}(h - x_2)$。

（2）定常压力驱动下的半径为 R 圆管内的恒定平行剪切流动。

解：此题和上题类似，如果我们假设流动发生在直角坐标系的 z 方向，设沿该方向的压力梯度为 J，参照（1）中式（1），此时沿 z 方向的动量方程为：

$$\frac{\partial^2 u}{\partial x^2} + \frac{\partial^2 u}{\partial y^2} = -\frac{J}{\mu} \tag{2}$$

不同之处是此时 x,y 为沿圆剖面的径向方向，速度在此二方向上均有变化，此偏微分方程不容易求解。考虑到采用柱坐标系，u 仅在沿径向 r 方向上变化，不沿 θ 方向变，如果我们将式(2)转为极坐标系下的方程是不是就可以将其转变为一般微分方程求解呢？确实如此。参见下面 4.8.8 小节的转换推导，在极坐标系下动量方程式(2)为 $\dfrac{1}{r}\dfrac{\partial}{\partial r}\left(r\dfrac{\partial u}{\partial r}\right)=-\dfrac{J}{\mu}$，求其一般解为

$$\frac{\partial}{\partial r}\left(r\frac{\partial u}{\partial r}\right)=-\frac{rJ}{\mu}\Rightarrow r\frac{\partial u}{\partial r}=-\frac{r^2 J}{2\mu}+C_1\Rightarrow\frac{\partial u}{\partial r}=-\frac{rJ}{2\mu}+\frac{C_1}{r}\Rightarrow$$
$$u(r)=-\frac{r^2 J}{4\mu}+C_1\ln r+C_2 \tag{3}$$

再应用边界条件：$u(0)=$ 有限值 $\Rightarrow C_1=0$；$u(R)=0\Rightarrow C_2=\dfrac{R^2 J}{4\mu}$，带入一般解式(3)得本题的最终解为：

$$u(r)=\frac{J}{4\mu}(R^2-r^2) \tag{4}$$

请记住此式，这和我们在后面第 6 章采用牛顿内摩擦定理等推导的管道层流的速度分布公式是一样的。

4.8.8* 极坐标系下 4.8.7 小节的圆管流的动量方程的推导

即将前小节的方程式(2)化为极坐标系下的方程，以方便求解。对直角坐标系下的 x,y 做如下极坐标转换：

$$x=r\cos\theta, y=r\sin\theta$$

$$\frac{\partial x}{\partial r}=\cos\theta, \frac{\partial x}{\partial\theta}=r\sin\theta, \frac{\partial y}{\partial r}=\sin\theta, \frac{\partial y}{\partial\theta}=-r\cos\theta$$

$$F(r,\theta)=f(x(r,\theta),y(r,\theta))$$

$$\frac{\partial F}{\partial r}=\frac{\partial f}{\partial x}\frac{\partial x}{\partial r}+\frac{\partial f}{\partial y}\frac{\partial y}{\partial r}=\cos\theta\frac{\partial f}{\partial x}+\sin\theta\frac{\partial f}{\partial y} \tag{1}$$

$$\frac{\partial^2 F}{\partial r^2}=\frac{\partial}{\partial r}\left(\cos\theta\frac{\partial f}{\partial x}+\sin\theta\frac{\partial f}{\partial y}\right)=\cos\theta\left(\frac{\partial^2 f}{\partial x^2}\frac{\partial x}{\partial r}+\frac{\partial^2 f}{\partial x\partial y}\frac{\partial y}{\partial r}\right)+\sin\theta\left(\frac{\partial^2 f}{\partial x\partial y}\frac{\partial x}{\partial r}+\frac{\partial^2 f}{\partial y^2}\frac{\partial y}{\partial r}\right)$$
$$=\cos^2\theta\frac{\partial^2 f}{\partial x^2}+2\sin\theta\cos\theta\frac{\partial^2 f}{\partial x\partial y}+\sin^2\theta\frac{\partial^2 f}{\partial y^2}\quad\frac{\partial F}{r\partial\theta}=\frac{1}{r}\left(\frac{\partial f}{\partial x}\frac{\partial x}{\partial\theta}+\frac{\partial f}{\partial y}\frac{\partial y}{\partial\theta}\right)=\sin\theta\frac{\partial f}{\partial x}-\cos\theta\frac{\partial f}{\partial y} \tag{2}$$

$$J=\begin{vmatrix}\cos\theta & \sin\theta \\ \sin\theta & -\cos\theta\end{vmatrix}=-1$$

应用克莱姆法则得

$$\frac{\partial f}{\partial x} = -\begin{vmatrix} \dfrac{\partial F}{\partial r} & \sin\theta \\[2mm] \dfrac{\partial F}{r\partial \theta} & -\cos\theta \end{vmatrix} = \cos\theta\,\frac{\partial F}{\partial r} + \sin\theta\,\frac{\partial F}{r\partial \theta} \tag{3}$$

$$\frac{\partial f}{\partial y} = -\begin{vmatrix} \cos\theta & \dfrac{\partial F}{\partial r} \\[2mm] \sin\theta & \dfrac{\partial F}{r\partial \theta} \end{vmatrix} = \sin\theta\,\frac{\partial F}{\partial r} - \cos\theta\,\frac{\partial F}{r\partial \theta} \tag{4}$$

$$\frac{\partial^2 F}{r^2 \partial \theta^2} = \frac{\partial}{r\partial \theta}\left(\sin\theta\,\frac{\partial f}{\partial x} - \cos\theta\,\frac{\partial f}{\partial y}\right) = \frac{1}{r}\left[\sin\theta\left(\frac{\partial^2 f}{\partial x^2}\frac{\partial x}{\partial \theta} + \frac{\partial^2 f}{\partial x\partial y}\frac{\partial y}{\partial \theta}\right) - \cos\theta\,\frac{\partial f}{\partial x}\right]$$

$$- \frac{1}{r}\left[\cos\theta\left(\frac{\partial^2 f}{\partial x\partial y}\frac{\partial x}{\partial \theta} + \frac{\partial^2 f}{\partial y^2}\frac{\partial y}{\partial \theta}\right) + \sin\theta\,\frac{\partial f}{\partial y}\right]$$

$$= \left[\sin^2\theta\,\frac{\partial^2 f}{\partial x^2} - 2\sin\theta\cos\theta\,\frac{\partial^2 f}{\partial x\partial y} + \cos^2\theta\,\frac{\partial^2 f}{\partial y^2} - \frac{1}{r}\left(\cos\theta\,\frac{\partial f}{\partial x} + \sin\theta\,\frac{\partial f}{\partial y}\right)\right]$$

$$\frac{\partial^2 F}{\partial r^2} + \frac{\partial^2 F}{r^2 \partial \theta^2} = \cos^2\theta\,\frac{\partial^2 f}{\partial x^2} + 2\sin\theta\cos\theta\,\frac{\partial^2 f}{\partial x\partial y} + \sin^2\theta\,\frac{\partial^2 f}{\partial y^2}$$

$$+ \left[\sin^2\theta\,\frac{\partial^2 f}{\partial x^2} - 2\sin\theta\cos\theta\,\frac{\partial^2 f}{\partial x\partial y} + \cos^2\theta\,\frac{\partial^2 f}{\partial y^2} - \frac{1}{r}\left(\cos\theta\,\frac{\partial f}{\partial x} + \sin\theta\,\frac{\partial f}{\partial y}\right)\right]$$

$$= \left(\frac{\partial^2 f}{\partial x^2} + \frac{\partial^2 f}{\partial y^2}\right) - \frac{1}{r}\left(\cos\theta\,\frac{\partial f}{\partial x} + \sin\theta\,\frac{\partial f}{\partial y}\right) \overset{(3)(4)带入}{=} \left(\frac{\partial^2 f}{\partial x^2} + \frac{\partial^2 f}{\partial y^2}\right)$$

$$- \frac{1}{r}\left[\cos\theta\left(\cos\theta\,\frac{\partial F}{\partial r} + \sin\theta\,\frac{\partial F}{r\partial \theta}\right) + \sin\theta\left(\sin\theta\,\frac{\partial F}{\partial r} - \cos\theta\,\frac{\partial F}{r\partial \theta}\right)\right]$$

$$= \left(\frac{\partial^2 f}{\partial x^2} + \frac{\partial^2 f}{\partial y^2}\right) - \frac{1}{r}\left[(\cos^2\theta + \sin^2\theta)\frac{\partial F}{\partial r}\right] = \left(\frac{\partial^2 f}{\partial x^2} + \frac{\partial^2 f}{\partial y^2}\right) - \frac{1}{r}\frac{\partial F}{\partial r}$$

$$\Rightarrow \frac{\partial^2 f}{\partial x^2} + \frac{\partial^2 f}{\partial y^2} = \frac{\partial^2 F}{\partial r^2} + \frac{\partial^2 F}{r^2 \partial \theta^2} + \frac{1}{r}\frac{\partial F}{\partial r} = -\frac{J}{\mu}$$

由于圆筒均匀流在柱坐标 θ 方向无变化，上式最后等号左边第二项为零，我们得到柱坐标下的圆管流动方程为

$$\frac{\partial^2 F}{\partial r^2} + \frac{1}{r}\frac{\partial F}{\partial r} = \frac{1}{r}\frac{\partial}{\partial r}\left(r\frac{\partial F}{\partial r}\right) = -\frac{J}{\mu}$$

4.9 编程应用

第 4 章应用程序

4.3.1 小节的图 4-3 中流体微团运变的基本形式——平移、转动、角变形及线变形的 4 幅图均是用 MATLAB 编程作图的，这节就详细介绍是如何实现的，其程序语言如下。

```
clear                    %清除所有既存变量
clc                      %清屏
figure(1)                %调用一作图画面
clf                      %清除画面已有图形
subplot(2,2,1)           %将 figure(1)分成 2 行 2 列的 4 个部分,在其第一部分作图
cla                      %清除第一部分已有图形
% %画一矩形
x = [1,3,3,1,1];         %长方形的 4 个顶点的 x 坐标,注意还要回到起始点,共 5 个点
y = [1,1,2,2,1];         %对应点的 y 坐标
h1 = plot(x,y,'r-')      %以红色的实线画出长方形
hold on                  %在该图上继续作图,下面画出平移后的长方形
% %平移距离(1,0.5)并作图
x1 = x + 1.;
y1 = y + 0.5;
plot(x1,y1,'k- -')       %以黑色的虚线画出移动后的长方形
axis equal               %各坐标轴使用相等的长度尺度
title('A 平移')          %显示图像标题
box off                  %关掉图形周边黑框
axis([0,4,0,3])          %指定图形显示的 x、y 轴的范围

% %绕 z 轴旋转 30°并作图
subplot(2,2,2)           %在分成 2 行 2 列的 figure(1)第二部分作图
cla
x2 = x;
y2 = y;
h1 = plot(x2,y2,'k- -')
hold on
rotate(h1,[0,0,1],30)    %使用图形句柄 h1,使其绕 z 轴逆时针转动 30 度
plot(x,y,'r-')
```

```
axis equal
title('B 旋转')
box off
axis([0,4,0,3])

%% 线变形并作图
subplot(2,2,3)
cla
plot(x,y,'r-')
axis equal
hold on
x3 = x/0.8 - 0.5;          % 在 x 方向上放大,后面减去 0.5 保持两长方形中心一致
y3 = y * 0.8 + 0.3;        % 在 y 方向上缩小
plot(x3,y3,'k--')
title('C 线变形')
box off
axis([0,4,0,3])

%% 角变形并作图
subplot(2,2,4)
cla
plot(x,y,'r-')
axis equal
hold on
x4 = x + 0.2 * y - 0.2;    % 使 x 坐标沿 y 方向线性变化,产生线性变形的效果
y4 = y + 0.3 * x - 0.3;    % 使 y 坐标沿 x 方向线性变化
plot(x4,y4,'k--')
title('D 角变形')
box off
axis([0,4,0,3])
```

程序关键处有注释帮助理解,可尝试编写对三角形作类似的操作程序。

思考练习题

4.1 写出加速度的张量表达式(4-10)在直角坐标系下的各个分量的表达式。

4.2 写出应变率张量式(4-21b)及旋转率张量式(4-21c)在直角坐标系下的表达式。

4.3 验证式(4-21c)中的旋转率张量 ω_{ij} 为式(4-7)所示的速度旋度 $\nabla \times \vec{u}$ 的一半。

4.4 试由积分形式的连续性方程式(4-23b)推导出恒定管道流的连续性方程式(4-24)。

4.5 写出微分形式的连续性方程式(4-25)在直角坐标系下的表达式。

4.6 写出纳维尔-斯托克斯方程式(4-42)在直角坐标系下的表达式。

4.7 在直角坐标系下展开式(4-63)能量微分方程的黏性力功率式等号右边的第一项,并指出其物理意义。

4.8 用速度矢量点乘动量方程$\dfrac{\partial(\rho \vec{u})}{\partial t} + \nabla \cdot (\rho \vec{u}\,\vec{u}) = \rho \vec{g} - \nabla p + \nabla \cdot \tau_{ij}$导出方程

$\vec{u} \cdot (\nabla \cdot \tau_{ij}) = \dfrac{\mathrm{d}(\rho u^2)}{2\mathrm{d}t} - \rho \vec{g} \cdot \vec{u} + \vec{u} \cdot \nabla p$。

4.9 为什么说式(4-66)第二个式子中等号两边的重力做功项是相同的。

4.10 已知流速场$u_x = xy^2, u_y = -\dfrac{1}{3}y^2, u_z = xy$,试求:(1) 点$(1,2,3)$的加速度;(2) 判断是几元流动;(3) 判断是恒定流还是非恒定流;(4) 是否为不可压缩流动。

4.11 管直径$D = 50\text{mm}$,末端的阀门关闭时,压力表读值为21kPa,阀门打开后读值降至5.5kPa。如不计水头损失,试求通过的流量。

4.12 变直径管段$AB, D_A = 0.2\text{m}, D_B = 0.4\text{m}$,高差$\Delta h = 1.5\text{m}$,测得$p_A = 30\text{kPa}, p_B = 40\text{kPa}, B$点处断面平均流速$V_B = 1.5\text{m/s}$。试判断水在管道中的流动方向。

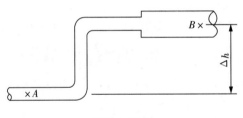

习题 4.12 图

4.13 已知圆管中流速分布为$u = u_{\max}\left(\dfrac{y}{r_0}\right)^{\frac{1}{7}}, r_0$为圆管半径,$y$为离管壁的距离,$u_{\max}$为管轴处最大流速。试求流速等于断面平均流速的点离管壁的距离y。

4.14 有一陡坡渠道上的恒定均匀流如图所示。A点流速为5m/s,距水面铅直水深$H = 3\text{m}$,距基准面的高度为10m。求A的速度、压强及总水头。

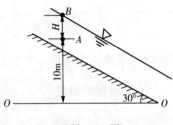

习题 4.14 图

4.15 离心式通风机用集流器A从大气中吸入空气(如图所示)。直径$D = 200\text{mm}$处接一根细玻璃管,管下端插入水槽中。已知管中的水上升$h = 150\text{mm}$,空气的密度$\rho_a = 1.29\text{kg/m}^3$,

求吸入的空气量。

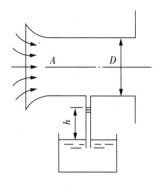

习题 4.15 图

4.16　如图所示用毕托管测流速。已知管径为 200mm，水银差计读数 $\Delta h = 60$mm。求测量点流速。

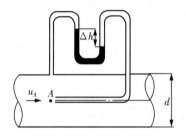

习题 4.16 图

4.17　如图所示的水泵抽水量为 0.03m³/s，管径为 0.2m，管长 5m，容许真空度为 6.5m。设所有的水头损失为 0.16m，求水泵最大容许安装高度 h_s。

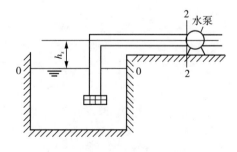

习题 4.17 图

4.18　如图所示，水平分叉管路的管径按 1，2，3 顺序分别为 500mm，400mm，300mm，1，2 管道的流量分别为 0.42m³/s，0.25m³/s，表压强 $p_1 = 9$kPa，$\alpha = 45°$，$\beta = 30°$。忽略水头损失，求水流对管道的作用力。

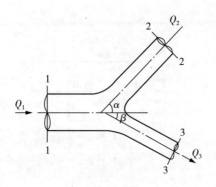

习题 4.18 图

4.19　本章 4.8.5 小节的应用(2)中如果射流垂直于旋转臂,但洒水器两臂长度不等,$R_1 =$ 1.0m,$R_2 = 1.5$m,设喷口直径为 25mm,喷口流量均为 0.005m³/s,不计摩擦力矩,求转速。

4.20　水自狭缝水平射向一与其夹角 $\theta = 60°$ 的光滑平板上(如图所示)。狭缝宽 $h = 20$mm,单宽流量 $Q = 1.5$m²/s,不计摩擦阻力。试求射流沿平板向两侧的单宽分流流量 Q_1 与 Q_2,以及射流对单宽平板的作用力,水头损失忽略不计。

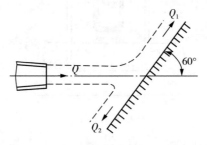

习题 4.20 图

第5章 流函数、势函数与淹没体的运动

学习完流体力学的基本方程之后,我们先来看一下有关不可压缩理想流体的恒定速度势函数及流函数。根据势流叠加原理,结合伯努利方程求出压强,从理论上就可解与之相关的流动问题。但需清楚理想流体的应用是有限的,实际流体由于黏性的存在,在靠近固体表面存在速度梯度较大的**边界层**(boundary layer),边界层之内的摩擦力较大,不可忽略;而在边界层之外,我们则可近似地应用理想流体的理论。我们将在本章5.5节讨论边界层及与之相关的一些问题。

5.1　速度势函数

理想流体无旋流动的速度旋度为零,即

$$\nabla \times \vec{u} = \varepsilon_{ijk} \frac{\partial u_k}{\partial x_j} \vec{e_i} = 0 \qquad (5-1)$$

由高等数学可知,如果速度可以表示成某个标量 φ 的梯度,即

$$\vec{u} = \nabla \varphi = \frac{\partial \varphi}{\partial x_1} \vec{e_1} + \frac{\partial \varphi}{\partial x_2} \vec{e_2} + \frac{\partial \varphi}{\partial x_3} \vec{e_3} = \frac{\partial \varphi}{\partial x_k} \vec{e_k} = u_k \vec{e_k} \qquad (5-2)$$

那么它就必然满足无旋条件式(5-1),我们将此标量函数称为**速度势函数**(velocity potential)。

5.1.1　速度势函数无旋

对式(5-2)求旋度,任取其 i 分量进行验证得

$$(\nabla \times \vec{u})_i = \varepsilon_{ijk} \frac{\partial^2 \varphi}{\partial x_j \partial x_k} = \left(\varepsilon_{ijk} \underset{\text{置换符定义}i,j,k\text{不重复展开}}{\frac{\partial^2 \varphi}{\partial x_j \partial x_k}} + \varepsilon_{ikj} \frac{\partial^2 \varphi}{\partial x_k \partial x_j} \right) \vec{e_i}$$

$$= \left(\varepsilon_{ijk} \frac{\partial^2 \varphi}{\partial x_j \partial x_k} - \varepsilon_{ijk} \frac{\partial^2 \varphi}{\partial x_j \partial x_k} \right) \vec{e_i} = 0$$

交换置换符相邻两下标改变其符号
连续函数改变积分顺序不改变其值

5.1.2 不可压缩流体的速度势函数满足拉普拉斯方程

将速度势函数带入不可压缩流体的连续性方程得

$$\nabla \cdot \vec{u} = \nabla \cdot \nabla \varphi = \nabla^2 \varphi = \frac{\partial^2 \varphi}{\partial x_1^2} + \frac{\partial^2 \varphi}{\partial x_2^2} + \frac{\partial^2 \varphi}{\partial x_3^2} = 0 \tag{5-3}$$

式中 $\nabla^2 = \nabla \cdot \nabla = \frac{\partial^2}{\partial x_1^2} + \frac{\partial^2}{\partial x_2^2} + \frac{\partial^2}{\partial x_3^2}$ 为拉普拉斯算符。

5.1.3 等势面正交于流线

恒定速度势函数的等势面可以写成如下的一般形式：

$$\varphi(x_1, x_2, x_3) = C \tag{5-4}$$

式中 C 为任一常数。其恰为空间曲面方程，取不同的常数，就可作不同的等势面。对其求全微分得

$$\mathrm{d}\varphi = \frac{\partial \varphi}{\partial x_1}\mathrm{d}x_1 + \frac{\partial \varphi}{\partial x_2}\mathrm{d}x_2 + \frac{\partial \varphi}{\partial x_3}\mathrm{d}x_3 = u_1\mathrm{d}x_1 + u_2\mathrm{d}x_2 + u_3\mathrm{d}x_3 = \vec{u} \cdot \mathrm{d}\vec{l} = 0 \tag{5-5}$$

式中 $\mathrm{d}\vec{l}$ 可为等势面上任意线段。上式即表示速度矢量和等压面上的任意线段垂直，所以等势面正交于流线。

5.2 速度流函数

二维理想流体的不可压缩恒定流动的速度散度为零，即

$$\nabla \cdot \vec{u} = \frac{\partial u_i}{\partial x_i} = \frac{\partial u_1}{\partial x_1} + \frac{\partial u_2}{\partial x_2} = 0 \tag{5-6}$$

由高等数学可知，如果速度可以以某个标量 $\psi(x_1, x_2)$ 的如下全微分来表示：

$$\mathrm{d}\psi = \frac{\partial \psi}{\partial x_1}\mathrm{d}x_1 + \frac{\partial \psi}{\partial x_2}\mathrm{d}x_2 = -u_2\mathrm{d}x_1 + u_1\mathrm{d}x_2 \tag{5-7}$$

那么速度就必然满足散度为零（思考练习题 5.2），我们将此标量函数 $\psi(x_1, x_2)$ 称为**流函数**（stream function）。

5.2.1　流函数为常数的线为流场流线

如果流函数 $\psi = C$ 为常数，由流函数的全微分定义式(5-7)得

$$d\psi = 0 = u_1 dx_2 - u_2 dx_1 \Rightarrow \frac{u_1}{dx_1} = \frac{u_2}{dx_2} \qquad (5-8)$$

恰满足流线的定义式(4-1)，表示流线上任意一点的切线方向即表示该点的流体质点的运动方向。式(5-8)同时也表示流函数为常数的线即表示流线，我们可以通过取流函数的不同常数值来画出流场的一系列流线，从而形象地表示出流场。由式(5-5)可知流线和等势线是互相正交的。

5.2.2　有速度势的流函数满足拉普拉斯方程

有速度势的流动，其旋度为零，由流函数的全微分定义式(5-7)得

$$u_1 = \frac{\partial \psi}{\partial x_2}, \quad u_2 = -\frac{\partial \psi}{\partial x_1} \qquad (5-9)$$

将其带入二维旋度为零式，得

$$(\nabla \times \vec{u})_3 = \frac{\partial u_2}{\partial x_1} - \frac{\partial u_1}{\partial x_2} = \frac{\partial^2 \psi}{\partial x_1^2} + \frac{\partial^2 \psi}{\partial x_2^2} = 0 \qquad (5-10)$$

可见无旋流动的流函数满足二维拉普拉斯方程。

5.2.3　两条流函数的差值为其间的单宽流量

设 ψ_1，ψ_2 为图5-1所示直角坐标系中某流场的任意两条流线，ds 为其间的一断面面积(此处二维流动为长度)，总是为正。设 $\vec{n} = \cos\theta \vec{e_1} + \sin\theta \vec{e_2}$ 为 ds 的外法线方向单位矢量，其和 x_1 轴夹角 θ。那么通过此二流线间的单宽流量为

$$q = \int_{\psi_1}^{\psi_2} \vec{u} \cdot \vec{n}\, ds = \int_{\psi_1}^{\psi_2} (u_1 \vec{e_1} + u_2 \vec{e_2}) \cdot (\cos\theta \vec{e_1} + \sin\theta \vec{e_2})\, ds$$

$$= \int_{\psi_1}^{\psi_2} \left(\frac{\partial \psi}{\partial x_2} \vec{e_1} - \frac{\partial \psi}{\partial x_1} \vec{e_2} \right) \cdot \left(\frac{dx_2}{ds} \vec{e_1} - \frac{dx_1}{ds} \vec{e_2} \right) ds$$

$$= \int_{\psi_1}^{\psi_2} \left(\frac{\partial \psi}{\partial x_2} dx_2 + \frac{\partial \psi}{\partial x_1} dx_1 \right) = \int_{\psi_1}^{\psi_2} d\psi = \psi_2 - \psi_1 \qquad (5-11)$$

式中借用 ds 与 ψ_1，ψ_2 流线交点 $a(x_{a1}, x_{a2})$，$b(x_{b1}, x_{b2})$ 的坐标来计算 θ 的正、余弦。如图5-1所示，$dx_2 = x_{b2} - x_{a2}$ 为正，而 $dx_1 = x_{b1} - x_{a1}$ 为负，所以 $\sin\theta = -\dfrac{dx_1}{ds}$ 为正，以表示出 ds 外法线的正确方向。

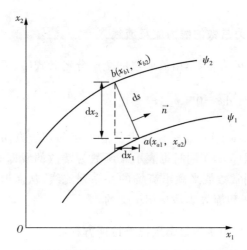

图 5-1   两条流函数的差值为其间的单宽流量推导示意图

5.3   基本平面势函数与流函数

在知晓流函数及势函数的定义及其基本特性后,我们来看一些基本流动如等速均匀流、源流或汇流、势涡流等的势函数与流函数。

5.3.1   等速均匀流

等速均匀流是指以恒定流速沿恒定方向的流动,其流线都互相平行。在平面直角坐标系中,其速度可表示为 $\vec{u} = a\vec{e_1} + b\vec{e_2}$,式中 a,b 为实常数。那么根据势函数全微分式(5-5)

$$\mathrm{d}\varphi = \frac{\partial \varphi}{\partial x_1}\mathrm{d}x_1 + \frac{\partial \varphi}{\partial x_2}\mathrm{d}x_2 = u_1\mathrm{d}x_1 + u_2\mathrm{d}x_2 = a\mathrm{d}x_1 + b\mathrm{d}x_2$$

对其两边不定积分得其势函数的一般表达式为

$$\varphi(x_1, x_2) = ax_1 + bx_2 + c \tag{5-12}$$

式中 c 为积分常数。取 φ 为任一常数与 c 合并,即为等势线。可见等速均匀流的等势线为斜率为 $-a/b$ 的直线。由流函数的全微分定义式(5-7)

$$\mathrm{d}\psi = -u_2\mathrm{d}x_1 + u_1\mathrm{d}x_2 = -b\mathrm{d}x_1 + a\mathrm{d}x_2 \Rightarrow \psi = -bx_1 + ax_2 + c \tag{5-13}$$

式中 c 为积分常数。取 ψ 为任一常数与 c 合并,即为流线。可见等速均匀流的流线为斜率为 b/a 的直线,和式(5-12)所表示的等势线互相垂直。取 $a=3, b=1, c=0$,ψ 与 φ 分别取如图 5-2 所示的值时,得到其均匀流的流线及等势线分别如图 5-2 的实线及虚线所示。

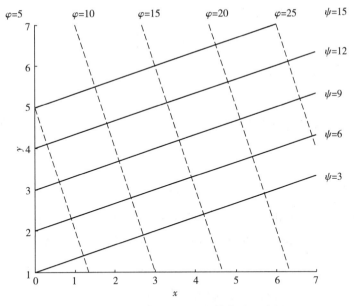

图 5-2　等速均匀流流线及等势线示意图

5.3.2　恒定源流或汇流

恒定**源流**（source）或**汇流**（sink）是指如图 5-3 的流线（实线）所示以一定的单宽流量 q 由平面一点均匀向四周扩散或汇聚一点的流动。我们将量纲为 $[L^2T^{-1}]$ 的 $m=\dfrac{Q}{2\pi b}=\dfrac{q}{2\pi}$ 定义为源强或汇强，式中 Q 为流量，b 为流动在垂直与纸面上的厚度，q 为单宽流量。在平面极坐标系中其速度可表示为

$$\vec{u}=u_r\,\vec{e_r}+u_\theta\,\vec{e_\theta}=\frac{q}{2\pi r}\,\vec{e_r}=\frac{m}{r}\,\vec{e_r}$$

$$(5-14)$$

$$u_r=\frac{q}{2\pi r},\ u_\theta=0$$

式中 $\vec{e}$ 表示极坐标系的单位方向矢量，下标 r,θ 分别表示沿径向及切向。其仅有径向速度，没有切向速度，并且 $q>0$ 为源流，反之为汇流。

对源流或汇流，采用极坐标系更为方便。除了数学推导，我们还可以通过量纲分析"猜出"极坐标下的势函数及流函数的全微分表达式。观察直角坐标系下势函数的全微分表达式（5-5）左边第一个等号的两边，其物理意义为：**各互相垂直坐标方向的速度乘以微元线段在对应坐标轴的微元长度**。在极坐标系下我们完全可以类似地写，在 r 方向和直角坐标系的完全一样；在切向，由于微元角度 $d\theta$ 没有量纲，要化为切向的微元距离，还需乘以该处的极径 r。所以对比直角坐标系下势函数的

微分表达式(5-5),我们可以猜出极坐标系下其表达式为

$$d\varphi = u_r dr + u_\theta r d\theta \tag{5-15}$$

同理推得极坐标系下的流函数的微分方程为

$$d\psi = -u_\theta dr + u_r r d\theta \tag{5-16}$$

将式(5-15)带入径向速度表达式(5-14),两边不定积分得其势函数的一般表达式为

$$\varphi(r) = \frac{q}{2\pi}\ln r + c \tag{5-17}$$

式中 c 为积分常数。可见等势线为 r 为常数的一系列圆。同理对极坐标下流函数微分方程式(5-16)带入源或汇的速度表达式(5-14)不定积分得其流函数的一般表达式为

$$\psi(\theta) = \frac{q}{2\pi}\theta + c \tag{5-18}$$

式中 c 为积分常数。可见流线是 θ 为常数的一系列放射线。如图5-3所示,呈放射状的流线和为圆的等势线恰互相垂直。

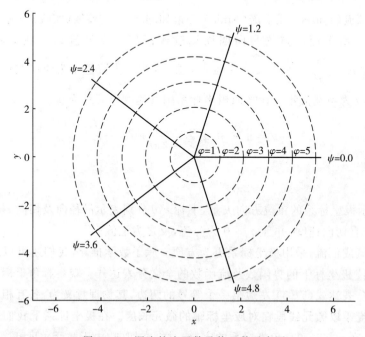

图5-3　源流的流函数及势函数示意图

5.3.3　恒定势涡流

势涡流又称**点涡**（vortex flow），是指如图 5-4 所示以一定速度环量 $\Gamma\left[L^2T^{-2}\right]$ 绕平面一点做匀速圆周运动的流动。在平面极坐标系中其速度可表示为

$$\begin{cases} \vec{u} = u_r\,\vec{e_r} + u_\theta\,\vec{e_\theta} = \dfrac{\Gamma}{2\pi r}\,\vec{e_\theta} \\[3mm] u_r = 0, u_\theta = \dfrac{\Gamma}{2\pi r} \end{cases} \qquad (5-19)$$

其仅有切向速度，没有径向速度。带入势函数全微分在极坐标系下的表达式(5-15)，不定积分得其势函数的一般表达式为

$$\varphi(\theta) = \frac{\Gamma\,\theta}{2\pi} + c \qquad (5-20)$$

式中 c 为积分常数。可见等势线是 θ 为常数的一系列放射线。将速度带入势函数全微分在极坐标系下的表达式(5-15)，不定积分得其流函数的一般表达式为

$$\psi(r) = -\frac{\Gamma}{2\pi}\ln r + c \qquad (5-21)$$

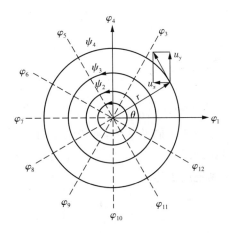

图 5-4　势涡流的流线及等势线示意图

势涡流的流线是 r 为常数的一系列圆，和为放射线的等势线恰互相垂直，如图 5-4 所示。

5.4　基本平面势流的叠加

前面学习了几种简单流动的势函数与流函数，由于它们均为标量，可以通过它们之间的代数相加的组合来表示一些较为复杂的流动。

5.4.1　势流叠加原理

因为势函数和流函数均为标量，我们可以将它们做代数相加，得到新的反映较

为复杂流动的势函数及流函数,进而求得其流场速度,再根据伯努利方程求出流场压强,完成流场分析。这对高雷诺数流动的边界层之外的流场分析是非常有用的。下面给出一些具体的例子。

5.4.2 螺旋线流

将点汇与点涡的势函数、流函数表达式分别相加,就得到螺旋线流的势函数与流函数:

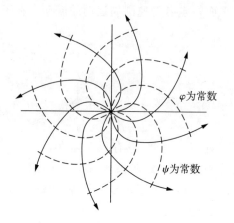

图 5-5　螺旋线流的流线及等势线示意图

$$\varphi(r,\theta)=\frac{q}{2\pi}\ln r+\frac{\Gamma\vartheta}{2\pi}+c$$

$$(5-22)$$

$$\psi(r,\theta)=\frac{q}{2\pi}\theta-\frac{\Gamma}{2\pi}\ln r+c$$

$$(5-23)$$

令 φ,ψ 等于不同的常数,可得到如图 5-5 所示的分别表示流线及等势线的两组正交的螺旋线,所以其被称为螺旋线流。对势函数或流函数进行极坐标系下的微分就得到速度表达式

$$u_r=\frac{\partial\varphi}{\partial r}=\frac{\partial\psi}{r\partial\theta}=\frac{q}{2\pi r},u_\theta=\frac{\partial\varphi}{r\partial\theta}=-\frac{\partial\psi}{\partial r}=\frac{\Gamma}{2\pi r} \qquad (5-24)$$

5.4.3 等强度的源汇流

如图 5-6 所示,设在水平轴原点的两侧相距 $2a$ 的两点 $\vec{a}_1=(a,0)$ 及 $\vec{a}_2=(-a,0)$ 分别有等强度 m 的源和汇,将源、汇的势函数与流函数式(5-17)及式(5-18)分别相加,就得到其势函数与流函数如下:

$$\varphi=m\ln\vec{r}_1-m\ln\vec{r}_2=m\ln|\vec{r}-\vec{a}_1|-m\ln|\vec{r}-\vec{a}_2|$$

$$=m\ln\sqrt{(x_1+a)^2-x_2^2}-m\ln\sqrt{(x_1-a)^2-x_2^2}+c$$

$$=\frac{m}{2}\ln\frac{(x_1+a)^2-x_2^2}{(x_1-a)^2-x_2^2} \qquad (5-25)$$

$$\psi=m\theta_1-m\theta_2=m\left(\tan^{-1}\frac{x_2}{x_1+a}-\tan^{-1}\frac{x_2}{x_1-a}\right)=-m\tan^{-1}\frac{2ay}{x_1^2+x_2^2-a^2}$$

$$(5-26)$$

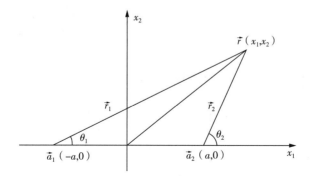

图 5-6　源汇流的推导示意图

5.4.4　偶极子流

设上述等强度的源汇流无限靠近,即 $a \to 0$,且如下极限成立:

$$\lim_{\substack{a \to 0 \\ q \to \infty}} 2aq = M \tag{5-27}$$

式中 M 为实常数。这就形成了偶极子流,其势函数与流函数可由式(5-24)及式(5-25)推出(思考练习题 5.4):

$$\varphi = \frac{M\cos\theta}{2\pi r}, \psi = \frac{-M\sin\theta}{2\pi r} \tag{5-28}$$

取不同流函数值、势函数值,作图就得到其流线及等势线,如图 5-7 所示。进而求得其速度分布式为

$$u_r = -\frac{M\cos\theta}{4\pi r^2}, u_\theta = -\frac{M\sin\theta}{4\pi r^2} \tag{5-29}$$

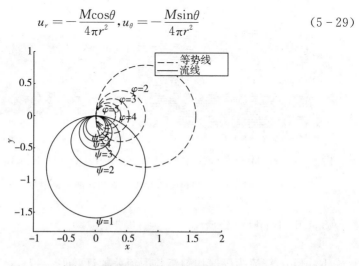

图 5-7　偶极子流的流线及等势线示意图

5.4.5 柱体绕流

设恒定均匀流 U 与强度 $M=2\pi U r_0^2$ 的偶极子流叠加，就形成了理想流体沿半径为 r_0 的柱体绕流。可推得其势函数与流函数为

$$\varphi=rU\cos\theta\left(1+\frac{r_0^2}{r^2}\right),\psi=rU\sin\theta\left(1-\frac{r_0^2}{r^2}\right) \tag{5-30}$$

进而求得其速度分布为

$$u_r=U\cos\theta\left(1-\frac{r_0^2}{r^2}\right),u_\theta=-U\sin\theta\left(1+\frac{r_0^2}{r^2}\right) \tag{5-31}$$

下面我们来求其压力分布。在平面内沿流线一点取在来流无穷远处，另一点位于柱体表面，应用伯努利方程可求得在柱体表面的压力分布为

$$\frac{p_\infty}{\rho g}+\frac{U^2}{2g}=\frac{p_r}{\rho g}+\frac{U_r^2}{2g}\Rightarrow$$

$$p_r-p_\infty=\frac{\rho}{2}(U^2-u_r^2-u_\theta^2)=\frac{\rho}{2}\left[U^2-0-(-2U\sin\theta)^2\right]=\frac{\rho U^2}{2}(1-4\sin^2\theta)\Rightarrow$$

$$C_D=\frac{p_r-p_\infty}{\dfrac{\rho U^2}{2}}=1-4\sin^2\theta \tag{5-32}$$

式中 C_D 为压力系数。图 5-8(a)(b) 分别为其流场的速度矢量图及压力云图。其计算及作图程序请参见本章 5.7.2 小节。

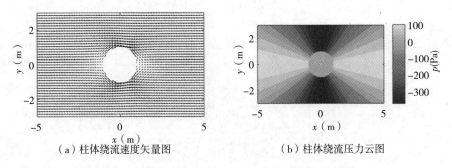

（a）柱体绕流速度矢量图　　　　　　　（b）柱体绕流压力云图

图 5-8　理想流体柱体绕流的速度矢量图及压力云图

5.4.6 Rankine 绕流

Rankine 绕流为等速均匀流与源流叠加，已知 $\varphi_1=U_0x_1+C,\varphi_2=\dfrac{q}{2\pi}\ln r+c$

$$\varphi = \varphi_1 + \varphi_2 = U_0 r\cos\theta + \frac{q}{2\pi}\ln r = U_0 x + \frac{q}{2\pi}\ln\sqrt{x^2 + y^2} \qquad (5-33)$$

同理可得其流函数为

$$\psi = \psi_1 + \psi_2 = U_0 r\sin\theta + \frac{q}{2\pi}\theta = U_0 x_2 + \frac{q}{2\pi}\arctan\frac{x_2}{x_1} \qquad (5-34)$$

取不同的流函数值,可得到流线所表示的流场如图 5-9 所示。

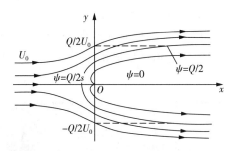

图 5-9　Rankine 绕流的流函数示意图

以 Rankine 命名的近似椭圆体是由通过速度为零的 $\psi = \pm\pi m$ 的两条流线构成的。对式(5-34)取 $x_1 \rightarrow \infty$,可以求得此时 Rankine 体的尾部宽度为

$$U_0\,\mathrm{d}x_2 = 2m\pi \Rightarrow \mathrm{d}x_2 = \frac{2m\pi}{U_0} \qquad (5-35)$$

其在直角坐标系下的速度为

$$U = U_0 + \frac{m}{r}\cos\theta, V = \frac{m}{r}\sin\theta \qquad (5-36)$$

Rankine 绕流的另一种情形为均匀流和汇流叠加,请参见本章 5.5.2 小节。

5.5　边界层与淹没体的阻力系数

5.4.5 小节的理想流体柱体的绕流前后对称,除了微小的摩擦阻力外,就没有什么阻力了。如果真是这样,这个世界就可以节省大量的能源了。而实际流体由于其黏性的存在,在固体尾部会产生如图 5-11 所示的边界层的分离,且边界层还有层流边界层及湍流边界层之分(见图 5-10),这些都会很大程度地影响在 2.5 节所讨论的淹没体的阻力系数。本节我们就讨论这些问题。在高雷诺数下,将边界层分析的固体表面的黏性作用和前面讨论的理想流体的流动结合起来,可解决许多实际流体力学问题。

5.5.1 平板层流边界层及湍流边界层

研究较为简单的流动是研究复杂流动的基础。实验研究均匀流场通过沿流向放置一薄平板上的流动,定义**局部雷诺数**(local Reynolds number) $Re_x = \dfrac{Ux}{\upsilon}$,式中 U 为外边均匀流流速。如图 5-10(a) 所示,x 为由薄板边缘开始往下游至计算雷诺数处的距离;υ 为流体运动黏度;**边界层厚度** δ(boundary layer thickness) 为在垂直于板面和流动的方向上,流体由板面开始流速达到外部均匀流速 U 的 99% 处的厚度,其为 x 的函数,又是局部雷诺数的函数,如图 5-10(b) 所示。

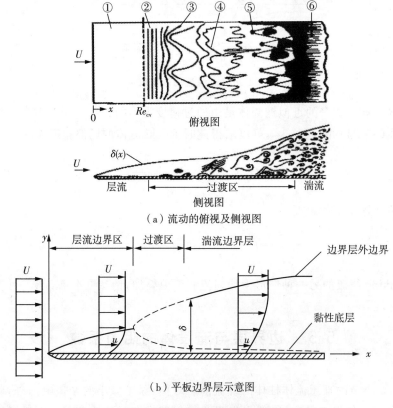

（a）流动的俯视及侧视图

（b）平板边界层示意图

图 5-10　均匀流通过沿流向放置的平板的流动的
俯视、侧视图及其边界层示意图

实验研究揭示的均匀层流通过平板的一些定性特征如图 5-10(a) 所示。从平板接触外部流场的边缘起,要经过由层流边界层向湍流边界层过渡的如下几个阶

段(吴望一,1983):靠近平板前端是稳定的层流边界层,如图 5 - 10(a) 俯视图中 ①
所示;过临界雷诺数($Re_{cr} \approx 5.5 \times 10^4$)后,随着惯性力的增加,黏性阻力不足以抑
制扰动,有不稳定的二维 T-S(Tollmien - Schlichting)波,如图 5 - 10(a) 俯视图
中 ② 所示,并随着雷诺数的增加形成不稳定的层流三维波动和一些小涡,如图 5 -
10(a) 俯视图中 ③ 所示,以及湍流猝发的涡旋破裂,如图 5 - 10(a) 俯视图中 ④ 所
示;在$Re_x \approx 3.5 \times 10^5$ 附近,产生一些近似箭头指向下游的随机出现的三角形湍流
斑点,如图 5 - 10(a) 俯视图中 ⑤ 所示;随着局部雷诺数的继续增大($Re_x \geqslant 4 \times 10^6$)
许多湍流斑点联合在一起,发展成为完全发展了的湍流边界层,如图 5 - 10(a) 俯视
图中 ⑥ 所示。根据以上观察,如图 5 - 10(b) 所示,我们一般将边界层分为**层流边
界层**(laminar boundary layer/LBL;$Re_x < 5.5 \times 10^4$) 及**湍流边界层**(Turbulent
boundary layer/TBL;$Re_x > 4 \times 10^6$),它们之间为**过渡区**(transition zone)。要
强调的是,在过渡区及湍流边界层的紧贴固体界面处依然存在薄薄的一层黏性力
起主导作用的**黏性底层**(viscous sublayer)的层流区,在此区域内沿流向速度随至
壁面的距离线性增长(参见 6.4.2 节的壁面速度分布率)。

对于雷诺数小于 1000 的流动,以及高雷诺数下钝体的边界层由于边界层分离
及尾流的出现,理论还不能够很好地将其和外部流场的无黏流动结合起来,主要依
靠实验及数值模拟研究。对于高雷诺数下平板及一些流线形的机翼的淹没流动可
以应用 5.5.2 小节要介绍的边界层方程和本章前述无黏的外部流场分析结合起
来,进而得到整个流场的一定程度的近似解。

假设层流边界层内的速度分布为式(5 - 37)所描述的抛物线形

$$u(x,y) = U\left(\frac{2y}{\delta(x)} - \frac{y^2}{\delta^2(x)} \right) \tag{5 - 37}$$

对边界层应用动量积分(参见本章 5.6.5 小节)即可以估算出层流边界层的厚度及
阻力系数如下

$$\frac{\delta(x)}{x} = \frac{5.5}{Re_x^{1/2}} \tag{5 - 38a}$$

$$C_D = \frac{1.46}{Re_L^{1/2}} \tag{5 - 39a}$$

这仅比下小节所介绍的二维纳维尔-斯托克斯方程简化成的边界层方程的精确解
高约 10%。类似地对湍流边界层应用第 6 章所介绍的墙面速度的对数分布律及假
设无量纲的速度满足如下分布:

$$\frac{u}{U} = \left(\frac{y}{\delta} \right)^{1/7} \tag{5 - 40}$$

可以推导出平板湍流边界层的厚度及阻力系数估算式如下(思考练习题 5.13):

$$\frac{\delta(x)}{x} = \frac{0.16}{Re_x^{1/7}} \tag{5-41}$$

$$C_D = \frac{0.031}{Re_L^{1/7}} \tag{5-42}$$

5.5.2* 边界层方程及其理论解

对流场恒定的平板边界层,忽略重力,考虑二维稳定流场下的不可压缩牛顿流体的动量方程:

$$
\begin{aligned}
\rho\left(u_1\,\frac{\partial u_1}{\partial x_1} + u_2\,\frac{\partial u_1}{\partial x_2}\right) &= -\frac{\partial p}{\partial x_1} + \mu\left(\frac{\partial^2 u_1}{\partial x_1^2} + \frac{\partial^2 u_1}{\partial x_2^2}\right) \\
\rho\left(u_1\,\frac{\partial u_2}{\partial x_1} + u_2\,\frac{\partial u_2}{\partial x_2}\right) &= -\frac{\partial p}{\partial x_2} + \mu\left(\frac{\partial^2 u_2}{\partial x_1^2} + \frac{\partial^2 u_2}{\partial x_2^2}\right)
\end{aligned} \tag{5-43}
$$

进一步考察边界层内的流动特性,我们知道 $u_1 \gg u_2$,$\dfrac{\partial u_1}{\partial x_2} \gg \dfrac{\partial u_1}{\partial x_1}$,$\dfrac{\partial u_2}{\partial x_2} \gg \dfrac{\partial u_2}{\partial x_1}$,符号"$\gg$"表示大于 1 个数量级以上,小的可以忽略。这样式(5-43)可以简化为如下动量的边界层方程:

$$\rho\left(u_1\,\frac{\partial u_1}{\partial x_1} + u_2\,\frac{\partial u_1}{\partial x_2}\right) = -\frac{\partial p}{\partial x_1} + \mu\,\frac{\partial^2 u_1}{\partial x_2^2} \tag{5-44a}$$

$$0 = -\frac{\partial p(x_1,x_2)}{\partial x_2} \Rightarrow p(x_1) \overset{\text{应用外流场的伯努利方程}}{\underset{\frac{p(x_1)}{\rho g} + \frac{U(x_1)^2}{2g} = 常数}{\Rightarrow}} \frac{\mathrm{d}p}{\mathrm{d}x_1} = -\rho U(x_1)\,\frac{\mathrm{d}U(x_1)}{\mathrm{d}x_1} \tag{5-44b}$$

式(5-44b)中的 U 为应用理想流体理论分析的外流场的速度,将式(5-44b)带入式(5-44a)就得到将外部非黏性流场和内部黏性边界层结合起来的如下边界层动量方程

$$\rho\left(u_1\,\frac{\partial u_1}{\partial x_1} + u_2\,\frac{\partial u_1}{\partial x_2}\right) = \rho U\,\frac{\mathrm{d}U}{\mathrm{d}x_1} + \mu\,\frac{\partial^2 u_1}{\partial x_2^2} \tag{5-45a}$$

加上不可压缩流体的二维的连续性方程

$$\frac{\partial u_1}{\partial x_1} + \frac{\partial u_2}{\partial x_2} = 0 \tag{5-45b}$$

并应用如下边界条件

$$\begin{cases} u_1(x_1,0)=u_2(x_1,0)=0 & (5-46a) \\ u_1(x_1,\delta(x_1))=U(x_1) & (5-46b) \end{cases}$$

式(5-46a)为 $x_2=0$ 在平板边界上无滑移条件,式(5-46b)为在边界层的匹配条件。这样两个方程解两个未知数,并配有完备的边界条件,是可以求得其解的。我们假设外流场为均流流场,即 $\dfrac{\mathrm{d}U}{\mathrm{d}x_1}=0$。进一步由连续性方程式(5-45b)速度的散度为零,根据 5.2 节的讨论我们知道对此问题一定存在一量纲为 $[\mathrm{L}^2\mathrm{T}^{-1}]$ 的如式(5-7)所示的流函数 ψ,加上式(5-9)流函数与速度的关系,可将边界层的动量方程(5-44a)化为关于流函数一个未知函数的偏微分方程

$$\frac{\partial \psi}{\partial x_2}\frac{\partial^2 \psi}{\partial x_1 \partial x_2}-\frac{\partial \psi}{\partial x_1}\frac{\partial^2 \psi}{\partial x_2^2}=\upsilon\frac{\partial^3 \psi}{\partial x_2^3} \qquad (5-47)$$

参见第 2 章 2.7 节所介绍的通过无量纲化将其化为一般微分方程,从而数值求得在边界层内的速度分布(参见 5.7.1 小节),推导出层流边界层厚度和局部雷诺数的关系为

$$\frac{\delta(x_1)}{x_1}=\frac{5.0}{Re_{x1}} \qquad (5-38b)$$

进而导出其阻力系数为(参见本章 5.6.7 小节)

$$C_{\mathrm{D}}=\frac{1.328}{Re_L^{1/2}} \qquad (5-39b)$$

将式(5-38b)、式(5-39b)和前面应用动量积分所得的近似解式(5-38a)、式(5-39a)对比,二者相当接近。

5.5.3　边界层的分离和阻力系数

前一小节所讨论的均匀流中沿流向放置的平板阻力仅为摩擦阻力。如果带有曲面的物体或迎流面和流场流向有一定交角的话,当雷诺数较大时,在**逆向压差**(adverse pressure gradient)的作用下,会产生边界层的分离,在该物体的后部或尾部形成低压的漩涡区,从而带来摩擦阻力之外更大的**压差阻力**(pressure drag)。2.5 节对此通过量纲分析做了一定的介绍,这里我们以均匀流通过圆球为例,对之做进一步的介绍。如图 5-11(a)所示,左边流动雷诺数较小,为层流边界层的分离,球后边出现两个较大的尾流漩涡,阻力相对较大;右边的为湍流边界层的分离,分离点较靠后,尾流较小,使其压差阻力减小,反映在阻力系数和雷诺数关系曲线为图 2-3(b)所示的二维圆柱曲线在雷诺数约为 10^6 时突然减小。

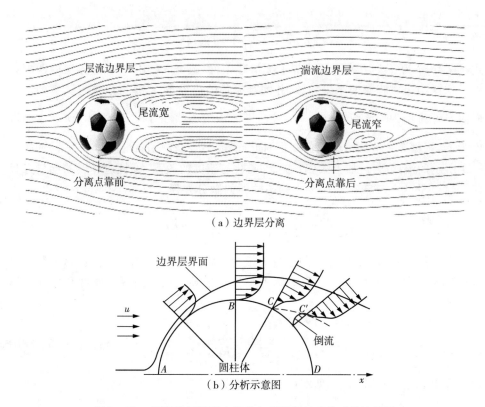

图 5 - 11 雷诺数逐渐增大的均匀流流通过球体时的边界层
分离及其分析示意图

参照图 5 - 11(b) 所示,可以对边界层的分离做进一步定性的分析。为方便讨论,假设观察面为水平面(可忽略重力的作用),当均匀流流向球体时,在其正迎流面 A 处速度为零,由伯努利方程知此处压力最大;在流体流向球面顶点 B 的过程中,由于球面的挤压,流动加速;在 B 点处达到速度最大,压力最小。在过顶点 B 继续向下游的流动过程中,由于流动空间的增大,流动减速,压力增大,也即流体在由 B 流向 C,C' 的过程中会遭遇逆向压差($\frac{\mathrm{d}p}{\mathrm{d}x} > 0$,和边界层外部流场的相反),在此逆向压差的作用下,边界层会渐渐脱离固体的界面(C 为脱离的临界点),进而如 C' 处的流场所示形成回流,使原来沿外流场流向的边界层脱离了固体的边界。当雷诺数较大时,回流为低压的高湍流区,对球的运动形成超过摩擦阻力的压差阻力。由于湍流的复杂性,理论分析压差阻力的能力有限,压差阻力系数的确定主要依赖物理实验及数值模拟。一些典型形状的物体及动物的在不同雷诺数下的阻力系数值前文如图 2 - 3(b) 所示。可见迎流面较大的钝形物体如迎流平板、方形柱体的阻力系数较大，大于 1；而迎流面较小及流线形的物体如机翼、鸟类等的阻力系数小。

　　分离形成低压并不完全是坏事。哲学上的任何事物都是一分为二也适用于此。如图 5-12 所示的机翼正是利用上表面为弧形的机翼采用不同的倾斜角度（攻角），以利用边界层分离［图 5-12(b)］的低压获得飞行时所需要的不同的升力。起飞时采用大攻角，巡航是采用小攻角。

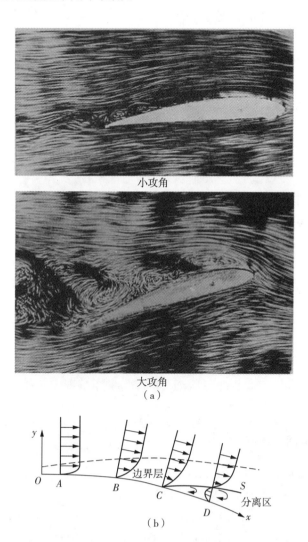

图 5-12　机翼在不同攻角下的边界层分离照片及其示意图

5.6　典型应用

5.6.1　求流函数与势函数

平面不可压缩流体的速度分布为 $u_x = 4x+1$，$u_y = -4y$，问：(1) 是否满足连续性方程；(2) 是否存在流函数、势函数；(3) 上述两函数若存在，求之。

解：$\dfrac{\partial u_x}{\partial x} + \dfrac{\partial u_y}{\partial y} = 4 + (-4) = 0$，满足连续性方程，存在流函数，

$$\mathrm{d}\psi = \frac{\partial \psi}{\partial x}\mathrm{d}x + \frac{\partial \psi}{\partial y}\mathrm{d}y = -u_y\mathrm{d}x + u_x\mathrm{d}y = 4y\mathrm{d}x + (4x+1)\mathrm{d}y$$

$$\psi = \int \mathrm{d}\psi = \int 4y\mathrm{d}x + 4x\mathrm{d}y + \mathrm{d}y = 4xy + y + c$$

又 $\dfrac{\partial u_x}{\partial y} - \dfrac{\partial u_y}{\partial x} = 0$，流体旋度为零存在势函数，

$$\mathrm{d}\varphi = \frac{\partial \varphi}{\partial x}\mathrm{d}x + \frac{\partial \varphi}{\partial y}\mathrm{d}y = u_x\mathrm{d}x + u_y\mathrm{d}y = (4x+1)\mathrm{d}x + (-4y)\mathrm{d}y$$

$$\varphi = \int \mathrm{d}\varphi = \int(4x+1)\mathrm{d}x - \int 4y\mathrm{d}y$$

$$= 2x^2 - 2y^2 + x + c$$

5.6.2　半圆柱绕流

远处来流流速为 U_0、压强为 p_0 的均匀流，流过半径为 R 的半圆柱体。设圆柱体内压强为 p，求其所受到的水平推力和垂直作用力。

解：应用式(5-29)可得柱体表面速度为 $u_r = 0$，$u_\theta = -2U_0\sin\theta$，沿由远处至圆柱表面的零流线应用伯努利方程得 $\dfrac{p_0}{\gamma} + \dfrac{U_0^2}{2g} = \dfrac{p}{\gamma} + \dfrac{4U_0^2 \sin^2\theta}{2g}$，在半圆柱表面对微元 $\mathrm{d}s = R\mathrm{d}\theta$ 列出其水平及垂向的作用力计算式，再沿 0 到 π 对 θ 积分就得到本题答案。

$$dF_x = (p - p_0) \cos\theta R \, d\theta \Rightarrow F_x = \int_0^\pi \frac{\gamma U_0^2 (1 - 4 \sin^2\theta)}{2g} \cos\theta R \, d\theta$$

$$= \frac{\gamma R U_0^2}{2g} \left(\sin\theta - \frac{4}{3} \sin^3\theta \right) \Big|_0^\pi = 0$$

$$dF_y = (p - p_0) \sin\theta R \, d\theta \Rightarrow F_x = \int_0^\pi \frac{\gamma U_0^2 (-3 + 4 \cos^2\theta)}{2g} \sin\theta R \, d\theta$$

$$= \frac{\gamma R U_0^2}{2g} \left(-3\cos\theta + \frac{4}{3} \cos^3\theta \right) \Big|_0^\pi = \frac{5\rho R U_0^2}{3}$$

5.6.3　Rankine 绕流应用

一水厂吸水口以 $500 \mathrm{m}^3/\mathrm{s}$ 的速度从储水水库吸水,水深为 10m。如果来流行进速度为 0.3m/s,试求:(1) 吸水作用会延伸到下游多远;(2) 多宽的来流会被入口吸入。

解:由 5.3.2 小节的讨论得汇流的源强为

$$m = \frac{Q}{2\pi b} = \frac{500\mathrm{m}^3/\mathrm{s}}{2 \times 3.14 \times 10\mathrm{m}} = 7.96\mathrm{m}^2/\mathrm{s}$$

吸水作用延伸到下游处即为速度为零处,此处汇流速度与来流行进速度相等,但方向相反,即

$$\frac{m}{r} = U \Rightarrow r = \frac{m}{U} = \frac{7.96\mathrm{m}^2/\mathrm{s}}{0.3\mathrm{m}/\mathrm{s}} = 26.54\mathrm{m}$$

此时受影响的潮水的宽度为 Rankine 体的尾部宽度

$$dx_2 = \frac{2m\pi}{U_0} = \frac{2 \times 7.96\mathrm{m}^2/\mathrm{s} \times 3.14}{0.3\mathrm{m}/\mathrm{s}} = 166.67\mathrm{m}$$

5.6.4[*]　动量积分估算平板边界层的阻力及阻力系数

如图 5-14 所示,密度为 ρ 的不可压缩流体恒定均匀流场 U 中沿流向放置一薄表面粗糙无滑移平板,板长为 L,垂直于纸面的宽度为 b。形成如图虚线所示的由板面往上速度渐次增加的边界层。求板所受的拖曳力 D。

解:建立如图 5-14 中 1~4 面所包围的控制体,应用积分形式的动量方程式 (4-32) 得

$$\int_\Omega \frac{\partial(\rho\vec{u})}{\partial t} d\Omega + \int_S \rho \vec{u} \, \vec{u} \cdot \vec{n} dS = \sum_i \vec{F}_i = \int_\Omega \rho \vec{g} d\Omega - \int_S p \vec{n} dS + \int_S \tau_{ij} \cdot \vec{n} dS$$

由于假设流场是恒定均匀的,方程的第一项非恒定可以消去;1、2 面之间无压力差,上部边界层面 2 的速度差非常小,黏性摩擦力可以忽略,这样方程左边合外力就仅为我们需求的拖曳力的反作用力了。板面 4 没有进出,上部边界层面 3 进出

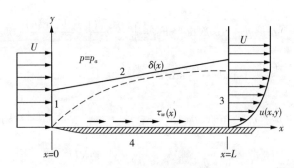

图 5-14 平板边界层的阻力计算(White,2003)

很少忽略不计,应用于此控制体的动量方程可写为

$$- F_D = \int_{A1} \rho \vec{u}_1 \vec{u}_1 \cdot d\vec{A} + \int_{A3} \rho \vec{u}_3 \vec{u}_3 \cdot d\vec{A} = \rho \left(\int_0^{\delta(L)} u^2 b \, dy - \int_0^h U^2 b \, dy \right)$$

$$F_D = \rho b \left(U^2 h - \int_0^{\delta(L)} u^2 \, dy \right)$$

式中由于面 1 为入口,速度 U 为常量和面的外法线方向相反,所以前面加了个负号且可以去掉积分符号;出口面 3 的流速 u 和面的外法线方向完全相同,所以可写成标量的形式。还有连续性条件 $Uh = \int_0^{\delta(L)} u \, dy$,带入前面动量方程得

$$F_D = \rho b \left(\int_0^{\delta(L)} U u \, dy - \int_0^{\delta(L)} u^2 \, dy \right) = \rho b \int_0^{\delta(L)} u(U - u) \, dy = \rho b U^2 \theta$$

$$(5-48)$$

式中边界层的**动量厚度**(momentum thickness)为

$$\theta = \int_0^{\delta(L)} \frac{u}{U} \left(1 - \frac{u}{U} \right) dy \qquad (5-49)$$

进而可得阻力系数为

$$C_D = \frac{F_D}{0.5\rho U^2 Lb} = \frac{\rho b U^2 \theta}{0.5\rho U^2} \overset{(5-47)}{=\!=\!=} \frac{2\theta}{L} \qquad (5-50)$$

5.6.5* 估算平板层流边界层的厚度

假设上题中平板层流边界层内($0 \leqslant y \leqslant \delta(x)$)的流速分布为如式(5-37)的抛物线形,应用前小节的结论,估算该层流边界层的厚度及其阻力系数。

解:设平板的表面切应力为 τ_0,那么平板的阻力也可写成

$$D(x) = b \int_0^x \tau_0(x)\, \mathrm{d}x = \rho b U^2 \theta(x) \Rightarrow$$

$$\frac{\mathrm{d}D}{\mathrm{d}x} = b \tau_0(x) = \rho b U^2 \frac{\mathrm{d}\theta}{\mathrm{d}x} \Rightarrow \tau_0(x) = \rho U^2 \frac{\mathrm{d}\theta}{\mathrm{d}x} \tag{1}$$

将式(5 - 26)带入式(5 - 25)得

$$\theta = \int_0^{\delta(L)} \left(\frac{2y}{\delta(x)} - \frac{y^2}{\delta^2(x)} \right) \left(1 - \frac{2y}{\delta(x)} + \frac{y^2}{\delta^2(x)} \right) \mathrm{d}y \approx \frac{2\delta}{15}$$

带入(1)得

$$\tau_0(x) = \rho U^2 \frac{2\mathrm{d}\delta}{15\mathrm{d}x} \overset{\text{根据}\tau_0\text{定义}}{=\!=\!=} \rho \left. \frac{\partial u}{\partial y} \right|_{y=0} \overset{(5\text{-}26)\text{带入}}{\underset{\text{忽略高阶无穷项}}{\approx}} \rho \frac{2U}{\delta} \Rightarrow$$

$$\delta \mathrm{d}\delta = 15 \frac{\nu}{U} \mathrm{d}x \Rightarrow \frac{\delta^2}{2} = \frac{15\nu x}{U} \Rightarrow \frac{\delta^2}{x^2} = \frac{15}{2Ux/\nu} \Rightarrow \frac{\delta}{x} \approx \frac{5.5}{Re_x^{1/2}} \tag{2}$$

至此我们就推导出了根据局部雷诺数估算平板层流边界层厚度式(5 - 38a)。

5.6.6* 由布拉休斯方程的数值解估算平板阻力系数

由布拉休斯方程的数值解(5.7.1 小节及图 5 - 14)得到在边界 $y=0$ 处的 $f'' = 0.332$,求对应平板阻力系数。

解:设平板的表面切应力为 τ_0,根据切应力及流函数的定义有

$$\tau_0(x_1) = \rho \nu \frac{\partial u(x_1, 0)}{\partial x_2} = \rho \nu \frac{\partial^2 \psi(x_1, 0)}{\partial x_2^2} \overset{(2\text{-}15b)}{=} \rho U f''(0) \sqrt{\frac{U}{\nu x_1}}$$

再根据阻力系数定义,板宽为 b

$$C_D(L) = \frac{b \int_0^L \tau_0(x_1)\, \mathrm{d}x_1}{0.5\rho U^2 bL} \overset{(1)}{=} \frac{\int_0^L \rho U f''(0) \sqrt{\frac{U}{\nu x_1}}\, \mathrm{d}x_1}{0.5\rho U^2 L} = \frac{0.664\nu^{1/2}}{U^{1/2} L} \int_0^L x_1^{-1/2}\, \mathrm{d}x_1$$

$$= \frac{1.328}{Re_L^{1/2}}$$

5.7　编程应用

本节介绍两个 MATLAB 应用。一是使用 MATLAB 内置函数 bvp4c 数值求解 2.7 节所推导出的关于平板边界层速度分布的布拉休斯方程。二是要给出图 2 - 8 所示的柱体绕流的计算及绘图程序。

第 5 章应用程序

5.7.1 数值求解布拉休斯方程

5.6.2 小节给出了平板边界层的方程及其边界条件式(5-43)及式(5-44),由于其为关于两个变量的偏微分方程,依然不方便求得其解。2.7 节介绍了利用对其流函数进行量纲分析并无量纲化,得到了关于自变量 $\eta = x_2 \sqrt{\dfrac{U}{\nu x_1}}$ 的一般微分方程及其边界条件:

$$ff'' + 2f''' = 0 \qquad\qquad (2-16)$$

$$\text{壁面 } \eta = 0 : f(0) = f'(0) \ , \eta \to \infty : \frac{\mathrm{d}f}{\mathrm{d}\eta} = 1 \qquad (2-18)$$

求解此方程依然有一定难度,我们采用如下调用 MATLAB 内置的数值求解带边界条件的一般微分方程程序 bvp4c 可方便求得其解并图示如下。程序命令后面加了注释帮助理解,这里仅对将三阶微分方程写成 MATLAB 的一阶微分方程组的标准型作一说明,即对式(2-16)采用程序中所用的符号可改写成如下的方程组,另程序中用 x 替代了 η

$$f = y(1)$$

$$f' = y(2) = \frac{\mathrm{d}f}{\mathrm{d}\eta}$$

$$f'' = y(3) = \frac{\mathrm{d}y(2)}{\mathrm{d}\eta} = \frac{\mathrm{d}^2 f}{\mathrm{d}\eta^2}$$

$$f''' = -0.5 y(1) y(3)$$

```
clc
clear
x = linspace(0,8,50);
pdfsyms = @(x,y)[y(2);y(3); -0.5 * y(1) * y(3)];      % 按标准型求解 pdf 函数系统
bdryConds = @(ya,yb)[ya(1);yb(2) -1;ya(2)];           % 定义边界条件,ya 起始边界,
                                                        yb 终端边界

solinit = bvpinit(x,[0 1 0]);                          % 按 x 大小初始化需求解函数 f,
                                                        f′,f″

f = bvp4c(pdfsyms,bdryConds,solinit)                   % 调内置函数数值求解未知函数
y = deval(f,x);                                         % 按 x 大小提取数值求解结果

% 作图
plot(x,y(2,:),'k-')
```

```
hold on
plot(x,y(3,:),'r-.')
ylabel('f')
xlabel('\eta')
legend('df/d\eta','d^2f/d\eta^2')
grid on
```

数值求解得 f', f'' 和 η 的函数关系如图 5-15 所示。

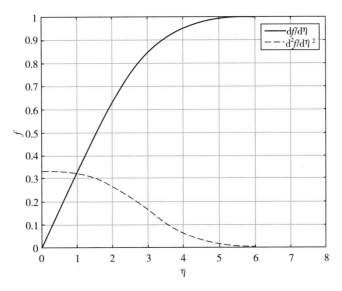

图 5-15　MATLAB 编程求得的布拉修斯方程数值解

5.7.2　柱体绕流速度矢量场的计算与绘制

5.4.5 小节中图 5-8 所示理想流体柱体绕流的速度矢量图及压力云图的绘制程序如下。

```
% 计算并画出理想流体柱体绕流的速度矢量图及压力云图
clear                    % 清除之前工作区所有变量
clc
r0 = 1;                  % cylinder radia
U = 0.5;
den = 1000;

% % 空间划分并计算速度分布
X = -5:0.05:5;
```

```
Y   = - 3:0.05:3;
[x,y] = meshgrid(X,Y);
r = sqrt(x. * x + y. * y);
sita = atan(y. /x);

%根据式(5 - 33)计算极坐标下速度
Ur = U * cos(sita). * (1 - r0 * r0. /r. /r);
Us = - U * sin(sita). * (1 + r0 * r0. /r. /r);

%极坐标速度转换为直角坐标速度
Ux = Ur. * cos(sita) - Us. * sin(sita);
Uy = Ur. * sin(sita) + Us. * cos(sita);

% %由式(5 - 34)计算压力分布
p = den/2 * U * U. * (1 - 4 * sin(sita). * sin(sita));
T = r>1;
Ux = Ux. * T;
Uy = Uy. * T;
p   = p. * T;

% % 使用两个子图分别作速度矢量图及压力云图
figure(1)                % 调出一绘图框
clf                      % 擦掉之前的图形,反复作图时用
subplot(1,2,1)           % 产生 1 行 2 列的子图并绘制左边第一幅上绘图
quiver(x,y,Ux,Uy);       % 作速度矢量图
axis equal
axis([ - 5 5 - 3 3])
xlabel('x(m)')
ylabel('y(m)')           % x,y 坐标轴名称及单位标注
title('A Vectors of unifrom flow pass a cylinder')   % 加上标题
subplot(1,2,2)           % 在 1 行 2 列的子图上绘制右边的图
contourf(x,y,p,'LineStyle','none')
L = colorbar;
L. Label. String = ' Pressure(Pa)';
axis equal
xlabel('x(m)')
ylabel('y(m)')           % x,y 坐标轴名称及单位标注
title('B Pressure of unifrom flow pass a cylinder')   % 加上标题
```

思考练习题

5.1　试对式(5-2)求旋度,在直角坐标系下展开证明其为零。

5.2　由流函数的定义式(5-7)证明其所确定的速度满足速度散度为零。

5.3　令 φ,ψ 为常数,试推导出螺旋线流的等势线方程为 $r=ce^{(\Gamma\theta/q)}$,流线方程为 $r=ce^{(q\theta/\Gamma)}$,式中 c 为一常数。

5.4　试推导偶极子流的速度流函数及势函数。

5.5　试推导出柱体绕流的速度分布公式,并给出沿柱体表面 $r=r_0$ 的速度。

5.6　试分析理想流体的 $0°\sim180°$ 的柱体绕流的压力系数的变化。

5.7　已知平面流动的流速分布为 $u_x=a,u_y=b$,其中 a,b 为常数。试求流线方程并画出若干条 $y>0$ 时的流线。

5.8　已知平面流动的流速场 $u=(4y-6x)t\,\vec{i}+(6y-9x)t\,\vec{j}$,试求 $t=1$ 时的流线方程并绘出 $x=0$ 至 $x=4$ 区间穿过 x 轴的 4 条流线图形。

5.9　已知平面流动的流速分布为 $u_x=-\dfrac{cy}{x^2+y^2},u_y=\dfrac{cx}{x^2+y^2}$,其中 c 为常数。试求流线方程并画出若干条流线。

5.10　不可压缩流体平面流动的速度势为 $\varphi=x^2-y^2+x$,求其流函数。

5.11　试用 MATLAB 画出 Rankine 绕流的速度矢量图及压力分布图。

5.12　将边界层的动量方程式(5-45a)化为关于流函数的微分方程式(5-47)。

5.13　根据湍流的速度分布式(5-40),试采用层流分析相类似的方法推导其边界层厚度、阻力系数和局部雷诺数的关系式(5-41)与式(5-42)。

Ⅱ 应用篇

　　从这一章开始,我们要用前面所学的流体力学的基本原理分不同的章节来——研究实际的流体力学问题,包括有压管道流、明渠流、堰流、渗流、可压缩气体的流动等。你将看到,在应用相同的基本原理的同时,也针对具体问题不同的特点引入了有针对性的一些新的概念,如管道流的沿程阻力系数、明渠流的断面比能、渗流的渗透系数、可压缩流动的激波等,帮助我们更好、更快捷地处理对应特定的问题。

第6章 不可压缩流体的有压管流

不可压缩流体的有压管流为在压力驱动下的满管流动,其典型代表为城市用水中的管道送水。这一章我们将学习为解决管道流的实际问题而引入的一些基本概念和方法,如管道流的沿程阻力系数的确定、管道流及管网的设计和计算,以及可能对管道及相关设施造成水力破坏的气化及水击的认识和预防等。

6.1 沿程水头损失及沿程阻力系数

管道流在流动的过程中要克服壁面摩擦及内部摩擦所带来的**沿程水头损失**(pipe-friction head loss),才能将预定流量的水送达目的地。一段长为 L、管径为 D、平均流速为 V 的输水管,其能量损失主要反映在所考虑管道两端的压力差 $\mathrm{d}p$ 上,我们将 $\mathrm{d}p$ 除以水的重度,得到一量纲为长度,物理意义为损失压力可使水上升高度的物理量,将其定义为**水头损失** h_f(head loss)。2.4 节已通过量纲分析推导出如式(6-1)所示的**沿程管道流水头损失公式**(pipe-friction equation),又被称为**达西-维斯巴赫公式**(Darcy-Weisbach formula)。

$$h_\mathrm{f}=\frac{\mathrm{d}p}{\rho g}=f\left(Re,\frac{e}{D}\right)\frac{L}{D}\frac{V^2}{2g}=\lambda\frac{L}{D}\frac{V^2}{2g} \qquad (6-1)$$

式中 g 为重力加速度;λ 为**沿程阻力系数**(friction factor),由量纲分析的推导过程可知其为管道内流动的雷诺数及管道的相对粗糙度的函数。由于管长、管径及平均流速等均是容易通过测量而得到的量,所以本章主要讨论如何确定沿程阻力系数。对特定的管道流问题,确定了阻力系数,就可方便地对能量损失作出估算,确定输送所需的动力。

6.2 雷诺实验及层流与湍流流态的揭示

实践及实验是许多重要知识的来源。英国工程师雷诺(Osborne Reynolds, 1842—1912)通过如图 6-1 所示的实验装置向我们清晰地展示了管道流有层流及湍流两种完全不同的流态,并且可以通过无量纲的雷诺数来判定其流态。

6.2.1 雷诺实验

通过调节出口附近的阀门来改变流量的大小,再往透明的管内注入红色示踪液来观察流动状态。当流速很小时,注入管中的红色液体保持平行于管道壁的一条直线向下游移动(见图6-1右上),说明流体内质点的运动非常规律地沿着平行于管壁的方向运动,我们称此种流动为**层流**(laminar flow)。由层流状态渐渐开大阀门,水流速度加快,红色踪线显示水流出现了波动(见图6-1右中),说明水流出现了一定的不稳定性。继续开大阀门,注入的红色示踪液迅速扩散至整个管道内,并被稀释至淡红色,说明管道内的流动发生了某种本质上的变化,除了平行于管壁的平均流动外,还有剧烈的垂直于平均流动的脉动,流速越大,此种横向的脉动掺混也愈强,我们将这种流态称为**湍流**或**紊流**(turbulent flow)。层流和湍流之间过渡的波动流态就称为**过渡流**(transitional flow)。

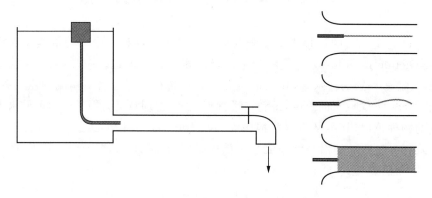

图6-1 雷诺实验及流态示意图

用高频的测速仪,比如说声学多普勒测速仪(ADV)测量管道中间的流速,在层流时为流速恒定的一条直线,如图6-2(a)所示;过渡流则如图6-2(b)所示,恒定的流速中出现了一些间断性的随机波动;湍流如图6-2(c)所示,流速在一定振幅及频率范围内的随机波动。不仅存在主流向流速的波动,还有其他方向的流速的波动。

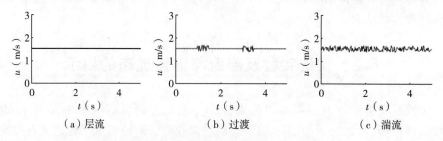

图6-2 管道流不同流态所测流速示意图

6.2.2　临界雷诺数

不同的流体、不同管径、不同流速的流动,有没有一个统一的标准可用来判定管道流由层流转化为湍流的流态呢? 这就是无量纲的**临界雷诺数**(critical Reynolds number)。由第 2 章相似准则的学习我们知道,雷诺数为流体流动时的惯性力和黏性力的比。层流时流动较慢,惯性力相对较弱,流体的黏性阻碍了流体质点的紊乱运动,此时雷诺数相对较小;而湍流流动较快,雷诺数则应较大。雷诺通过反复实验测量得知:①由层流转换为湍流的**上临界雷诺数**受入流的增长速率、管壁的光滑程度等影响较大,有一定的不确定性;②对于圆管来说,使用管径作为特征长度计算的管道流由湍流转变为层流的**下临界雷诺数**稳定在 2300 左右。

若不是圆管,比如说方形管道、未充满水的渠道如明渠流,如何取其特征长度呢? 为此定义了一个通用的如式(6-2)所示的被称为**水力半径**(hydraulic radius)的特征长度:

$$R = \frac{A}{P} \qquad (6-2)$$

式中 A 为断面面积,P 为**湿周**(wetting perimeter),其物理意义为断面上固体壁面和液体接触部分的总长度。充满液体的圆管湿周为其周长,水力半径为

$$R = \frac{\pi r^2}{2\pi r} = \frac{r}{2} = \frac{D}{4} \qquad (6-3)$$

即满管的圆管水力半径为其直径的 1/4。如计算雷诺数采用水力半径为特征长度尺度的话,则相应地其下临界雷诺数为 $2300 \times 1/4 = 575$。

6.3　管道层流的沿程阻力系数

研究有压管流的一个关键在于确定其沿程阻力系数。层流和湍流的阻力系数值是完全不同的,这节我们先研究层流的阻力系数。

6.3.1　有压管流层流的断面速度分布

稳定的圆管中的层流沿流向 x 轴方向流速不变,流速可看作仅为垂直于管道下壁面的 y 方向的函数 $u(y)$,y 轴正向垂直向上,而对管道流,采用由中心向外的 r 坐标更加方便。对所考虑的管道壁面来说,因 y 的正向和 r 的正向恰好相反,那么以 y 坐标表示的牛顿内摩擦定理写成 r 坐标系的表达式如下:

$$\tau = \mu \frac{\mathrm{d}u(y)}{\mathrm{d}y} = -\mu \frac{\mathrm{d}u(r)}{\mathrm{d}r} \overset{\text{式(4-59)}}{=} \gamma \frac{r}{2} J \tag{6-4}$$

式中最右边应用了 4.7.5 小节介绍的水头损失和壁面切应力的关系,其中 J 表示单位长度水头损失的水力坡度;水力半径 R 换作了圆管半径的一半;$\gamma = \rho g$ 为流体的重度。可见圆管层流的内部切应力是和半径 r 呈线性关系的。对式(6-4)最右边等号两边由管壁 $r = r_0$,$u(r_0) = 0$ 至半径为 $r(< r_0)$ 处定积分就得到层流的管道流的速度分布:

$$\int_{r_0}^{r} -\mathrm{d}u(r) = \int_{r_0}^{r} \gamma \frac{r}{2\mu} J \, \mathrm{d}r \Rightarrow u(r) = \frac{\gamma J}{4\mu}(r_0^2 - r^2) \tag{6-5}$$

这和 4.8.7 小节通过求解纳维尔-斯托克斯方程得到的结果是一致的。可见管道层流的速度分布为二次抛物线型,其在管道中心 $r = 0$ 处达到速度最大值 $\frac{\gamma J r_0^2}{4\mu}$。进一步对管道过流断面面积积分可得到管道层流的流量及平均流速:

$$Q = \int_A u(r) \, \mathrm{d}A = \frac{\gamma J}{4\mu} \int_0^{r_0} (r_0^2 - r^2) \, 2\pi r \mathrm{d}r = \frac{\gamma J}{8\mu} \pi r_0^4$$

$$V = \frac{Q}{A} = \frac{\gamma J}{8\mu} r_0^2 \tag{6-6}$$

可见平均流速恰为管道中心最大流速的一半。还可进一步通过积分求出圆管层流的动能及动量修正系数(思考练习题 6.1)。

6.3.2 有压管流层流的沿程阻力系数

将 $J = \dfrac{h_f}{L}$,$r_0 = \dfrac{D}{2}$,$\gamma = \rho g$ 带入式(6-6)变换后可得

$$h_f = \frac{\Delta p}{\gamma} = \frac{32\mu L V}{\rho g D^2} = \frac{64\mu}{V D \rho} \frac{l}{D} \frac{V^2}{2g} = \frac{64}{Re} \frac{l}{D} \frac{V^2}{2g} \overset{\text{式(6-1)}}{=} \lambda \frac{l}{D} \frac{V^2}{2g}$$

$$\lambda = \frac{64}{Re} \tag{6-7}$$

通过理论推导,我们得到了管道层流的水头损失公式及其水头损失系数的理论表达式。和我们在第 2 章通过量纲分析得到的达西-维斯巴赫公式是一致的,这不仅证明了之前量纲分析的合理性,更进一步明确:层流的沿程阻力系数 λ 和雷诺数成反比,与管壁粗糙度无关。

6.4 管道湍流的沿程阻力系数

湍流由于其压力及速度的随机脉动,使得其速度分布和层流完全不同。这节我们用类似上节研讨层流的方法先研究湍流的速度分布,进而求得管道湍流的沿程阻力系数。由于湍流的随机复杂性,解决湍流问题仅凭理论分析是不够的,辅之以基于实验的经验公式起着关键的作用。

6.4.1 雷诺平均及雷诺应力

湍流存在着高频的随机脉动,对于实际应用来说,研究跟踪这些脉动一是过于复杂,二是没有必要。多数情形下我们只要知道速度及压力的时间、空间或**系综平均**(ensemble average),即相同条件下的多次实验平均,以及其脉动对流动影响的整体效应就行了,这就是我们本节要讨论的雷诺平均及雷诺应力。可以证明恒定流的时间平均及均匀流的空间平均和系综平均是等效的。由于系综平均更具有一般性,适用于非恒定及非均匀流,下面我们就以系综平均为例来说明**雷诺平均**(Reynolds average)的概念。雷诺根据实验提出:湍流中的任意一个物理量都可表示成其平均值和均值为零的脉动值之和,以速度、压力为例,即

$$u_i = U_i + u_i', \; p = P + p' \tag{6-8}$$

式中下标 i 表示速度矢量的分量方向,小写字母表示瞬时值,大写字母表示平均值,小写字母右上方带一撇号表示在平均值基础上的随机脉动值。以数学式定义速度的系综平均值如下:

$$U(x_i, t) = \lim_{N \to \infty} \frac{1}{N} \sum_{n=1}^{N} u^n_{(x_i, t)} \tag{6-9}$$

式中上标 n 表示相同实验条件下第 n 次实验所获得的测量值。将式(6-8)带入不可压缩的牛顿流体的动量方程式(4-42),对方程两边同取雷诺平均,化简后可得**雷诺平均的纳维尔-斯托克斯方程**(Reynolds average Navier-Stokes equations/RANS)

$$\frac{\partial(\rho U_i)}{\partial t} + \frac{\partial}{\partial x_j}(\rho U_i U_j + \rho \overline{u_i' u_j'}) = \rho g_i - \frac{\partial P}{\partial x_i} + \mu \frac{\partial^2 U_i}{\partial x_j \partial x_j} \tag{6-10}$$

式中上面加横杆表示对其取雷诺平均。和原方程相比,就是在等号左边第二项的随流输运项里多了个 $\rho \overline{u_i' u_j'}$,其物理意义为 j 方向的脉动速度 u_j' 对单位体积的流体沿 i 方向的脉动动量 $\rho u_i'$ 搬运的平均效应,各个坐标轴方向各有三项,共有九项,为

二阶张量。由于理论上还没有好的方法对其做出准确的预测,现在湍流研究主要是根据实验建立模型并依据可理论计算的平均量对其做出预测。有许多湍流模型,这里主要介绍涡黏度模型。将 $\rho\overline{u_i'u_j'}$ 移至等号右边最后一项,和牛顿内摩擦力的黏性力项放在一起得

$$\frac{\partial(\rho U_i)}{\partial t} + \frac{\partial}{\partial x_j}(\rho U_i U_j) = \rho g_i - \frac{\partial P}{\partial x_i} + \frac{\partial}{\partial x_j}\left(\mu\frac{\partial U_i}{\partial x_j} - \rho\overline{u_i'u_j'}\right) \qquad (6-11)$$

这是因为 $-\rho\overline{u_i'u_j'}$ 和流体内部黏性切应力(牛顿应力)的量纲是一致且皆为二阶对称张量,所以在数学上可以放在一起处理。我们称 $-\rho\overline{u_i'u_j'}$ 为雷诺应力(Reynolds stress)或**湍流应力**(turbulence stress),反映的为湍流脉动速度对雷诺平均流场的作用。

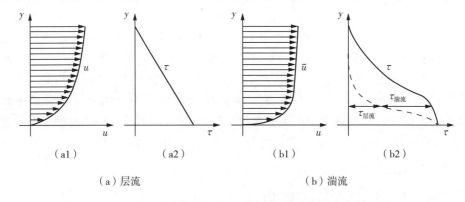

（a1）　　　　　　（a2）　　　　　　（b1）　　　　　　（b2）

（a）层流　　　　　　　　　　（b）湍流

图 6-3　层流及湍流壁面边界层的典型均速及切应力剖面图

实验测量的层流及湍流的靠近固体壁面的速度分布及内部切应力的如图 6-3 所示。图 6-3(a1)(a2)分别为层流的速度及对应的切应力图。层流的速度如 6.3 节所述呈抛物线分布,而其切应力则和壁面距离 y 为线性关系。图 6-3(b1)(b2)分别表示湍流的速度分布及其对应的切应力分布图。我们看到湍流靠近壁面($y\to$ 0)的**黏性底层**(viscous sublayer)内,存在较大的速度梯度,对应的内部切应力以层流的牛顿应力为主;而在远离壁面的**外部湍流层**(outer turbulent layer),平均速度的梯度变化较小,其内部切应力以湍流的雷诺应力为主;在二者之间存在雷诺应力和牛顿应力相当的**重叠层**(overlap layer)过渡区域。如果可以找到确定的湍流壁面速度分布规律,就可和前节的层流一样求得管道流的平均速度及其对应的沿程阻力系数。

6.4.2　湍流的壁面速度分布律

由于湍流的复杂性,没有一个统一的式子可以表示湍流的壁面速度分布,根据

量纲分析和实验,以壁面切应力 τ_w 如式(6－12)定义的**阻力速度**(drag velocity)或**剪切速度**(shear velocity)为比尺速度,得到的湍流平均流速在靠近固体壁面的不同区域的如下**壁面分布律**(wall law)

$$u^* = \sqrt{\frac{\tau_w}{\rho}} \tag{6－12}$$

1. **黏性底层**(viscous sublayer)

在 $y^+ = \dfrac{yu^*}{v} < 5$ 时,非常靠近壁面的黏性底层内,由牛顿内摩擦定理可推导出速度分布满足(思考练习题 6.4)

$$u^+ = \frac{U(y)}{u^*} = y^+ = \frac{yu^*}{v} \tag{6－13}$$

式中 y 为流场中垂直于主流向到固体壁面的距离。可见黏性底层内速度随着壁面距离线性增长。

2. **对数层**(log layer)

如图 6－4 所示,在黏性底层和对数层的过渡区($5 \leqslant y^+ \leqslant 30$)之外,即 $y^+ > 30$ 时,根据实验观察,湍流的脉动速度 u_x',u_y' 是和速度梯度 $\dfrac{du}{dy}$ 成正比的,它们之间量纲不一致,还差一个长度尺度,普兰特假设了一个被称为**混合长度**(mixing length)的 $l = \kappa y$,式中卡门常数 κ 需通过实验所确定,根据如下简单推导就得到雷诺平均速度在靠近壁面但在黏性底层及过渡层之外所满足的对数分布律:

$$\bar{\tau}_2 = -\rho \overline{u_x'u_y'} = \rho l^2 \left(\frac{du}{dy}\right)^2 = \rho \kappa^2 y^2 \left(\frac{du}{dy}\right)^2$$

$$du = \frac{1}{\kappa}\sqrt{\frac{\tau_0}{\rho}}\frac{dy}{y}$$

$$\frac{u}{u^*} = \frac{1}{\kappa}\ln y + c \tag{6－14}$$

式中 c 为积分常数。

3. **外层**(outer layer)

在出了对数层的外部湍流层,平均速度分布满足

$$\frac{U_x - u(y)}{u^*} = f\left(\frac{y}{\delta_x}\right) \tag{6－15}$$

式中 U_x 为沿流向 x 处的边界层外部的流速;δ_x 为该处边界层的厚度。

实验告诉我们,对于一般直管道的湍流流动来说,只要不存在反向的压力梯

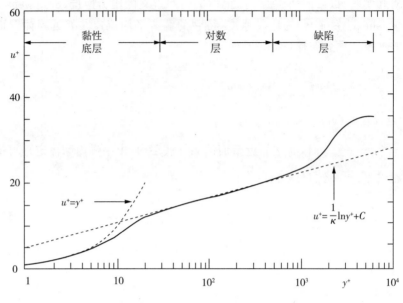

图 6-4　湍流壁面速度分布的墙面律

度,黏性底层外至管道中心处的速度均满足对数分布律。

6.4.3　水力光滑区

　　水力光滑及下一小节要讨论的水力粗糙均为和流动速度相关的相对的概念。设管道的壁面粗糙度为 e,如果 $\dfrac{u^* e}{\nu} < 5$,我们可以认为其处于**水力光滑区**(hydraulic smooth zone),如图 6-5(a)所示,此时黏性底层的厚度 δ 大于粗糙度高度 e,壁面粗糙度对流动影响不大,应用壁面对数分布律式(6-14),采用阻力速度对壁面距离 y 无量纲化可得

$$u^+ = \frac{1}{\kappa}\ln y^+ + B \tag{6-16}$$

通过实验确定式中卡门常数 κ 为 0.41,B 为 5.5。

　　和前面推导层流的阻力系数类似,积分求管道流的平均流速为

$$V = \frac{Q}{A} = \frac{\int_0^{r_0} u2\pi r\mathrm{d}r}{\pi r_0^2} \Rightarrow \frac{V}{u^*} \approx 2.5\ln\frac{r_0 u^*}{\nu} + 2$$

应用第 4 章 4.4.7 所推导的水头损失和壁面切应力的关系式(4-59)得

$$\tau_0 = \gamma RJ = \gamma R\frac{h_\mathrm{f}}{l} = \rho g\frac{D}{4}\frac{\lambda}{D}\frac{V^2}{2g} = \frac{\lambda\rho V^2}{8} \Rightarrow \frac{V}{u^*} = \sqrt{\frac{8}{\lambda}}$$

进而可推得

$$\frac{1}{\sqrt{\lambda}} = 2\log\left(\frac{Re\sqrt{\lambda}}{2.51}\right) \qquad (6-17)$$

可见对于处于水力光滑区的管道来说,其阻力系数仅为流动雷诺数的函数,和壁面粗糙度无关。

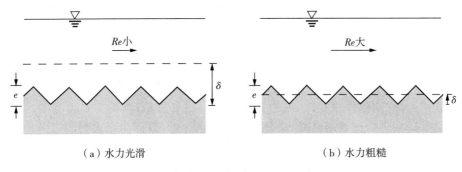

（a）水力光滑　　　　　　　　（b）水力粗糙

图 6 - 5　水力光滑及水力粗糙示意图

6.4.4　水力粗糙区

如果 $\dfrac{u^* e}{\nu} > 70$,这时如图 6 - 5(b)所示,黏性底层的厚度 δ 小于壁面粗糙度 e,黏性底层对流动阻力的影响不大,我们可以认为其处于**水力粗糙区**(hydraulic rough zone)。应用壁面对数分布律式(6 - 14)时,我们采用壁面粗糙度对壁面距离 y 无量纲化,并通过实验确定其积分常数如下:

$$\frac{u}{u^*} = 2.5\ln\frac{y}{e} + 8.48 = 5.75\log\frac{y}{e} + 8.48 \qquad (6-18)$$

积分求管道流的平均流速:

$$V = \frac{Q}{A} = \frac{\int_0^{r_0} u2\pi r\mathrm{d}r}{\pi r_0^2} \Rightarrow \frac{V}{u^*} = 2.44\ln\frac{D}{e} + 3.2$$

带入式(6 - 16)推得

$$\frac{1}{\sqrt{\lambda}} = 2\log\frac{3.7D}{e} \qquad (6-19)$$

处于水力粗糙区的管道,其阻力系数仅为相对粗糙度 D/e 的函数,和流动的雷诺数无关。

6.4.5　水力过渡区

当 $5 < \dfrac{u^* e}{\nu} < 70$ 时，管道流的阻力既与壁面粗糙度 e 有关，又和流动的雷诺数相关。我们称此区间为**水力过渡区**（hydraulic transitional zone）。1939 年，美国工程师柯列勃洛克（Colebrook）将水力光滑区的阻力系数公式（6-17）与水力粗糙区的阻力系数公式（6-19）结合起来，给出了适合于管道流水力光滑、水力粗糙及过渡区的统一估算公式

$$\frac{1}{\sqrt{\lambda}} = -2\log\left(\frac{2.51}{Re\sqrt{\lambda}} + \frac{e}{3.7D}\right) \tag{6-20}$$

由此式可见，在粗糙度很小时，右边括号内第二项可忽略，其即为水力光滑区的计算式（6-17）；当雷诺数很高时，括号内第一项可忽略，其即为水力粗糙区的计算式（6-19）。常见管道材料的粗糙度如表 6-1 所示。

表 6-1　常见新的商用管材的粗糙度（White，1994）

管材	粗糙度 e（mm）	误差范围（%）
不锈钢	0.002	60
铸铁	0.26	50
铜	0.002	50
塑料	0.0015	60
玻璃	平滑	
平滑水泥	0.04	60
粗糙水泥	2.0	50
木头	0.5	40

6.5　理论和实验的一致性：莫迪图及尼古拉兹实验

尽管有管道流阻力系数的计算公式（6-7）、式（6-17）、式（6-19）、式（6-20），但在工程应用中不方便，因为实际的管道流大都为湍流，而水力光滑及过渡区的计算公式的两边均有阻力系数，还得用迭代法等求解，在计算机普及之前，这是非常麻烦的事。于是美国工程师莫迪在 1944 年根据式（6-20）绘制了著名的莫迪图（Moody chart），使我们根据雷诺数及相对粗糙度就可快速方便地查出阻力系数。

另一方面,普兰特的学生尼古拉兹(Nikuradse)在 1933 年就发表了根据量纲分析指导下的实验管道流阻力系数和雷诺数及相对粗糙度的关系图,二者显示出了惊人的一致性,向我们生动地展示了实验及理论分析均为我们探索未知的有效途径。

6.5.1 莫迪图

根据 6.4 节所讨论的公式而绘制的莫迪图如图 6-6 所示。这是一张三坐标轴图,横轴以对数坐标表示管道流的雷诺数,右边的纵轴表示相对粗糙度,而左边的纵轴表示阻力系数。使用此图时,首先根据雷诺数及相对粗糙度确定图上的一点,然后由此点水平地移动至左边纵轴所对应的数值即为该流动对应的阻力系数值。

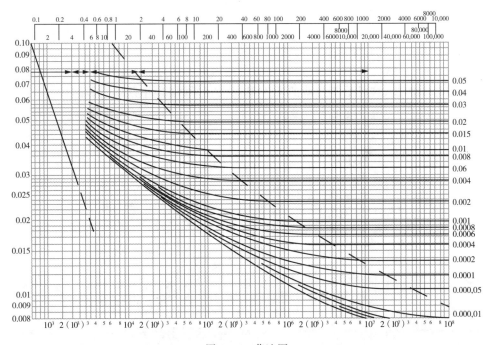

图 6-6 莫迪图

由莫迪图可清楚地看出阻力系数的五个性质不同的分区。

(1)**层流区**(laminar-flow zone):为图中最左边的那条随雷诺数而快速下降的直线,反映了阻力系数和雷诺数成反比的式(6-7),其应用范围为 $Re < 2300$。

(2)**水力光滑区**(hydraulic smooth zone):为图中左下方表示不同相对粗糙度管道阻力系数在中间向上弯曲汇聚的部分。不同粗糙度的管道的阻力系数在一定的范围内随着雷诺数的增大以比层流较缓的速率减小。粗糙度越小,对应的水力光滑区的雷诺数范围及上限越大。对一定粗糙度的管道,其内流动的雷诺数在水力光滑区继续增大,就进入了水力粗糙区。

(3)**水力粗糙区**(hydraulic rough zone):为图中虚线右边的水平线部分,反映了此时管道流的阻力系数在进入粗糙区的范围后不受雷诺数的影响,而仅仅为粗糙度的函数,如式(6-19)所示。

(4)**层流湍流过渡区**(critical zone):图中 $2000 < Re < 4000$ 部分,由于此时流动不稳定,难以预测,设计管道流时,一般要避开此区域。

(5)**水力光滑粗糙过渡区**(transition zone):为图中水力光滑区和虚线之间的部分,此区间阻力系数如式(6-20)所示,既是雷诺数的函数又是相对粗糙度的函数。

6.5.2 尼古拉兹实验

由第 2 章的量纲分析我们知道,管道流的沿程阻力系数为雷诺数及管壁相对粗糙度的函数。那么按管壁粗糙度由小至大的顺序,对每种粗糙度的管道在由层流至湍流的范围内进行实验测定对应的沿程阻力系数,应能得到类似莫迪图的阻力系数分布曲线,这正是普兰特的学生尼古拉兹所做的,并且早于莫迪图 11 年就发表了如图 6-7 所示的尼古拉兹实验曲线。

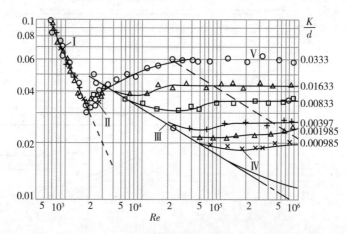

图 6-7 尼古拉兹实验曲线

我们看到其和莫迪图有着高度的一致。在图中左边标为Ⅰ的层流区,不同粗糙度的管道的阻力系数服从相同的随 Re 增大而线性减小的规律。在标为Ⅱ的层流湍流过渡区,显示了阻力系数随雷诺数增大而增大的趋势。在标为Ⅲ的水力光滑区,不同粗糙度的管道的阻力系数服从相同的规律,以比层流缓的速率随雷诺数的增大而减小。在标为Ⅳ的水力光滑粗糙过渡区,阻力系数既是雷诺数又是相对粗糙度的函数。在标为Ⅴ的水力粗糙区,沿程阻力系数仅为相对粗糙度的函数。

6.6　局部水头损失

前面所分析的均为平直的管道中恒定流动的水头损失,实际的管道流还有诸如管径的改变、弯管、阀门、滤网等带来的能量损失。这些能量损失的原因有管道的突然变化所带来的涡动使部分动能转化成为热能,弯道处还有因离心力所引起的二次流,即垂直于主流向的流动所带来的能量损失。

这些因管道的局部突变所带来的能量损失我们统称为**局部水头损失**(minor head loss)。一般我们也以直道流的速度水头来衡量局部能量损失的大小,即

$$h_m = \frac{\Delta p_m}{\gamma} = \zeta \frac{V^2}{2g} \qquad (6-21)$$

式中 h_m 表示局部水头损失;ζ 为无量纲的局部水头损失系数。由于带来局部能量损失流动的复杂性,除了特殊的突然扩大管可以通过理论分析求得其局部水头损失系数外,绝大多数情形下,需通过实验确定局部水头损失系数。

6.6.1　突然扩大、收缩管的局部水头损失

对于管径突然扩大的管道流,在管径变化处附近的总水头线及测压管水头线示意图如图 6-8 所示。总水头线在管径变粗后不远的范围内有明显的非线性下降,这部分的水头损失即为突然扩大管的局部水头损失 h_m。进一步观察图 6-8 中粗管的流动示意图,可见这局部水头损失是由于在粗管和细管连接的角部产生的涡流所带来的。测压管水头线显示粗管和细管连接的角部的涡流扰动区为低压区,其间粗管中心的流速逐渐减小至恒定流速,对应内部的压力也渐渐升至正常压力,其后测压管水头线平行于总水头线渐渐下降。总的来说,局部水头产生的这段区域为负压区,即下游的压力比上游要大,流动需克服额外的压力阻力而向前流动,这就产生了局部水头损失。

对于突然扩大管,我们可以对如图 6-8 所示的粗管 1,2 断面应用伯努利方程及动量方程推导出其局部水头损失系数。设 1,2 断面的压力分别为常量 p_1,p_2,由伯努利方程得

$$z_1 + \frac{p_1}{\rho g} + \frac{\alpha_1 V_1^2}{2g} = z_2 + \frac{p_2}{\rho g} + \frac{\alpha_2 V_2^2}{2g} + h_m$$

$$h_m = \left(z_1 + \frac{p_1}{\rho g}\right) - \left(z_2 + \frac{p_2}{\rho g}\right) + \frac{\alpha_1 V_1^2 - \alpha_2 V_2^2}{2g} \qquad (6-22)$$

进一步应用动量方程

$$p_1 A_2 - p_2 A_2 + \rho g A_2 (z_2 - z_1) = \rho Q (\beta_2 V_2 - \beta_1 V_1)$$

这里假设了 1 断面的压强恒定为细管内的压强,两边同除以 $\rho g A_2$ 整理可得

$$\left(z_1 + \frac{p_1}{\rho g}\right) - \left(z_2 + \frac{p_2}{\rho g}\right) = \frac{V_2}{g}(\beta_2 V_2 - \beta_1 V_1)$$

设动能、动量修正系数均为 1,带入式(6-22)整理得

$$h_m = \frac{(V_1 - V_2)^2}{2g} \overset{V_1 A_1 = V_2 A_2}{=} \left(1 - \frac{A_1}{A_2}\right)^2 \frac{V_1^2}{2g} = \zeta_1 \frac{V_1^2}{2g} \Rightarrow \zeta_1 = \left(1 - \frac{A_1}{A_2}\right)^2 \quad (6-23)$$

特别地,当 A_2 远大于 A_1 时,也即细管道流流入巨大水体时,水头损失系数为 1。

　　如果要缩小突扩管的局部水头损失,可以考虑在一段区间内使用管径渐渐扩大的渐扩管,使每一小段内管径断面积的比接近于 1。从物理上来说,减小图 6-8 中管径突变区的角部涡动区域和负压区,即可有效降低其局部水头损失。

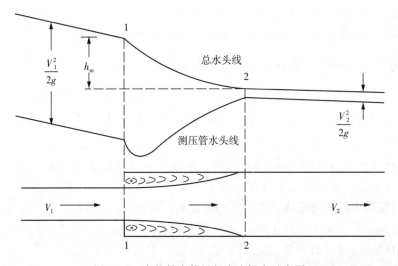

图 6-8　突然扩大管局部水头损失示意图

　　对于管径突然缩小的管道流,其在管径变化处附近的总水头线及测压管水头线示意图如图 6-9 所示。其总水头线在管径变化处特别是变细后有一明显的下降,这部分的水头损失即为突然缩小管的局部水头损失。进一步观察图中下部管道中的流动示意图,可见这局部水头损失是由于在粗管和细管连接的角部产生的扰动及细管内在连接处的射流收缩的涡流所带来的。再观察其测压管水头线,可见细管在射流恢复至管道内均匀流的这一段和管径扩大管的流动是十分相似的,存在一涡流扰动的低压区,对应内部的压力也渐渐升至正常压力,其后测压管水头

线平行于总水头线渐渐下降。局部水头也主要是在这段负压区产生的。

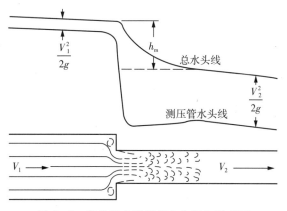

图 6-9　突然缩小管局部水头损失示意图

直角突然缩小管,其局部水头损失系数有如下经验计算公式

$$\zeta = 0.5\left(1 - \frac{A_2}{A_1}\right) \tag{6-24}$$

式中 A_1 为粗管管径,A_2 为细管管径。计算水头损失时,用细管的平均流速计算速度水头。特别地,如果由巨大的水体流入直角的管道中,水头损失为 0.5 个速度水头。如果要减小入口水头损失,可考虑采用由大变小的圆角入口,可使水头损失系数下降至原来的1/10左右。

6.6.2　弯管、阀门等的局部水头损失

弯管、阀门所带来的局部水头损失很难从理论上进行准确的预测,一般厂家会提供根据实验所确定的局部水头损失系数供参考。阀门全开时的阻力系数随着阀门的种类、大小的不同而不同,球阀较高可达到 10 左右,单向阀为 3 左右,门阀较小,一般小于 1。弯管的阻力系数随着方向改变的增加而增加,45°时在 0.3 左右,180°可达到 1 左右。弯管阀门等的阻力系数一般均随着尺寸增加而减小。

6.7　短管及长管的水力计算

并没有绝对的长度来区分短管、长管。对一管道系统来说,如果局部水头损失不可忽略,为短管;反之则为长管。对短管我们得计算沿程及局部水头损失,而对长管则只需计算沿程水头损失就可以了,且为了计算方便,还和电路类比引入了比阻和阻抗的概念。

6.7.1 短管水力计算

短管水力计算可直接应用伯努利方程求解，如求水头损失或作用水头、流量及管径等实际问题（参见 6.10.3 小节）。对于求流量，如果已知有效作用水头 H、管径 D、沿程阻力系数 λ 及局部阻力系数 ζ，则不论对自由出流还是淹没出流，都可由下式直接求出流速：

$$H = \frac{\alpha V^2}{2g} + h_1 = \frac{\alpha V^2}{2g} + \sum h_{\mathrm{f}} + \sum h_{\mathrm{m}} = \left(\alpha + \sum \lambda \frac{l}{d} + \sum \zeta \right) \frac{V^2}{2g}$$

$$V = \frac{1}{\sqrt{\alpha + \lambda \dfrac{l}{D} + \sum \zeta}} \sqrt{2gH} \qquad (6-25)$$

然后乘以面积就得到流量。

如果只知道水头损失 h_{f}、管径 D 及管道粗糙度 e，求流量有一定的麻烦，因为 λ 和雷诺数相关，知道流速之前，雷诺数是不知道的。有两个办法解决这个问题，一是迭代求解，参见 6.10.3 小节，先假设处于水力粗糙区（因为大多数实际管道流为湍流），根据相对粗糙度定下初步的 λ_1，再应用达西-维斯巴赫公式求得流速 V_1；求雷诺数并和相对粗糙度一起确定新的 λ_2，再求新的流速 V_2；如此迭代至速度收敛为止，一般 2 至 3 次即可达到收敛。美国 Frank White 的流体力学教材推荐了一种无须迭代的方法，新设一无量纲变量：

$$Z = \frac{gD^3 h_{\mathrm{f}}}{L v^2} = \frac{\lambda R^2 e}{2} \qquad (6-26)$$

水头损失系数计算公式(6-20)可化为

$$Re = -(8Z)^{1/2} \log \left(\frac{e/D}{3.7} + \frac{1.775}{\sqrt{Z}} \right) \qquad (6-27)$$

求得雷诺数，进而求得流速、流量（参见 6.10.3 小节中应用 1）。

由于管径和确定阻力系数的雷诺数及相对粗糙度均相关，管径的求解较麻烦，需采用迭代或调用 MATLAB 内置函数求解（参见 6.10.3 小节中应用 3）。

6.7.2 长管及其串并联

长管是指局部水头损失可以忽略不计的较长的管道。假设这里讨论的管道为管径及流量均不改变的简单管道。为了方便计算应用，忽略局部水头损失，作用水头 H 等于沿程水头损失，对达西-维斯巴赫公式做如下变换：

$$H = h_f = \lambda \frac{L}{D} \frac{V^2}{2g} = \frac{8\lambda}{g\pi^2 D^5} lQ^2 = aLQ^2 = sQ^2 \qquad (6-28)$$

$$a = \frac{8\lambda}{g\pi^2 D^5}, \quad s = aL \qquad (6-29)$$

和电路类比,我们定义 $s = aL$ 为管道的阻抗, a 为单位长度管道的**阻抗**,称之为**比阻**,那么水头类似于电压,而流量的平方类似于电路的电流。

管道流的计算也可应用基于明渠流的平均流速的经验公式 —— **曼宁公式**(Manning's formula):

$$V = \frac{1}{n} R^{2/3} J^{1/2} \qquad (6-30)$$

式中 $R = D/4$ 为水力半径; J 为水力坡度; n 为反映渠道内部粗糙度的无量纲数**曼宁系数**(Manning's coefficient),又被称为粗糙系数。由式(6-28)～式(6-30)可得比阻与曼宁系数及管径的关系为

$$a = \frac{10.3 n^2}{D^{5.33}} \qquad (6-31)$$

式中管径 D 的单位取 m,由式(6-29)可知 a 的单位为 s^2/m^6。在曼宁系数为 0.013 时不同管径的商用铸铁管的比阻 a 值见表 6-2 所列。

表 6-2　商用铸铁管比阻速查表(张维佳,2008)

D(mm)	$a(s^2/m^6)$, $n = 0.013$
75	1740
100	375
125	113
150	43.0
200	9.30
250	2.83
300	1.07
350	0.471
400	0.230
450	0.123
500	0.0702

由表 6-2 可见,铸铁管的比阻随着管径的增加而迅速减小。

和电路一样，直径不同的管段顺序连接起来的管道称**串联管道**（pipe in series）。串联管道的总水头损失等于各段水头损失之和：

$$h_{\mathrm{f}} = \sum h_{\mathrm{f}i} = \sum a_i l_i Q_i^2 = \sum s_i Q_i^2 \tag{6-32}$$

式中的 Q 可包含连接节点由流量进出所带来的各段的 Q 的不同。当节点无分流时，通过各管段的流量相等，管道系统的总阻抗 s 等于各管段阻抗之和，即

$$h_{\mathrm{f}} = s Q^2 = Q^2 \sum_{i=1}^n s_i \tag{6-33}$$

两节点之间首尾并接两根及两根以上的管道系统称为**并联管道**（pipe in parallel）。和并联电路的电压一样，并联管道的各管段水头损失相等且等于系统总损失，设有三根并联管道，则

$$h_{\mathrm{f}1} = h_{\mathrm{f}2} = h_{\mathrm{f}3} = h_{\mathrm{f}}$$

$$s_1 Q_1^2 = s_2 Q_2^2 = s_3 Q_3^2 = s Q^2 \tag{6-34}$$

若各管段及节点无其他分量流出，$Q = Q_1 + Q_2 + Q_3$，可进一步推导出

$$\frac{Q_i}{Q_j} = \sqrt{\frac{s_j}{s_i}} , \quad \frac{1}{\sqrt{s}} = \frac{1}{\sqrt{s_1}} + \frac{1}{\sqrt{s_2}} + \frac{1}{\sqrt{s_3}} \tag{6-35}$$

也即并联管道根号下的总阻抗和并联电路的电阻有相同的规律。

6.7.3　沿程均匀泄流管道

通过管道流出的流量称为**通过流量**或传输流量。有些应用比如说农业灌溉，水流由管道壁面的开孔沿途泄出，该流量称为**途泄流量**。这里我们讨论一种特殊的沿途泄流，即泄流管道各处的泄流量相等的均匀泄流管道，可以应用微积分来解决此类连续且均匀变化的问题。

如图 6-10 所示，设沿程均匀泄流管段长度为 l，直径为 D，通过流量为 Q_{p}，总途泄流量为 Q_{s}。应用微积分分析解决问题典型的二步法。第一步是微分：在距开始泄流任意断面 x 处取微元长度 $\mathrm{d}x$，该处流量为 $Q_x = Q_{\mathrm{p}} + Q_{\mathrm{s}} - \dfrac{Q_{\mathrm{s}}}{l}x$，该段的水头损失应用式（6-28）为

$$\mathrm{d}h_{\mathrm{f}} = a\,\mathrm{d}x\,Q_x^2 = a\left(Q_{\mathrm{p}} + Q_{\mathrm{s}} - \frac{Q_{\mathrm{s}}}{l}x\right)^2 \mathrm{d}x$$

第二步是积分：假定比阻 a 为常数积分得

$$h_f = \int_0^l dh_f = al\left(Q_p^2 + Q_p Q_s + \frac{1}{3}Q_s^2\right) \qquad (6-36)$$

上式即为本问题的答案了。下面考虑其一些简化类型，以方便应用。若管段无通过流量，全部为途泄流量，则

$$h_f = \frac{1}{3}alQ_s^2 \qquad (6-37)$$

式(6-36)还可近似地表达为

$$h_f = al\ (Q_p + 0.55Q_s)^2 = alQ_c^2 \qquad (6-38)$$

式中 $Q_c = Q_p + 0.55Q_s$，我们称之为**当量流量**或**折算流量**，也即计算均匀泄流管的水头损失时等同于没有泄流的假设流量。

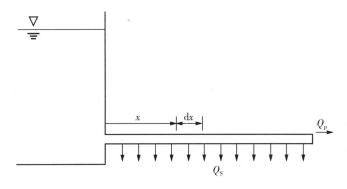

图 6-10　沿程均匀泄流管道示意图

6.8　管网基础

具有分支结构的管道系统称为**管网**（pipe networks）。管网可分为枝状管网及环状管网。由多条串联而成的具有分支结构的管道系统称为**枝状管网**（branch system）。从水源到被称为**控制点**的最远点且通过的流量为最大的管道部分被称为**干管**。从水源到控制点的总水头为

$$H = \sum h_f + H_s + z_0 - z_t \qquad (6-39)$$

式中 H 为水源的总水头（水塔高度），H_s 为控制点的最小服务水头，h_f 为干管各段水头损失，z_0 为控制点地形标高，z_t 为水塔处地形标高。

环状管网（gridiron system）指多条管段互连成闭合形状的管道系统。城市供

水系统一般均为环状管网,和枝状管网比较起来其具有供水稳定性高的优点。设计环状管网时,一般需计算各管段流量、直径与水头损失。环状管网上管段数 n_p、环数 n_l 以及节点数 n_j 之间存在着如下关系:

$$n_p = n_l + n_j - 1 \qquad (6-40)$$

每个管段均有流量 Q 和管径 D 两个未知数,因此整个管网共有未知数 $2n_p = 2(n_l + n_j - 1)$ 个。进行水力计算时,我们可利用的条件有:

(1)连续性条件。在每个节点 i 上有

$$\sum Q_i = 0 \qquad (6-41)$$

(2)水头损失条件。根据并联管道两节点间各支管水头损失相等的原则,对于任何一个闭合环,由某一个节点沿两个方向至另一个节点的水头损失相等。在一个环内,若设顺时针水流引起的水头损失为正,逆时针水流引起的水头损失为负,对于该环则有

$$\sum h_f = \sum a_i l_i Q_i^2 = 0 \qquad (6-42)$$

实际应用时,一般采用循环迭代的**克罗斯法**(the Cross method),具体步骤如下(参见本章 6.10.6 小节):

(1)根据连续性条件式(6-41)初步分配各管段流量,顺时针正,逆时针负,使闭合差为零。

(2)按分配的流量计算各管环的水头损失,检查是否满足式(6-42),不满足则如下计算校正流量 ΔQ。

$$\sum_i h_{fi} + \Delta h_{fi} = \sum_i a_i l_i (Q_i + \Delta Q)^2 = \sum_i a_i l_i Q_i^2 \left(1 + \frac{\Delta Q}{Q_i}\right)^2$$

$$\approx \sum_i a_i l_i Q_i^2 \left(1 + 2\frac{\Delta Q}{Q_i}\right) = \sum_i h_{fi} + 2\sum_i a_i l_i Q_i \Delta Q = 0$$

$$\Rightarrow \Delta Q = -\frac{\sum_i h_{fi}}{2\sum_i a_i l_i Q_i} = -\frac{\sum_i h_{fi}}{2\sum_i \dfrac{a_i l_i Q_i^2}{Q_i}} = -\frac{\sum_i h_{fi}}{2\sum_i \dfrac{h_{fi}}{Q_i}} \qquad (6-43)$$

设各管段按初分流量计算的水头为损失 h_f,由校正流量所带来的水头变化为 Δh_f。

(3)对各环的各管段进行上述流量校正,相邻环公用段的流量需校正两次,如此又不满足式(6-42)的水头损失条件了。

(4)重复步骤 2 和 3,循环迭代直至式(6-41)与式(6-42)满足指定的精度。

6.9　气化及水击

气化与水击是管道流可能对输送管道及相关设施造成破坏两种水力现象，气化亦可发生在非管道流中。我们在这讨论其形成机理及一些基本的预防措施。

6.9.1　气化及其预防

我们知道如果液体内部气压低于汽化压强，就会在内部产生汽化，气化的气泡流入高压区爆炸溃灭可能对水力设施造成破坏的现象为**气蚀**(cavitation)。由伯努利方程我们知道，管道内流速过大，或管道位置的升高都会引起内部流动液体压力的降低，可能引起气蚀。最近的研究揭示靠近壁面的气泡溃灭时会产生速度高达110m/s 的射流，引起压强高达500 多个标准大气压及 2100℃的高温(Finnermore & Franzini，2012)，从而对管道壁面、水轮机或水泵的叶片、螺旋桨及水坝泄洪道的表面等造成严重的破坏，并且还有使水力机械效益下降、振动及噪音等附带的负面效应。水的气化压强是温度的函数，如图 1 - 3 所示，气化压强 p_v 随着温度的升高而指数式地升高。

一般对特定的流动有临界的**气化数**(cavitation number)：

$$C_a = \frac{p_a - p_v}{\rho V^2 / 2} \tag{6-44}$$

式中 p_a 为环境压强；p_v 为气化压强；V 为特征流动速度。在液流的系统设计时，要始终保持气化数大于其临界值。对于液体的管道流来说，一般设定有经济流速的最大流速。对于如文丘里测速管及水泵等有内部管道变细的部分，要注意管径比不可过大。采用水泵升水时，要注意管道内的真空度不可大于 7m。还可考虑提高总压水平，在可能产生气化处引入空气，改变高速驱动水流叶片的形状等其他方法来防止气蚀。

6.9.2　水击过程及其相关计算

有压管流中，由于阀门突然关闭或水泵机组突然停机等，使得水流速度突然停止所引起的压强大幅度升高，可达管道正常工作的几十倍甚至上百倍的波动现象称为**水击**或**水锤**(water hammer)。水击是一种**瞬变流**(hydraulic transient)，它以如式(6-45)所示的接近水中声波的速度在水中以波的形式传播，又称为水击波，有较强的破坏性，可能造成管道及水泵的破裂、过度偏移、噪音及气化的形成等。水击波波速如 6.9.4 小节推导所示，可由式(6-45)计算：

$$V_c = \frac{c_0}{\sqrt{1 + \dfrac{E}{E_p}\dfrac{D}{\delta}}} \qquad\qquad (6-45)$$

式中 $c_0 = 1435\text{m/s}$，为声波在水中的传播速度；$E = 2.1 \times 10^9 \text{Pa}$，为水的体积弹性模量；$E_p$ 为管壁材料的弹性模量；D 为管道直径；δ 为管壁厚度。

以水管末端阀门突然关闭为例。图 6-11(a) 表示水流以流速 V 在管道中流动阀门关闭前的初始状态。阀门突然关闭时，最靠近阀门处的水速度由 V 变成 0，突然停止。根据动量定理，动量变化等于外力（阀门作用力）的冲量。因外力作用，水流的压强增至 $p_0 + \Delta p$，Δp 为水击压强。根据管内压强及流速的周期性变化过程，可将水击分为如图 6-11(b)～(e) 所示的四个阶段。

(1) **减速增压**[图 6-11(b)]：增压波从阀门向管道入口传播过程。阀门关闭后，速度 $V \to 0$，水击压强 Δp 以速度为 V_c 的波向上游传播，管内为增压状态，直至 $t = L/V_c$，其中 L 为管长。

(2) **减速减压**[图 6-11(c)]：减压波从管道入口向阀门传播过程。由于管内压强大于水池中压强，管中水在水击压强 Δp 作用下向水池中以流速 $-V$ 倒流，管内压强逐渐恢复，直至 $t = 2L/V_c$。

(3) **增速减压**[图 6-11(d)]：减压波从阀门向管道入口传播过程。倒流的水在阀门处停止（$-V \to 0$），动量变化引起压强降低 Δp，以波速 V_c 向上游传播，管内为减压状态。

(4) **增速增压**[图 6-11(e)]：增压波从管道入口向阀门传播过程。由于水池中压强大于管内压强，池中水在水击压强 Δp 的作用下由水池以流速 V 流入管中，管内压强逐渐恢复，直至 $t = 4L/V_c$。又从第一阶段开始，重复这四个阶段。实际管道内的水击波压强如图 6-12 所示，由于黏性的摩擦损耗等逐渐减小。

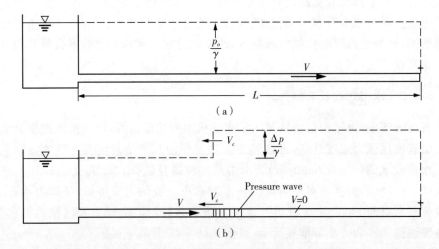

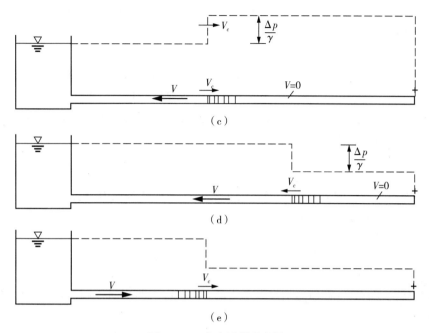

图 6-11　水击过程示意图

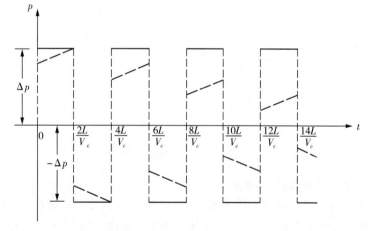

图 6-12　在阀门处的水击压强理论值(实线)及实测值(虚线)示意图

我们将 $T = 2L/V_c$ 称**水击波相长**,在一个相长时间内阀门关闭,水击压强同阀门瞬间关闭的相同,这种水击称为**直接水击**。下面讨论直接水击压强的计算。

6.9.3　水击压强

为使分析方便,我们忽略一些次要的因素,假设作用力主要为压力,忽略摩擦力,管道为水平,可以不考虑重力;假设管道为刚性,没有弹性及面积变化。下面我们采取两种方法来推导出直接水击的压强。

1. 根据量纲分析"猜出"水击压强的计算式

如图 6-13 所示管道中初始流速为 V,水击波波速为 V_c,水击波过后的管内流速为 $V'=0$,考虑阀门完全关闭情形。由欧拉数我们知道,压强的量纲为密度乘以速度的平方,水击压强 Δp 与水的密度、管内水的流速以及水击波速相关,那么是否存在如下的关系呢?

$$\Delta p = k\rho V_c V \qquad (6-46a)$$

式中 k 为一无量纲的需要实验确定的常数。实验确认确实存在以上关系,且比例系数 k 为 1。若阀门未完全关闭,水击波后的速度 $V'\neq0$,它的作用是减弱水击波,我们是否可以猜这时的水击压强应为

$$\Delta p = \rho V_c (V-V') \qquad (6-46b)$$

如果 $V'=V$,$\Delta p=0$,就相当于没有水击波;如果 $V'=0$,相当于阀门完全关闭,是合理的。

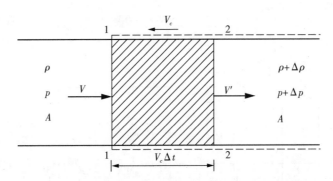

图 6-13　直接水击压强推导用微元隔离体示意图

2. 对微元段隔离体应用动量定理

参考图 6-13,水击波由右向左移动,管内流速则相反。取如图 6-13 所示的管道中随着水击波前沿跑的长为 $V_c\Delta t$ 的一段为控制体,其左边界为 Δt 时间后,水击波到达的面,右边界为 $\Delta t=0$ 时的水击波前的面。承袭前面的假设,并设初始管道内的压力为 p,密度为 ρ,断面面积为 A,控制体左端 1 断面后的流体在水击压强的作用下压力及密度的改变量分别为 Δp,$\Delta\rho$。那么根据动量定理有

$$\vec{F}\Delta t = [pA-(p+\Delta p)A]\Delta t = \Delta m\vec{V} = (\rho+\Delta\rho)AV_c\Delta t V' - \rho AV_c\Delta t V$$

$$\Rightarrow -\Delta pA\Delta t = \rho V_c(V'-V)A\Delta t + \Delta\rho V_c V'A\Delta t$$

$$\overset{\Delta\rho\to 0}{\Rightarrow}\Delta p=\rho V_c(V-V')$$

我们得到了和量纲分析一致的结果式(6-46b)。

若阀门的关闭时间 $T>2L/V_c$,返回到阀门的负水击压强将与继续关阀时所产生的正水击压强产生叠加,使阀门处的最大水击压强减小,这种情况的水击称为**间接水击**,其水击压强可由下式计算

$$\Delta p=\rho V_c V\frac{T}{T_z}=\frac{2\rho VL}{T_z} \tag{6-47}$$

式中 T_z 为阀门关闭时间。

6.9.4* 水击波波速

下面推导水击波波速,依然假设管道为没有弹性的刚性管,对图 6-14 所示的管道入口至阀门整个段应用积分形式的连续性方程式(4-23a),可得出水击波波速的近似表达式。

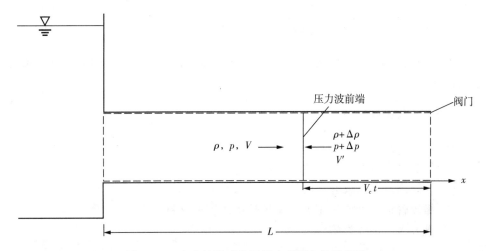

图 6-14　水击波波速推导用宏观隔离体示意图

$$\frac{d}{dt}\int_{CM}\rho d\Omega=\frac{d}{dt}\int_\Omega\rho d\Omega+\oint_S\rho\vec{u}\cdot\vec{n}dS=0$$

$$\frac{d}{dt}\left[\rho(L-V_c t)A+(\rho+\Delta\rho)V_c tA\right]+(-\rho VA+\rho V'A)=0$$

$$\frac{\Delta\rho}{\rho}=\frac{V-V'}{V_c} \tag{6-48}$$

另根据弹性模量的定义式$(1-2)$，$\dfrac{1}{E}=\dfrac{\mathrm{d}\rho}{\rho\mathrm{d}p}\Rightarrow\dfrac{\mathrm{d}p}{E}=\dfrac{\mathrm{d}\rho}{\rho}$，式中 E 为水的体积弹性模量。将前述两式和式$(6-46b)$联立得

$$\frac{\rho V_c(V-V')}{E}=\frac{V-V'}{V_c}\Rightarrow V_c=\sqrt{\frac{E}{\rho}} \qquad (6-49)$$

式$(6-49)$为刚性管道内水击波的计算公式。若管道材料是弹性的，设想其应减小水击压强，我们不妨假设存在一个联合水及管壁材料的弹性系数 E_c，Ω 为管内水的总体积，$\mathrm{d}\Omega'$ 为管内水在水击压强的作用下的体积改变量，$\mathrm{d}\Omega''$ 为管道在水击压强的作用下的体积改变量，根据弹性系数定义，以及对于半径为 r、直径为 D、管壁厚为 δ 的管道，其弹性模量 E_p 可表示为应力的增量除以应变的增量，即 $E_\mathrm{p}=\dfrac{r\mathrm{d}p/\delta}{\mathrm{d}r/r}\Rightarrow\mathrm{d}p=\dfrac{E_\mathrm{p}\delta\mathrm{d}r}{r^2}$，同时有 $\mathrm{d}\Omega''=2\pi r\mathrm{d}r$，则

$$\frac{1}{E_c}=-\frac{\mathrm{d}\Omega'+\mathrm{d}\Omega''}{\Omega\mathrm{d}p}=-\frac{\mathrm{d}\Omega'}{\Omega\mathrm{d}p}-\frac{\mathrm{d}\Omega''}{\Omega\mathrm{d}p}=\frac{1}{E}-\frac{\mathrm{d}\Omega''}{\Omega\mathrm{d}p}$$

$$=\frac{1}{E}-\frac{2\pi r\mathrm{d}r}{\pi r^2 E_\mathrm{p}\delta\mathrm{d}r/r^2}=\frac{1}{E}+\frac{D}{E_\mathrm{p}\delta} \qquad (6-50)$$

以此联合弹性模量 E_c 替代式$(6-49)$中的水的体积弹性模量 E 即得到弹性管道总的水击波波速为式$(6-45)$。

6.9.5 水击的预防

预防水击的办法主要如下：
(1)限制管中流速。一般给水管网中，$V<3\mathrm{m/s}$。
(2)控制阀门关闭或开启时间。
(3)缩短管道长度或采用弹性模量较小的管道材料。
(4)设置水击消除设施。

6.10 典型应用

6.10.1 一般水及空气管道流的临界流速

试求温度为 20℃时，直径 $D=100\mathrm{mm}$ 的管道内水及空气流动保持为层流的最大流速应为多少？

解：查表得 20℃时水及空气的运动黏度分别为 $1.005\times10^{-6}\mathrm{m}^2/\mathrm{s}$，$1.5\times10^{-5}\mathrm{m}^2/\mathrm{s}$，

则该管道内水及空气保持层流的最大流速分别为

$$V_{water} = \frac{Re_c \nu_w}{D} = \frac{2300 \times 1.005 \times 10^{-6}\, m^2/s}{0.1m} = 0.023 m/s$$

$$V_{air} = \frac{Re_c \nu_a}{D} = \frac{2300 \times 1.5 \times 10^{-5}\, m^2/s}{0.1m} = 0.35 m/s$$

都非常小,实际管道内的流速一般均大于此临界速度,一般均为湍流。

6.10.2　总水头线和测压管水头线的绘制

试绘出图 6-15 所示的恒定有压管道中的总水头线和测压管水头线。

解:总水头线(energy line/EL)为以水头高度表示的速度水头、压力水头和位置水头之和,也即总机械能的水头高度,如图中上部虚线所示,有如下要点:

(1)只要中间没有能量提升装置,它总是向下走,直线斜率为其沿程水头损失下降的速率。

(2)入口处有约半个速度水头损失,出口处有 1 个速度水头损失。

(3)在管径缩小、放大、装阀门处及转弯处均有局部水头损失。

(4)容器内速度为零,其总水头线即为其水面线;不为零,总水头线高于水面线。

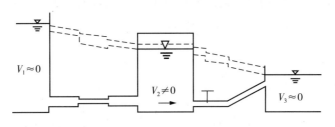

图 6-15　水头线的绘制

测压管水头线(hydraulic grade line/HGL;piezometric line)是以水头高度表示的压力水头和位置水头的和,也即测压管水头的高度线。图中总水头线下面的虚线代表了测压管水头线。有如下要点:

(1)对于管道流,它总是平行于其上部的总水头线,因为管道内的平均流速必须恒定。

(2)其和上部总水头线的间距代表着速度水头,所以在管径缩小处,其和上部总水头线的间距要加大,反之减小。

(3)在管径变化处,其可升可降。一般管径缩小处下降,管径放大处上升,反映了部分速度水头转换成了压力水头,从而使测压管水头线升高。

6.10.3 三类典型管道流问题

三类典型管道流问题分别为求水头损失、流量和管径。

1. 求水头损失

在管径 $D=300$mm，相对粗糙度为 0.002 的工业管道内，运动黏度 $\nu=1\times10^{-6}$m^2/s，$\rho=998$ kg/m^3 的水以 3m/s 的速度运动。试求管长 $L=300$m 的管道内的沿程水头损失 h_f。

解：先计算流动的雷诺数：

$$Re=\frac{VD}{\nu}=\frac{3\mathrm{m/s}\times0.3\mathrm{m}}{1.0\times10^{-6}\mathrm{m^2/s}}=9\times10^5$$

结合相对粗糙度 0.002 查莫迪图或根据粗糙区的半经验计算公式(6-19)得沿程阻力系数约为 0.0235，所以

$$h_\mathrm{f}=\lambda\frac{L}{D}\frac{V^2}{2g}=0.0235\times\frac{300\mathrm{m}}{0.3\mathrm{m}}\times\left(\frac{3^2}{2\times9.8}\right)\mathrm{m}=10.8\mathrm{m}$$

2. 求流量

已知某种油的运动黏度 $\nu=2\times10^{-5}$m^2/s，密度 $\rho=950$ kg/m^3，流经一管长为 100m、管径为 300mm、相对粗糙度为 0.0002 的管道的水头损失为 8m，求其流量。

解法 1：求流量就得先求平均流速，此问题可以应用 6.7.1 小节的式(6-26)计算出 Z，再通过式(6-27)算出雷诺数，进而求得流速

$$Z=\frac{gD^3h_\mathrm{f}}{L\nu^2}=\frac{9.8\mathrm{m/s^2}\ (0.3\mathrm{m})^3 8\mathrm{m}}{100\mathrm{m}\ (2\times10^{-5}\mathrm{m^2/s})^2}=5.3\times10^7$$

$$Re=-(8Z)^{1/2}\log\left(\frac{e/D}{3.7}+\frac{1.775}{\sqrt{Z}}\right)=-(8\times5.3\times10^7)^{1/2}\log\left(\frac{0.0002}{3.7}+\frac{1.775}{\sqrt{5.3\times10^7}}\right)$$

$$=72600=\frac{VD}{\nu}\Rightarrow V=\frac{72600\times0.3\mathrm{m}}{2\times10^{-5}\mathrm{m^2/s}}=4.84\mathrm{m/s}$$

$$Q=VA=4.84\mathrm{m/s}\times\frac{3.14\times(0.3\mathrm{m})^2}{4}=0.343\mathrm{m^3/s}$$

解法 2：先假设流动处于水力粗糙区，仅根据相对粗糙度确定初步的 λ，计算出初步的 V。然后计算雷诺数，再根据雷诺数及相对粗糙度确定更精确的 λ，再计算更精确的 V，如此迭代，直至 V 收敛，一般两三次迭代即可。来看此例，由莫迪图在相对粗糙度为 0.0002 的水力粗糙区得 $\lambda=0.014$，由达西-维斯巴赫公式算得初步流速为

$$h_f = \lambda \frac{L}{D} \frac{V^2}{2g} \Rightarrow V = \sqrt{\frac{2gDh_f}{\lambda L}} = \sqrt{\frac{2 \times 9.8\text{m/s} \times 0.3\text{m} \times 8\text{m}}{0.014 \times 100\text{m}}} = 5.8\text{m/s}$$

据此算得 $Re = 87000$，再查表得 $\lambda = 0.0195$，由达西-维斯巴赫公式算得更新流速 $V = 4.91\text{m/s}$。如此再迭代一次，就可得到非常接近精确解的 4.84m/s。

3. 求管径

上题如果已知水头损失为 8m，流量为 $0.034\text{m}^3/\text{s}$，油的运动黏度 $\nu = 2 \times 10^{-5}$ m^2/s，密度 $\rho = 950\ \text{kg/m}^3$，流经一管长为 100m、管径未知、绝对粗糙度 0.06mm 的管道，求管径。

解: 应用达西-维斯巴赫公式得

$$h_f = \lambda \frac{L}{D} \frac{V^2}{2g} = \lambda \frac{L}{D} \frac{[Q/(\pi D^2/4)]^2}{2g} \Rightarrow D = \left(\frac{8\lambda L Q^2}{g\pi^2 h_f}\right)^{1/5} = 0.655\lambda^{1/5} \tag{1}$$

$$Re = \frac{VD}{\nu} = \frac{4Q}{\pi \nu D} = \frac{21800\text{m}}{D} \tag{2}$$

$$\frac{\varepsilon}{D} = \frac{6 \times 10^{-5}\text{m}}{D} \tag{3}$$

先猜一阻力系数值，比如说 $\lambda = 0.03$，由式(1)可算得初步的管径为 0.325m；接着由式(2)、(3)算得雷诺数及相对粗糙度，进而由莫迪图确定新的 $\lambda = 0.0203$，再由式(1)得更精确的管径为 0.301m。迭代 2 次就非常接近实际数值。

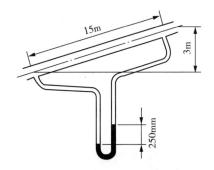

6.10.4 短管的水力计算

1. 求阻力系数

如图 6-16 所示，水管直径为 $D = 50\text{mm}$，两测点间相距 $l = 15\text{m}$，高差 3m，

图 6-16 用压差计求阻力系数

通过流量 $Q = 6\text{L/s}$，水银压差计读值为 $\Delta h = 250\text{mm}$，试求管道的沿程阻力系数。

解: 先求平均流速，$V = \dfrac{4Q}{\pi D^2} = \dfrac{4 \times 0.006\text{m}^3/\text{s}}{\pi (0.05\text{m})^2} = 3.06\text{m/s}$

对两端列伯努利方程得

$$z_1 + \frac{p_1}{\rho g} + \frac{V_1^2}{2g} = z_2 + \frac{p_2}{\rho g} + \frac{V_2^2}{2g} + h_f$$

$$\left(z_1 + \frac{p_1}{\rho g}\right) - \left(z_2 + \frac{p_2}{\rho g}\right) = h_f = \lambda \frac{L}{D} \frac{V^2}{2g} = 12.6h_p = 12.6 \times 0.25\text{m} = 3.15\text{m}$$

$$\Rightarrow\lambda=\frac{2gDh_{\mathrm{f}}}{LV^2}=\frac{19.6\mathrm{m/s}^2\times0.05\mathrm{m}\times3.15\mathrm{m}}{15\mathrm{m}\times(3.06\mathrm{m/s})^2}=0.022$$

2. 求虹吸管安装高度

如图 6 - 17 所示的虹吸管,上、下游水位差 $H=2.5\mathrm{m}$,AC、CB 段管长分别为 15m 及 25m,管径 $d=200\mathrm{mm}$,沿程阻力系数 $\lambda=0.025$,入口水头损失系数为 0.5,三个弯管处的水头损失系数均为 0.2,最大容许真空度为 7m,试求通过流量及 C 点的最大容许安装高度 h_{s}。

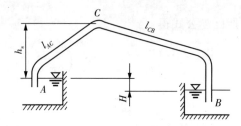

图 6 - 17　虹吸管安装高度计算

解:以 B 池水面高为基准高度,对 A、B 面列伯努利方程,

$$H+\frac{p_{\mathrm{a}}}{\rho g}+\frac{\alpha_1 V_1^2}{2g}=\frac{p_{\mathrm{a}}}{\rho g}+\frac{\alpha_2 V_2^2}{2g}+h_{\mathrm{w}}$$

因为水体较大,所以 $V_1=V_2=0$,设动能修正系数均为 1。

$$H=h_{\mathrm{w}}=\left(\sum l\,\frac{\lambda}{D}+\sum\xi\right)\frac{V^2}{2g}$$

$$=\left[(15+25)\,\mathrm{m}\times\frac{0.025}{0.2\mathrm{m}}+0.5+0.2\times3\right]\times\frac{V^2}{2\mathrm{g}}=2.5\mathrm{m}$$

$$V=2.72\mathrm{m/s}$$

$$Q=VA=V\times\frac{\pi D^2}{4}=2.72\mathrm{m/s}\times\frac{3.14\times(0.2\mathrm{m})^2}{4}=0.086\mathrm{m}^3/\mathrm{s}$$

对虹吸管顶点 C 和 A 处水平面列伯努利方程

$$\frac{p_{\mathrm{a}}}{\rho g}=h_{\mathrm{s}}+\frac{p_{\mathrm{c}}}{\rho g}+\frac{\alpha V^2}{2g}+h_{\mathrm{w}}$$

$$h_{\mathrm{w}}=\left(0.025\times\frac{15\mathrm{m}}{0.2\mathrm{m}}+0.5+0.2+0.2\right)\frac{V^2}{2g}=2.775\,\frac{V^2}{2g}$$

$$h_{\mathrm{s}}=\frac{p_{\mathrm{a}}-p_{\mathrm{c}}}{\rho g}-(2.775+1)\,\frac{V^2}{2g}=7\mathrm{m}-3.775\times\frac{(2.72\mathrm{m/s})^2}{2\times9.8\mathrm{m/s}^2}=5.575\mathrm{m}$$

3. 理论分析

水箱中的水通过等直径的垂直管道向大气流出,如图 6-18 所示。已知水箱中的水深 H,管道直径 D,管道长 L,沿程阻力系数 λ,局部阻力系数 ξ。试问在什么条件下,流量随管长的增加而减小?

解:对水箱水表面和管道出口断面应用伯努利方程得

$$H+L=\frac{V^2}{2g}+\lambda\frac{L}{D}\frac{V^2}{2g}+\zeta\frac{V^2}{2g}$$

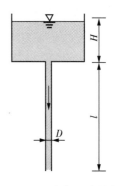

图 6-18　水箱垂直排水

$$V^2=\frac{2g(H+L)}{1+\zeta+\lambda L/D}\Rightarrow\frac{\mathrm{d}(V^2)}{\mathrm{d}L}=\frac{2g(1+\zeta-H\dfrac{L}{D})}{\left(1+\zeta+\lambda\dfrac{L}{D}\right)^2}<0$$

管中流速随管长增加而减小;因管径不变,流量也随管长增加而减小,即当 $1+\zeta-H\dfrac{\lambda}{D}<0\Rightarrow H>\dfrac{(1+\zeta)D}{\lambda}$ 时,流量随管长增加而减小。

6.10.5 长管的串并联及泄流

1. 求流量

采用铸铁管由水塔向车间供水。已知水管长 2500m,管径 400mm,水塔地面标高 61m,水塔高 18m,车间地面标高 45m,供水点要求最小服务水头 25m,求供水量。

解:首先计算作用水头 $H=(61+18)\mathrm{m}-(45+25)\mathrm{m}=9\mathrm{m}$,查表 6-2 得比阻为 $0.23\mathrm{s}^2/\mathrm{m}^6$,由长管计算公式(6-28)得

$$H=h_{\mathrm{f}}=alQ^2\Rightarrow Q=\sqrt{\frac{H}{al}}=\sqrt{\frac{9\mathrm{m}}{0.23\mathrm{s}^2/\mathrm{m}^6\times2500\mathrm{m}}}=0.125\mathrm{m}^3/\mathrm{s}$$

2. 求管径

上题中的供水量增至 $0.152\mathrm{m}^3/\mathrm{s}$,求管径。

解:先求比阻

$$a=\frac{H}{lQ^2}=\frac{9\mathrm{m}}{2500\mathrm{m}\times(0.152\mathrm{m}^3/)^2}=0.156\mathrm{s}^2/\mathrm{m}^6$$

查表 6-2 得其介于两种管径之间:$D_1=450\mathrm{mm}$,$a_1=0.1230\mathrm{s}^2/\mathrm{m}^6$,$D_2=400\mathrm{mm}$,$a_2=0.230\mathrm{s}^2/\mathrm{m}^6$。为保证供水量,应取管径稍大的 450mm 铸铁管。

3. 串联实现所需的流量

对于上题,为充分利用水头和节省管材,采用 450mm 和 400mm 两种直径管

段串联可实现恰好所需的流量,求各段管长。

解:设 $D_1=450\text{mm}$ 的管段长为 l_1,$D_2=400\text{mm}$ 的管段长为 $l_2=2500-l_1$,则

$$H=(a_1l_1+a_2l_2)Q^2=[a_1l_1+a_2(2500-l_1)]Q^2$$

$$9=[0.123l_1+0.23\times(2500-l_1)]\times0.152^2$$

$$\Rightarrow l_1=1729\text{m},l_2=771\text{m}$$

4. 含均匀泄流管道的串联

水塔供水的输水管道,由 AB、BC 及 CD 三段管长分别为 $L_1=500\text{m}$,$L_2=150\text{m}$,$L_3=200\text{m}$;管径分别为 $D_1=200\text{mm}$,$D_2=150\text{mm}$,$D_3=100\text{mm}$ 的铸铁管串联而成。BC 为沿程均匀泄流段,泄流量 $Q_s=0.015\text{m}^3/\text{s}$,节点 B 分出流量 $q=0.007\text{m}^3/\text{s}$,通过流量 $Q_p=0.02\text{m}^3/\text{s}$,试求所需作用水头 H。

解:先求各段流量。总流量也即 AB 段流量

$$Q_1=q+Q_s+Q_p=(0.007+0.015+0.02)\text{m}^3/\text{s}=0.042\text{m}^3/\text{s}$$

BC 段流量,根据式(6-38)算得其折算流量为

$$Q_2=0.55Q_s+Q_p=(0.55\times0.015+0.02)\text{m}^3/\text{s}=0.02825\text{m}^3/\text{s}$$

CD 段流量即为通过流量

$$Q_3=Q_p=0.02\text{m}^3/\text{s}$$

所需作用水头为各段水头损失之和,查表 6-2 得三段管道的比阻分别为 $9.3\text{s}^2/\text{m}^6$、$43\text{s}^2/\text{m}^6$、$375\text{s}^2/\text{m}^6$,则

$$H=\sum h_{\text{fi}}=a_1l_1Q_1+a_2l_2Q_2+a_3l_3Q_3^2=23.51\text{m}$$

5. 管道的并联

三根并联铸铁输水管道,总流量 $Q=0.28\text{m}^3/\text{s}$;各支管管长分别为 $l_1=500\text{m}$,$l_2=800\text{m}$,$l_3=1000\text{m}$;直径分别为 $D_1=300\text{mm}$,$D_2=250\text{mm}$,$D_3=200\text{mm}$。试求各支管流量及 AB 间的水头损失。

解:查表 6-2 得不同管径的管道的比阻分别为 $D_1=300\text{mm}$,$a_1=1.07\text{s}^2/\text{m}^6$;$D_2=250\text{mm}$,$a_2=2.83\text{s}^2/\text{m}^6$;$D_3=200\text{mm}$,$a_3=9.30\text{s}^2/\text{m}^6$。由并联管道的水头关系式(6-34) 得

$$a_1l_1Q_1^2=a_2l_2Q_2^2=a_3l_3Q_3^2\Rightarrow5352Q_1^2=2264Q_2^2=9300Q_3^2$$

$$Q=Q_1+Q_2+Q_3$$

联立解得 $Q_1=0.1622\text{m}^3/\text{s}$,$Q_2=0.0789\text{m}^3/\text{s}$,$Q_3=0.0389\text{m}^3/\text{s}$。最后任取一支管

计算 AB 间的水头损失为

$$h_{fAB}=a_3l_3Q_3^2=9.30\text{s}^2/\text{m}^6\times1000\text{m}\times(0.0389\text{m}^3/\text{s})^2=14.07\text{m}$$

6.10.6　管网设计计算

水平两环管网如图 6-19 所示。各管段均为铸铁管,尺寸详见表 6-3。已知两用水点流量分别为 $Q_4=0.032\text{m}^3/\text{s}$ 和 $Q_5=0.054\text{m}^3/\text{s}$,试求各管段通过的流量(闭合差小于 0.5m)。

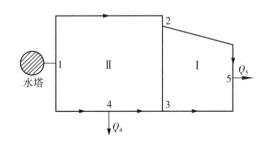

图 6-19　管网示意图

表 6-3　环状管网计算例

环	管段	管长(m)	管径(mm)	比阻(s^2/m^6)
I	2—5	220	200	9.3
	5—3	210	200	9.3
	3—2	90	150	43.0
II	1—2	270	200	9.3
	2—3	90	150	43.0
	3—4	80	200	9.3
	4—1	260	250	2.83

解:采用本章 6.8 节所述的克罗斯法列表解此题。

第一步根据连续性及经济流速初拟流量 Q_1 及流向,使各节点满足流进的等于流出的,如表 6-4 第 3 列所示。

表 6-4　克罗斯法计算环状管网例

环	管段	Q_1 (m^3/s)	h_f (m)	h_f/Q (s/m^2)	ΔQ (m^3/s)	流量校正 (m^3/s)	Q_2 (m^3/s)	h_f (m)
I	2—5	0.030	1.84	61.3		−0.002	0.028	1.60
	5—3	−0.024	−1.12	46.7	−0.002	−0.002	−0.026	−1.32
	3—2	−0.006	−0.14	23.3		−0.002 +0.004	−0.004	−0.06
	$\sum$		0.58	131.3				0.22

（续表）

环	管段	Q_1 (m³/s)	h_f (m)	h_f/Q (s/m²)	ΔQ (m³/s)	流量校正 (m³/s)	Q_2 (m³/s)	h_f (m)
Ⅱ	1—2	0.036	3.25	90.3		−0.004	0.032	2.57
	2—3	0.006	0.14	23.3	−0.004	−0.004 +0.002	0.004	0.06
	3—4	−0.018	−0.24	13.3		−0.004	−0.022	−0.36
	4—1	−0.050	−1.84	36.8		−0.004	0.054	−2.15
	∑		1.31	163.7				0.12

第二步计算各管段的水头损失 h_f 及 h_f/Q 如表 6 - 4 第 4 和第 5 列所示，分别求各环的和（表中Ⅰ、Ⅱ环内最下边一行）并按式（6 - 43）计算各环的校正流量 ΔQ 如表第 6 列所示。

第三步对各管段的初分流量 Q_1 加上该管段的校正流量 ΔQ 得到其校正后的二次流量 Q_2，以满足各环的闭合水头差为零的要求。要注意的是对两环公用的管段（3−2 及 2−3）还得加上其相邻管段校正流量的负值（表中特意标注处），以满足连续性条件，这样闭合水头差为零的条件又不满足了，重复前面的步骤继续校正，直至水头闭合差满足精度要求。此题经过一次校正后两环的水头闭合差分别为 0.22m 及 0.12m，已满足精度要求。

6.10.7 气化

设某种鱼雷在 20℃ 水中的气化数为 0.7，设大气压 $p_0 = 115\text{kPa}$，密度取 998kg/m³，求其表面发生气化时的速度。

解：查表得 20℃ 时水的汽化压强 $p_v = 2.3\text{kPa}$，则由式（6 - 44）得

$$C_a = \frac{p_a - p_v}{\rho V^2/2} = 0.7 \Rightarrow$$

$$V = \sqrt{\frac{p_0 - p_v}{0.35\rho}} = \sqrt{\frac{(115000 - 2300)\,\text{N/m}^2}{0.35 \times 980\text{kg/m}^3}} = \sqrt{\frac{112700\text{kg} \cdot \text{m}/(\text{s}^2 \cdot \text{m}^2)}{0.35 \times 980\text{kg/m}^3}} = 18.23\text{m/s}$$

6.10.8 水击

一长为 300m 的压力水管自水库引水，阀门全开时管中流速为 1.4m/s。水击波波速为 1000m/s。试分别求阀门完全关闭时间为 0.4s、4.0s 时在阀门处所产生的最大水击压强。

解：先求水击波相长

$$T = \frac{2L}{V_c} = \frac{2 \times 300\text{m}}{1000\text{m/s}} = 0.6\text{s}$$

（1）关闭阀门时间为 $t=0.4\mathrm{s}<T$ 时，为直接水击

$$\Delta p=\rho V_c V=1000\ \mathrm{kg/m^3}\times1000\mathrm{m/s}\times1.4\mathrm{m/s}=1.4\times10^6\,\mathrm{Pa}$$

（2）关闭阀门时间为 $t=4\mathrm{s}>T$ 时，为间接水击

$$\Delta p=\rho V_c V\frac{T}{t}=1.4\times10^6\,\mathrm{Pa}\times\frac{0.6}{4}=2.1\times10^5\,\mathrm{Pa}$$

6.11　编程应用

第 6 章应用程序

6.11.1　调用 roots 求多项式的解求管径

这里我们来求解一个已知流量、管长、阻力系数等求管径的问题，由于得到的是一个关于管径高阶的方程，不好求解，但应用 MATLAB 就可轻松解决了。

借用图 6-17，一条虹吸管前后两段长分别为 $l_1=30\mathrm{m}$，$l_2=35\mathrm{m}$，两水池水面高差为 $H=1\mathrm{m}$ 沿程水头损失系数、弯管处及出入口的局部水头损失系数分别为 $\lambda=0.024$，$\zeta_1=2.5$，$\zeta_1=3$，$\zeta_2=2$，设计流量为 $0.016\mathrm{m^3/s}$，求管径。

解：对两水池面列伯努利方程

$$H=\left(\lambda\frac{l_1+l_2}{D}+\zeta_1+\zeta_2+\zeta_0\right)\frac{V^2}{2g}$$

$$V=\frac{4Q}{\pi D^2}=\frac{4\times0.016}{3.14D^2}=0.0204D^{-2}$$

V 带入第一式化简得 $117740D^5-7.5D-1.56=0$，这是一个关于管径 D 的 5 次多项式，在 MATLAB 命令行输入如下命令，即可使用其内置函数求得多项式的解。

```
>>clear
>> p=[11740 0 0 0 -7.5 -1.56];
>> r = roots(p)
r =
  0.1911 + 0.0000i
  0.0337 + 0.1773i
  0.0337 - 0.1773i
 -0.1292 + 0.0682i
 -0.1292 - 0.0682i
```

共有 5 个解,只有第一个是实数解,所以所求管径为 0.1911m。

6.11.2 绘制双 y 轴坐标图

已知水的气化压强及表面张力随温度的变化关系如表 6-5 所示,绘制出如图 1-3 所示的以横轴表示温度、左边 y 轴表示气化压强 p_v、右边 y 轴表示表面张力 σ 的双坐标图。

表 6-5 水的气化压强、表面张力和温度的关系(White,2003)

$T(℃)$	$p_v(kPa)$	$\sigma(N/m)$
0	0.611	0.0756
10	1.227	0.0742
20	2.337	0.0728
30	4.242	0.0712
40	7.375	0.0696
50	12.34	0.0679
60	19.92	0.0662
70	31.16	0.0644
80	47.35	0.0626
90	70.11	0.0608
100	101.3	0.0589

程序如下所示,在设置好变量数组后,绘图时,使用 yyaxis left 绘制左边 y 轴的图,使用 yyaxis right 绘制右边 y 轴的图。

```
clc
clear
%绘制双 y 坐标轴图
T = linspace(0,100,11)    % 0～100℃ 10 等分
%对应的气化压强 kPa
Pv = [0.611 1.227 2.337 4.242 7.375 12.34 19.92 31.16 47.35 70.11 101.3];
%对应的表明张力 N/m
S = [0.0756 0.0742 0.0728 0.0712 0.0696 0.0679 0.0662 0.0644 0.0626 0.0608 0.0589];
figure(1)
clf
%绘制左边 y 坐标轴图
yyaxis left
plot(T,Pv,'k-')
```

```
xlabel('\it{T} \rm(℃)')   % \it 表示斜体,\rm 表示恢复正常字体
ylabel('\it{p_v} \rm(kPa)')

%绘制右边 y 坐标轴图
yyaxis right
plot(T,S,'b- -')
ylabel('\sigma(N/m)')

%加图例
legend( '\it p_v','\sigma')
```

思考练习题

6.1　根据圆管层流的速度分布式(6-5)证明圆管层流的动能及动量修正系数分别为 2 及 4/3。

6.2　将式(6-8)带入式(4-42)第一式,对整个方程取雷诺平均推导雷诺平均的纳维尔-斯托克斯方程式(6-10)。(提示:要用到 $\overline{\varphi_1\varphi_2}=\Phi_1\Phi_2+\overline{\varphi_1{'}\varphi_2{'}}$,上面加横杆表示对其取雷诺平均)

6.3　检验牛顿应力和雷诺应力量纲的一致性。

6.4　由牛顿内摩擦定理推导出黏性内层内的速度分布式(6-13)。

6.5　试分别由水力光滑及水力粗糙的速度分布率式(6-16)及式(6-18)推导对应的阻力系数计算公式(6-17)及式(6-19)。

6.6　有一矩形断面的排水沟,水深 $h=15\mathrm{cm}$,底宽 $b=20\mathrm{cm}$,流速 $V=0.15\mathrm{m/s}$,水温 $t=10℃$。试判别流态并求临界流速。

6.7　输油管的直径 $D=150\mathrm{mm}$,$Q=16.3\mathrm{m^3/h}$,油的运动黏度 $\nu=0.2\mathrm{cm^2/s}$,试求每千米管长的沿程水头损失。

6.8　长 $L=15\mathrm{m}$ 管段内通过运动黏度 $\nu=0.013\mathrm{cm^2/s}$,水的流量 $Q=35\mathrm{cm^3/s}$ 的水头损失为 $h_{\mathrm{f}}=2\mathrm{cmH_2O}$,试求此圆管的内径。

6.9　水箱中的水经管道流出(如图所示)。已知管道直径 $D=25\mathrm{mm}$,长度 $L=6\mathrm{m}$,水位 $H=13\mathrm{m}$,沿程阻力系数 $\lambda=0.02$,试求流量及管壁切应力 τ_0。

习题 6.9 图

6.10　试述式(6-48)的由积分连续性方程到下一步各项的原因。

6.11　两水池水位恒定(如图所示)。已知管道直径 $D=100\mathrm{mm}$,管长 $L=20\mathrm{m}$,沿程阻力系

数 $\lambda = 0.042$，弯管和阀门的局部阻力系数分别为 $\xi_b = 0.8, \xi_v = 0.26$，通过流量为 $Q = 65L/s$。试求水池水面高差 H。

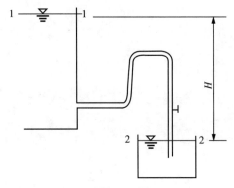

习题 6.11 图

6.12 若本章 6.10.4 小节中图 6-17 应用的安装高度为 $h_s = 4m$，设计流量为 $0.016m^3/s$，但管径不知，其他参数相同，求管径及最高处的真空度。

6.13 如图所示，输水管道中设有阀门，已知管道直径为 $D = 50mm$，通过流量为 $Q = 3.34L/s$，水银压差计读值 $\Delta h = 150mm$，沿程水头损失不计，试求阀门的局部损失系数。

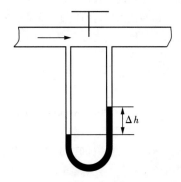

习题 6.13 图

6.14 如图所示，油的流量为 $77cm^3/s$，流过直径为 6mm 的细管，在长 2m 的管段两端水银压差计读数为 $h = 30cm$，油的密度 $\rho = 900kg/m^3$，求油运动黏度。

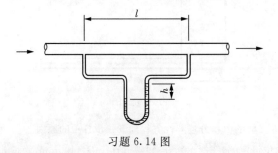

习题 6.14 图

6.15　如图所示,流速由 V_1 变到 V_2 的突然扩大管,如分两次扩大,中间流速取何值时局部损失最小?此时水头损失为多少?并与一次扩大时比较。

习题 6.15 图

6.16　如图所示,水箱侧壁有一两段等长($l=50$m)但不同管径的管道($d_1=150$mm,$d_2=75$mm),管道的粗糙度为 0.6mm,常温下管道出口流速为 2m/s。试求:(1)水位 H;(2)绘出总水头线和测压管水头线。

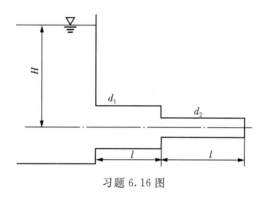

习题 6.16 图

6.17　水池的下方一长为 1500m、管径为 0.3m 的均匀泄流管在池内水位为 1.2m 时,出口流量恰为零。如要使出流量为 0.04m³/s,池内水位应为多高?

6.18　输水铸铁管直径为 150mm,壁厚 8mm,弹性模量为 9.8×10^{10}Pa,要求在突然关闭阀门时引起的水击压强不超过 4×10^5Pa,求管道的最大流量。

6.19　如图所示的两个环的管网入流、出流量均为 0.15m³/s,其各管段参数如下表所示,求各管段流量。

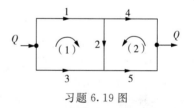

习题 6.19 图

管段	1	2	3	4	5
管长(m)	300	100	400	250	200
管径(m)	0.25	0.20	0.20	0.25	0.18
阻力系数	0.021	0.024	0.032	0.028	0.024

6.20　输水钢管直径为 1000mm,壁厚 20mm,长 800m,弹性模量为 2×10^{10}Pa,管内水流速为 1.2m/s,求阀门突然关闭时的水击压强及周期。

第7章　明渠流

有压管流是在压力驱动下的流动,而**明渠流**(open channel flow)为带有和大气接触的**自由表面**(free surface)的流体在重力驱动下的流动。在直渠道的明渠流中压力处于次要的地位,其力的平衡主要为重力及摩擦力。本章将由简及繁地介绍在水利工程、环境工程及土木工程等中有着广泛应用的明渠均匀流、渐变流、急变流、弯道流、棱柱形渠道中的水面曲线分析及计算等。

7.1　概述

带有自由表面的明渠流较为简单,压力为大气压,但其表面可以自由升降所带来的水深变化使问题和有压管流的不同,为此引入了断面比能等新的概念来帮助分析。我们先来看看明渠流的一些基本特点及基本概念。

7.1.1　明渠流的基本特点及分类

明渠流的主要特点有:①其自由表面为测压管水头线,各过流断面的表面压强为大气压;②在其底部边界由于固体的摩擦力作用流速为零,而在自由表面有大气阻力,除很宽的河流外,其断面最大流速一般出现在渠道中间水面下约水深的20％处(图7-1);③底坡坡度决定了其流动驱动力及其流动特性,局部边界的变化将在很大范围内引起相应的改变。

如图7-2所示,明渠流一般根据其底坡的改变所带来水深变化的速率将明渠流分为底坡及水深不变的流线均互相平行的**均匀流**(uniform flow)、单位距离内水深改变不大的**渐变流**(gradually varied flow)以及变化较大的**急变流**(rapid varied flow)。急变流的水面曲线弯曲程度大,过水断面内的压强分布不符合静水压强分布。渐变流一般处于均匀流和急变流之间。对均匀流我们可以采用下面将要介绍的一维近似理论分析,而对急变流则需进行实验或三维数值模拟方可做出准确的预测。

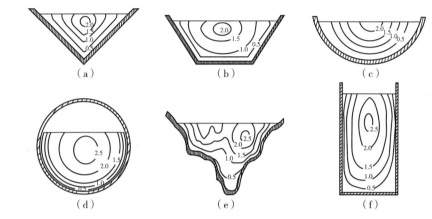

图 7 - 1　明渠流断面速度分布图

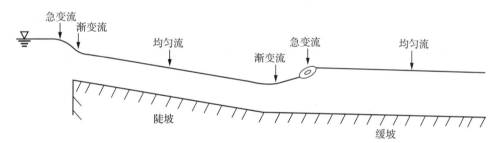

图 7 - 2　明渠流分类示意图

7.1.2　底坡及其分类

明渠流渠底与沿流线方向纵剖面的交线称为**底线**,底线与水平线夹角 θ 的正弦称为渠道的**底坡**(slope of channel bed)S(见图 7 - 3)。通常河流等明渠流的底坡很小,可用其正切来近似:

$$S = \sin\theta \approx \tan\theta \qquad (7-1)$$

如图 7 - 3 所示,$S > 0$ 即底线沿流向降低,称为**顺坡**;$S = 0$,称为**平坡**(horizontal bed);$S < 0$,称为**逆坡**(adverse slope)。

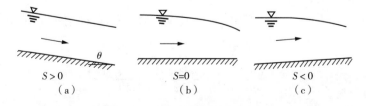

图 7 - 3　顺坡、平坡、逆坡示意图

7.1.3 棱柱形渠道

断面形状与尺寸沿程不变的渠道称为**棱柱形渠道**（prismatic channel），否则为**非棱柱形渠道**（nonprismatic channel）。棱柱形渠道的水深根据底坡的不同是可以变化的，其过水断面面积 A 可视为只是水深 h 的函数，即

$$A = f(h) \tag{7-2}$$

更具体地说，如果棱柱形渠道的断面是圆弧，其半径不变；如果是矩形，其底宽不变；如果是梯形，其底宽及边坡倾角不变。

7.2 明渠均匀流

明渠均匀流为在顺坡的棱柱形渠道中流量及水深不变且流线互相平行的流动。本节我们对明渠均匀流沿流向及过流断面方向力的作用、正常水深的计算，以及梯形、圆管与复式断面均匀流进行分析。

7.2.1 基本特征及沿流向作用力的分析

如图 7-4 所示对沿流向相距为 l 的两个断面应用实际流体的伯努利方程（4-58）得

$$\alpha_1 \frac{V_1^2}{2g} + (h_1 + \Delta h) + \frac{p_a}{\rho g} = \alpha_2 \frac{V_2^2}{2g} + h_2 + \frac{p_a}{\rho g} + h_f \tag{7-3}$$

式中 Δh 为两断面底坡处的高度差，由于明渠均匀流的水深、平均流速及压力均恒定，可推得

$$\Delta h = h_f \overset{\text{同除以断面间距}l}{\Longrightarrow} S = S_f \tag{7-4}$$

即明渠均匀流的位置势能恰为其沿程阻力所消耗，其底坡坡度等于水面坡度，也为其**能坡** S_f（水力坡度），即沿流向单位长度的水头损失。

沿流向（x_1）方向应用不可压缩牛顿流体的动量方程，即纳维尔-斯托克斯方程式（4-42）：

$$\frac{\mathrm{d}u_1}{\mathrm{d}t} = g_1 - \frac{1}{\rho}\frac{\partial p}{\partial x_1} + \nu \frac{\partial^2 u_1}{\partial x_j \partial x_j}$$

对均匀流来说，其等号左边的加速度为零，压力沿流线在表面均为大气压，沿流向

梯度为零,所以我们得到 $g_1 = g\sin\theta = -\nu\dfrac{\partial^2 u_1}{\partial x_j \partial x_j}$,也即对明渠均匀流来说,**重力沿流向方向的分力和黏性力相平衡**。重力恰克服了黏性力的阻碍驱动其流动。

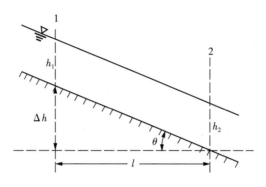

图 7 - 4　棱柱形渠道中两断面示意图

7.2.2　过流断面的压力分布

此处证明均匀流过水断面的压强分布可按静压分布计算。沿过水断面的垂直于流向的方向上(x_2)应用动量方程式$(4-42)$得

$$\frac{\mathrm{d}u_2}{\mathrm{d}t} = g_2 - \frac{1}{\rho}\frac{\partial p}{\partial x_2} + \nu\frac{\partial^2 u_2}{\partial x_j \partial x_j}$$

由于对于均匀流来说 u_2 等于零,上式的第一项及最后一项均为零,且 p 仅为 x_2 的函数,所以推得

$$\mathrm{d}p = \rho g_2 \mathrm{d}x_2 \tag{7-5}$$

式中 $g_2 = g\cos\theta$,即压强在该方向上符合静水压强分布规律。

7.2.3　正常水深的计算

我们将明渠流为均匀流时的水深定义为**正常水深**(normal depth),用 h_n 来表示。其可根据应用于圆管的有压管流的水头损失的达西-维斯巴赫公式$(6-1)$推导出的**谢才公式**(Chezy formula)计算:

$$h_f = \lambda\frac{l}{D}\frac{V^2}{2g} = \lambda\frac{l}{4R}\frac{V^2}{2g}$$

$$\Rightarrow V = \left(\frac{8g}{\lambda}\right)^{1/2}\sqrt{R\frac{h_f}{l}} = C\sqrt{RS_f} \tag{7-6}$$

式中 R 为断面面积除以湿周的**水力半径**；谢才常数 $C = \left(\dfrac{8g}{\lambda}\right)^{1/2}$，$\lambda$ 为阻力系数；**水力坡度** $S_f = \dfrac{h_f}{l}$ 为单位长度的水头损失。更多地，我们根据实验确定为 $C = \dfrac{R^{1/6}}{n}$，采用如下的**曼宁公式**（Manning formula）来计算均匀流的正常水深：

$$V = \frac{1}{n} R^{2/3} S_f^{1/2} \tag{7-7}$$

式中 n 为根据实验确定的反映渠道材料摩擦阻力程度的**曼宁系数**（Manning's factor），又称粗糙系数。常见类型渠道的曼宁系数及其误差范围见表 7-1。

表 7-1　实测渠道的曼宁系数 n 及其误差范围（White，2003）

渠道材料		n	误差范围（±）
人工内衬渠道	玻璃	0.010	0.002
	黄铜	0.011	0.002
	平滑钢板	0.012	0.002
	漆面钢板	0.014	0.003
	铸铁	0.013	0.003
	水泥	0.012	0.002
	木板	0.012	0.002
	砖	0.015	0.002
	柏油	0.016	0.003
	碎石	0.025	0.005
人工开挖土渠	一般	0.022	0.004
	含砾石	0.025	0.005
	含杂草	0.030	0.005
	含石块、鹅卵石	0.035	0.010
天然渠道	一般	0.030	0.005
	大河	0.035	0.010
冲积平原	草地、农地	0.035	0.010
	轻度灌木	0.050	0.020
	重度灌木	0.075	0.025
	树	0.15	0.05

由曼宁公式可见，当断面水力半径一定时，底坡越大或曼宁系数越小，流速及

流量就越大。应用曼宁公式对矩形渠道的流量及正常水深的计算见本章 7.8.1 小节和 7.8.2 小节。

7.2.4　梯形断面的几何要素及相关水力计算

由于大多数渠道的断面形状为梯形或接近于梯形,长方形也可看作是梯形的特例,所以本小节专门讨论梯形断面渠道的均匀流。一般用底宽 b、边坡系数 m 及水深 h 三个量来表示梯形断面的几何要素。**边坡系数**是指斜边和底边外延长线夹角 α 的余切 $\cot\alpha$。梯形水面宽 B、断面面积 A、湿周 P 的计算式如下:

$$B = b + 2mh, A = (b + mh)h, P = b + 2h\sqrt{1+m^2} \tag{7-8}$$

明渠均匀流的水力计算可归结为已知断面形状、材料(曼宁系数)、坡度及流量四个量中的三个,求剩下的一个未知量。根据曼宁公式(7-7)求流量或求坡度都相对简单。较繁的是求梯形断面的形状,即使给定了边坡系数,还有底宽及水深需要确定,光有曼宁公式不够,还要补充水力最优断面条件。

水力最优断面(best hydraulic section)是指当断面面积 A、曼宁系数 n 及底坡 S 一定时,使通过流量 Q 最大的断面。由曼宁公式(7-7)得 $Q = \dfrac{1}{n}AR^{\frac{2}{3}}S_{\mathrm{f}}^{\frac{1}{2}} = \dfrac{1}{n}\dfrac{A^{\frac{5}{3}}}{P^{\frac{2}{3}}}S_{\mathrm{f}}^{\frac{1}{2}}$。可见要使流量最大,使湿周 P 取极小值即可,由式(7-8)消去 b,并对深度求导取零得梯形断面渠道水力最优断面底宽和水深比(宽深比)如下:

$$P = \frac{A}{h} - mh + 2h\sqrt{1+m^2}$$

$$\frac{\mathrm{d}P}{\mathrm{d}h} = 0 = -\frac{A}{h^2} - m + 2\sqrt{1+m^2} \Rightarrow$$

$$-\frac{(b+mh)h}{h^2} - m + 2\sqrt{1+m^2} = 0$$

$$\frac{b}{h} = 2\left(\sqrt{1+m^2} - m\right) \tag{7-9}$$

再结合曼宁公式,即可确定梯形断面的形状了。特别地,矩形渠道的边坡系数 $m=0$,带入得矩形渠道的水力最优断面的宽深比为 2。梯形渠道的水力最优断面计算见本章 7.8.3 小节。

一般渠道设计时还需根据渠道材料考虑其不被冲刷的最大流速及不产生淤积的最小设计流速,具体经验数据可参见相关的水力学及流体力学教材(如刘亚坤,2016;刘建军,章宝华,2006)。

7.2.5 无压圆管均匀流

当圆管内的水未充满又处于均匀流状态时,即为无压圆管均匀流,对其处理和明渠流一样。其断面几何要素如图7-5所示。

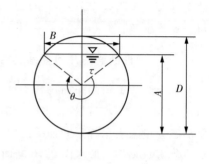

图7-5 无压圆管均匀流过水断面

设 D 为圆管直径,h 为水深(含水部分的最大深度),我们定义其充满度 $\alpha = \dfrac{h}{D}$,充满角 θ 为由圆心至自由水面和圆周交点半径的夹角。有如下几何关系成立:

$$\alpha = \sin^2 \frac{\theta}{4}, A = \frac{D^2}{8}(\theta - \sin\theta), P = \frac{D}{2}\theta, R = \frac{D}{4}\left(1 - \frac{\sin\theta}{\theta}\right) \qquad (7-10)$$

式中 A, P, R 分别为无压圆管均匀流的断面面积、湿周及水力半径。可以按曼宁公式计算其平均流速及流量,结果如图7-6所示。这是个无量纲化的图,横轴表示充满度,纵轴表示圆管内无压均匀流在对应充满度时的流量 Q 或流速 V 与它们对应下标为0的满管时对应值的比。由图可见,无压圆管均匀流的流量及流速均在非充满时达到最大值,流速在充满度约为0.81时达到最大,约为1.16;流量在充满度约为0.95时达到最大,约为1.087。

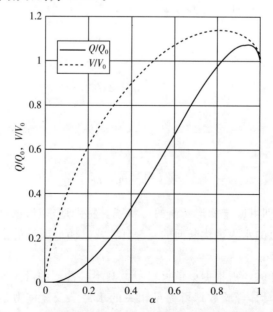

图7-6 无压圆管均匀流不同充满度下的流量比及流速比图

7.2.6　复式断面明渠均匀流

天然河道的断面常常是不规整的,不同的部分具有不同的形状及曼宁系数。这里我们分两种情形来讨论。一种是断面的不同部分是由不同材料做成的。这时我们以各段材料所占湿周的长度 P_i 来进行如下加权平均求得等效曼宁系数:

$$n = \frac{\sum_i n_i P_i}{\sum_i P_i} \quad (7-11)$$

再应用曼宁公式求得流量。另一种情形如图 7-7 所示断面各部分的形状不同,这时我们对不同的部分分别应用曼宁公式求得各部分对应的流量,再相加即得河道的总流量,即

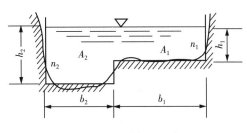

图 7-7　复式断面示意图

$$Q = \sum_i \frac{A_i}{n_i} R_i^{2/3} S_{fi}^{1/2} = \sum_i \frac{1}{n_i} \frac{A_i^{5/3}}{P_i^{2/3}} S_{fi}^{1/2} \quad (7-12)$$

要注意的是,计算断面各部分的湿周 P 时,不能计入内部液体相交的线段。具体参见 7.8.4 小节。

7.3　明渠渐变流

棱柱形渠道中的明渠流由于底床或边界的变化所引起水深逐渐变化的流动即为明渠渐变流。针对其流动特点我们引入了断面比能的概念,据之可定性地分析流动的特性、急流、缓流以及临界弗雷德数等,最后我们将导出非均匀渐变流的基本微分方程并在 7.4 节分析可能出现的 12 种水面曲线。

7.3.1　断面比能及其曲线

对于非均匀渐变流,由于其总机械能中代表位置势能底床高度可以由实测的底床坡度做出准确的判断,且表面均为大气压,我们更关心的是渐变流水深 h 所代表的位置势能及相应流体流速改变所带来的动能的变化,所以我们将断面水深 h 和平均速度水头之和定义为**断面比能**(specific energy)。

$$E = h + \frac{\alpha V^2}{2g} \quad (7-13)$$

式中 α 为动能修正系数,对于明渠湍流,V 取断面深度平均流速,α 可近似取为 1。

以 h 为纵轴,E 为横轴,画出 $E-h$ 曲线,即**断面比能曲线**(specific energy diagram)。如图 7-8 所示,有如下三主要特点:

(1)E,h 都只能取正值,所以该曲线一定位于第一象限;

(2)$h\to\infty$ 时,$V\to 0$,所以 E 此时无限逼近 h,但不等于 h,$E=h$ 是断面比能的一条渐近线;

(3)$h\to 0$ 时,$V\to\infty$,所以 E 此时也趋于无穷,横轴是断面比能曲线的另一条渐近线,也即断面比能曲线位于第一象限的下半部。

为不失一般性,假设有一宽为 1m 的矩形渠道,作出流量分别为 $0.05\mathrm{m}^3/\mathrm{s}$,$0.10\mathrm{m}^3/\mathrm{s}$,$0.15\mathrm{m}^3/\mathrm{s}$ 时的三条断面比能曲线,如图 7-8 所示。

由前述三点分析及图 7-8 可知:

(1)断面比能曲线只能位于第一象限的 $0\sim45°$ 的范围内,且两头趋于无穷大。

(2)在特定棱柱形渠道中,一个流量对应一条断面比能曲线。随着流量的增大,断面比能曲线整体向右上方迁移,反映了断面比能及水深随着流量的增加而增加的趋势。

(3)如图 7-8 中 A,B 线所示,由表示水深纵坐标作一水平线和断面比能曲线相交,其和图中虚线所示的 45° 等分角线的交点的长度恰表示流动的水深,代表着位置水头;水平线由等分角线交点继续至和断面比能交点的线段长度恰为流动的单位重量流体的速度水头。

(4)对应于一定的流量,断面比能有极小值,以此为界,断面比能和水深的关系完全不同,反映了存在两种不同性质的明渠流。

(5)我们将一定流量的棱柱形渠道中明渠流断面比能最小值处对应的水深称之为**临界水深**(critical depth),其流动为**临界流**(critical flow);处于临界水深之下的流动为**急流**(supercritical flow);之上为**缓流**(subcritical flow)。急流的断面比能随着水深的增加而减小,而缓流的断面比能随着水深的增加而增加。

(6)缓流的位置水头大于速度水头,如图 7-8 中 A 线和 $Q=0.05\mathrm{m}^3/\mathrm{s}$ 的断面曲线的交点所示水深时的流动;急流的速度水头大于位置水头,如图 7-8 中 B 线和 $Q=0.05\mathrm{m}^3/\mathrm{s}$ 的断面曲线的交点所示水深时的流动。

将式(7-13)两边对 h 求导,求 E 的极小值:

$$\frac{\mathrm{d}E}{\mathrm{d}h}=1+\frac{\alpha}{2g}\frac{\mathrm{d}}{\mathrm{d}h}\left(\frac{Q}{A}\right)^2=1-\frac{\alpha Q^2}{A^3 g}\frac{\mathrm{d}A}{\mathrm{d}h}\overset{\text{参见图7-9}}{\approx}1-\frac{\alpha Q^2 B}{A^3 g}=0$$

进而得到棱柱形渠道中明渠均匀流临界水深的一般计算公式为

$$\frac{\alpha Q^2}{g}=\frac{A^3}{B} \tag{7-14}$$

式中 Q 为流量，A 为断面面积，B 为渠道水面宽度。由图 7-9 可见断面面积对水深的导数 dA/dh 恰等于水面宽度 B。特别地，对于矩形断面的渠道，设动能修正系数为 1，可推出其临界水深 h_c 的计算式为

$$\frac{Q^2}{g}=\frac{A^3}{B}\Rightarrow\frac{A^3}{B^3}=\frac{Q^2}{B^2 g}\Rightarrow h_c=\sqrt[3]{\frac{q^2}{g}} \qquad (7-15)$$

式中 $q=Q/B$ 为单宽流量。

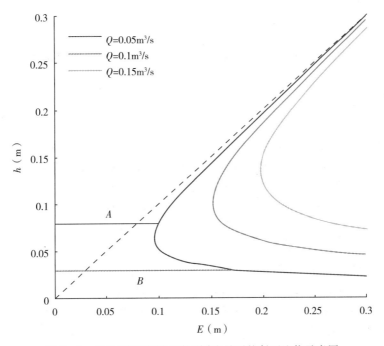

图 7-8　棱柱形渠道中三种不同流量下的断面比能示意图

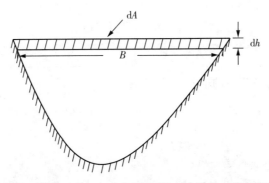

图 7-9　断面水面微元面积 dA 除以其高度 dh 近似等于渠道宽度 B 示意图

7.3.2 临界弗雷德数的导出及其多重物理意义

由式(7-14),在临界水深处可继续推导出

$$\frac{\alpha Q^2}{g}=\frac{A^3}{B}\Rightarrow\frac{\alpha Q^2}{A^2 g(A/B)}=1\Rightarrow\frac{\alpha V^2}{gh_c}=1\overset{\text{设}a=1}{\Rightarrow}\frac{V}{\sqrt{gh_c}}=1\Rightarrow Fr_c=1 \qquad (7-16)$$

式中我们将断面面积除以渠道宽度 A/B 定义为**水力深度** h(hydraulic depth),将 $\frac{V}{\sqrt{gh}}$ 定义为明渠流的**弗雷德数**(Froude number),即得到流量恒定的明渠流为临界流时的弗雷德数为 1,此时的水力深度为**临界水深**(critical depth),一般用 h_c 来表示。可根据式(7-14)或式(7-15)计算出明渠流的临界水深。

2.3.2 小节讨论相似准则时,我们知道弗雷德数表示的是惯性力和重力的比。式(7-16)向我们显示临界流的惯性力和重力恰处于平衡状态。实际上如 7.3.3 小节推导所示,明渠流中弗雷德数的分母 $\sqrt{gh}$ 有实际的物理意义,即表示浅水扰动波的波速,所以弗雷德数还有表示明渠流的平均流速和扰动波波速之比的物理意义。根据前节讨论我们知道,急流的速度水头大于位置水头,其弗雷德数大于 1,而缓流则相反。急流的扰动波不能向上游传播,缓流则可以。

7.3.3 扰动波波速的推导

实验告诉我们,明渠流中的浅水扰动波的波速是恒定的,设如图 7-10 所示在静止的水体中其值为 c,方向向左,我们可以通过对如图虚线 1,2 断面所示的随波峰移动的控制体应用连续性方程及伯努利方程推导出 c 的表达式。

设渠道正常水深为 h,对应断面面积为 A,由于波动引起的超高为 $\mathrm{d}h$,断面面积的改变值为 $\mathrm{d}A$,1 断面处相对于控制体的速度为 c,由连续性方程得

$$cA=V_2(A+\mathrm{d}A)\Rightarrow V_2=\frac{A}{A+\mathrm{d}A}c$$

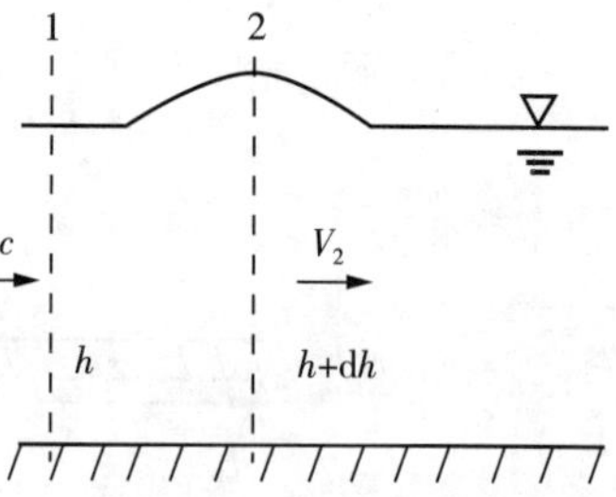

对 1,2 断面忽略其间的能量损失列伯努利方程有

图 7-10 以静水扰动波波速运动的包含波峰的控制体 1,2 断面示意图

$$h+\frac{c^2}{2g}=h+\mathrm{d}h+\frac{c^2}{2g}\left(\frac{A}{A+\mathrm{d}A}\right)^2$$

$$\mathrm{d}h=\frac{c^2}{2g}\left(1-\frac{A^2}{A^2+2A\mathrm{d}A+(\mathrm{d}A)^2}\right)\approx\frac{c^2}{g}\frac{A\mathrm{d}A}{A^2+2A\mathrm{d}A}$$

$$c=\sqrt{g\,\mathrm{d}h\left(\frac{A}{\mathrm{d}A}+2\right)}=\sqrt{g\left(\frac{A}{\mathrm{d}A/\mathrm{d}h}+2\,\mathrm{d}h\right)}\approx\sqrt{g\,\frac{A}{B}}=\sqrt{gh} \qquad (7-17)$$

我们得到扰动波的波速为根号下重力加速度和水力深度的乘积,恰为弗雷德数的分母,所以**弗雷德数也具有明渠均匀流流速和扰动波波速之比的物理意义**。

7.3.4　棱柱形渠道渐变流基本微分方程

对如图 7-11 所示的棱柱形渠道非均匀渐变流相距为 $\mathrm{d}x$ 的断面 1 和 2 应用伯努利方程得

$$(z+h)+\frac{\alpha V^2}{2g}=(z+\mathrm{d}z+h+\mathrm{d}h)+\frac{\alpha\,(V+\mathrm{d}V)^2}{2g}+\mathrm{d}h_1$$

$$\mathrm{d}z+\mathrm{d}h+\mathrm{d}\left(\frac{\alpha V^2}{2g}\right)+\mathrm{d}h_\mathrm{f}=0$$

$$\frac{\mathrm{d}z}{\mathrm{d}x}+\frac{\mathrm{d}h}{\mathrm{d}x}+\frac{\mathrm{d}}{\mathrm{d}x}\left(\frac{\alpha V^2}{2g}\right)+\frac{\mathrm{d}h_\mathrm{f}}{\mathrm{d}x}=0 \qquad (7-18)$$

其中略去了高级无穷小项,中间等式两边同除以 $\mathrm{d}x$ 得到最后的式子,可进一步化简如下

$$\frac{\mathrm{d}z}{\mathrm{d}x}=\frac{z_2-z_1}{\mathrm{d}x}=-\frac{z_1-z_2}{\mathrm{d}x}=-S,\frac{\mathrm{d}h_\mathrm{f}}{\mathrm{d}x}=S_\mathrm{f}$$

$$\frac{\mathrm{d}}{\mathrm{d}x}\left(\frac{\alpha V^2}{2g}\right)=\frac{\mathrm{d}}{\mathrm{d}x}\left(\frac{\alpha Q^2}{2gA^2}\right)=-\frac{\alpha Q^2}{gA^3}\frac{\mathrm{d}A}{\mathrm{d}x}=-\frac{\alpha Q^2}{gA^3}\frac{B\mathrm{d}h}{\mathrm{d}x}=-\frac{\alpha V^2}{gA/B}\frac{\mathrm{d}h}{\mathrm{d}x}=-Fr^2\,\frac{\mathrm{d}h}{\mathrm{d}x}$$

带入式(7-18)整理即得明渠渐变流的基本微分方程

$$\frac{\mathrm{d}h}{\mathrm{d}x}=\frac{S-S_\mathrm{f}}{1-Fr^2} \qquad (7-19)$$

下面我们将应用其对棱柱形渠道中水面曲线的上升、下降或突变做定性分析以及进行水面高低变化的定量计算。

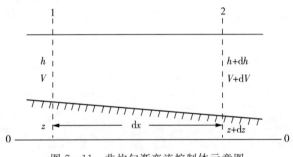

图 7-11　非均匀渐变流控制体示意图

明渠渐变流水面
曲线分析例

7.4 明渠渐变流水面曲线分析

这里所讨论的**水面曲线**(water surface profile)是指直棱柱形渠道中明渠流沿流向的纵剖面和水面的交线。根据 7.3.4 小节所推导的非均匀渐变流的基本微分方程,我们可以对顺坡、平坡及逆坡中可能出现的 12 种水面曲线做出定性地判断,并在本章 7.6 节进一步地学习如何对水面曲线进行定量计算。

7.4.1 流动空间的分区

在 7.1.2 小节,我们将底坡分为顺坡、平坡及逆坡。由前面的学习我们知道,对于足够长的棱柱形顺坡来说,其内流量一定的均匀流可由曼宁公式(7 - 7)给出正常水深,由式(7 - 14)给出临界水深。如果顺坡均匀流的正常水深在临界水深之上,我们将此坡称为**缓坡**(mild slope),如图 7 - 12(a)所示;正常水深在临界水深之下为**陡坡**(steep slope),如图 7 - 12(b)所示;二者重合为**临界坡**(critical slope),如图 7 - 12(c)所示。平坡和逆坡[图 7 - 12(d)、图 7 - 12(e)]没有正常水深,只存在流量函数的临界水深。

为了更加方便地讨论水面曲线,我们对明渠流渠底上的空间依据正常水深及临界水深,做如下分区:在两种水深之上的为**1 区**;二者之间的为**2 区**;二者之下的为**3 区**。顺坡的缓坡和陡坡都存在 1,2,3 区[图 7 - 12(a)(b)],其内的水面曲线分别以 M_1,M_2,M_3 及 S_1,S_2,S_3 命名。临界坡的正常水深和临界水深重合,只有 1,3 区[图 7 - 12(c)],其内的水面曲线分别以 C_1,C_3 命名。对平坡及逆坡来说,由于它们不存在正常水深,我们可以想象正常水深无限高,而且临界水深和坡度无关式(7 - 14),这样平坡和逆坡仅存在 2 区和 3 区[图 7 - 12(d)(e)],其内的水面曲线分别以 H_2,H_3 及 A_2,A_3 来命名。这样流量一定的棱柱形渠道就共可能有 12 种水面曲线。下面我们应用非均匀渐变流的基本方程式(7 - 19)对其进行一一分析。

$S < S_0$	$S > S_0$	$S = S_0$
(a)缓坡	(b)陡坡	(c)临界坡

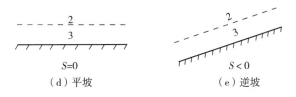

图 7-12 底坡的分类及分区

7.4.2 缓坡及陡坡的水面曲线

由于这里的分析讨论主要依据非均匀渐变流的微分方程式(7-19),将其复制到这以方便讨论：

$$\frac{\mathrm{d}h}{\mathrm{d}x}=\frac{S-S_f}{1-Fr}$$

其中的水力坡度或能坡依据式(7-7)的曼宁公式计算：

$$V=\frac{Q}{A}=\frac{1}{n}R^{2/3}S_f^{1/2}\Rightarrow S_f=\frac{n^2Q^2}{A^2R^{4/3}} \tag{7-20}$$

缓坡中的明渠流为均匀流时,底坡 S 和能坡 S_f 相等,依据式(7-19),所以 $\frac{\mathrm{d}h}{\mathrm{d}x}=0$,也即水面深度不变,水面平行于底坡。当其为位于缓坡 1 区的非均匀渐变流时,记住这里及以下的讨论中都是假设在流量 Q、底坡 S 及曼宁系数 n 不变的情形下,A 及 R 较正常水深时增加,根据式(7-20),S_f 必然减小,这样式(7-19)中分子大于零;而其时为缓流,$Fr<1$,分母也大于零,所以 $\frac{\mathrm{d}h}{\mathrm{d}x}>0$,即水面曲线沿着流动方向上升,我们称之为 **$M_1$ 升水曲线**(M_1 backwater curve,简称为 M_1),如图 7-13 所示。设该渠道足够长,那么 M_1 上游以正常水深线为渐近线。在下游我们考虑极端的情形 $h\to\infty \overset{式(7-19)}{\Rightarrow} \begin{matrix}S_f\to 0\\Fr\to 0\end{matrix} \overset{式(7-18)}{\Rightarrow} \frac{\mathrm{d}h}{\mathrm{d}x}=S$,即水面的升高弥补了坡度的下降,$M_1$ 在下游水面以水平线为渐近线。图 7-13 右图最上部给出了 M_1 曲线的一个实例。

当其为位于缓坡 2 区的非均匀渐变流时,A 及 R 较正常水深小,依据式(7-20),S_f 必然增加,这样式(7-19)中分子小于零;而其依然为缓流,$Fr<1$,分母大于零,所以 $\frac{\mathrm{d}h}{\mathrm{d}x}<0$,即水面曲线沿流动方向下降,我们称之为 **$M_2$ 降水曲线**(M_2 drawdown curve,简称为 M_2)。设该渠道足够长,那么 M_2 上游也以正常水深线为渐近线。在下游我们考虑极端的情形 $h\to h_c \overset{式(7-19)}{\Rightarrow} Fr\to 1 \overset{式(7-18)}{\Rightarrow} \frac{\mathrm{d}h}{\mathrm{d}x}=\infty$,即水面与临

界水深线正交。图 7-13 右图中间给出了 M_2 曲线的一个实例。

当其为位于缓坡 3 区的非均匀渐变流时,和 2 区一样 A 及 R 较正常水深小,S_f 升高,式(7-19)分子小于零;而其为急流,$Fr>1$,分母也小于零,所以 $\dfrac{dh}{dx}>0$,这样和 1 区类似水面曲线沿着流动方向上升,我们称之为 **M_3 升水曲线**(简称为 M_3)。一般 M_3 的上游由出流条件控制,比如缓坡上闸门打开深度低于临界水深线。和 M_2 一样,M_3 的下游和临界水深正交。图 7-13 右图下部给出了 M_3 曲线的一个实例。

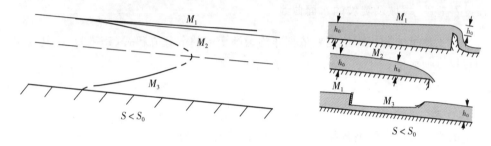

图 7-13　缓坡的水面曲线类型及实例示意图(S_0 为临界坡)

对于陡坡,依据式(7-19)及式(7-20)可进行和缓坡完全类似的分析(思考练习题 7.2),并得出如下结论:如图 7-14 所示,陡坡上的非均匀渐变流在 1 区为 **S_1 升水曲线**,其上游与临界水深线正交,下游以水平线为渐近线;在 2 区为 **S_2 降水曲线**,其上游与临界水深线正交,下游以正常水深线为渐近线;在 3 区为 **S_3 升水曲线**,其上游亦由出流条件控制,下游以正常水深线为渐近线。

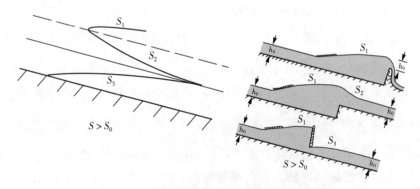

图 7-14　陡坡的水面曲线类型及实例示意图

7.4.3　临界坡、平坡及逆坡的水面曲线

对于临界坡,正常水深和临界水深重合,只存在 1,3 区,在 1 区,依据式(7-19),$Fr<1$,$S_f<S \Rightarrow \dfrac{dh}{dx}>0$,所以水面曲线为 C_1 升水曲线。在 3 区,依据式(7-

19)，$Fr>1$，$S_f>S\Rightarrow\dfrac{dh}{dx}>0$，所以水面曲线为 C_3 升水曲线。C_1 的下端和 M_1、S_1 一样以水平面为渐近线，C_3 的上端和 M_3、S_3 的上端一样由出流条件控制。但在 C_1 的上端及 C_3 的下端和正常及临界水深线的交接处，由于 $Fr=1$，$S_f=S\Rightarrow\dfrac{dh}{dx}=\dfrac{0}{0}$，在数学上出现了不定形，按临界水深算，其应和水面垂直，按正常水深算，其应平行于水面线，究竟为何呢？实际临界上的水流是不稳定的，所以设计渠道时，我们要尽可能地避开临界坡。

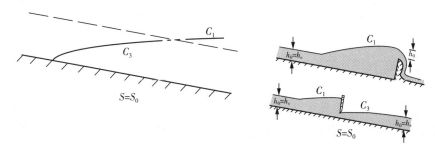

图 7-15　临界坡水面曲线类型及实例示意图

平波及逆坡的 S 等于或小于零，由于 $S_f>0$，这样式（7-19）的分子总是小于零，对处于 2 区的 H_2，A_2 来说，$Fr<1\Rightarrow\dfrac{dh}{dx}<0$，所以它们均为降水曲线。对处于 3 区的 H_3、A_3 来说，$Fr>1\Rightarrow\dfrac{dh}{dx}>0$，所以它们均为升水曲线。同前分析可得，$H_2$，$A_2$ 的上端以水平线为渐近线；H_3，A_3 的上端由出流条件控制；它们的下端由数学式判断，应和临界水深线正交。

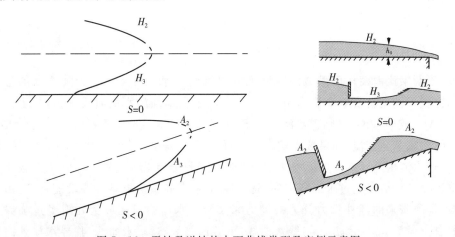

图 7-16　平坡及逆坡的水面曲线类型及实例示意图

7.4.4　水面曲线分析小结

在此强调一下,本节所分析的水面曲线均是指棱柱形渠道中流量一定的明渠流的水面曲线,并且假设渠道足够长。通过前面的分析我们看到不同坡道上水面曲线在相同的分区内有许多共性,总结如下:

(1)缓坡 3 个区,陡坡 3 个区,临界坡 2 个区,平坡 2 个区,逆坡 2 个区,共 12 个区;微分方程式在每个区的解是唯一的,因此明渠非均匀渐变流水面共有 12 种变化,即 12 条水面曲线。

(2)在所有区域中,1,3 区均为升水曲线,2 区均为降水曲线。

(3)处于 3 区及陡坡 2 区的急流水面的控制水深在上游,而位于 1 区及缓坡、平坡及陡坡 2 区缓流的控制水深在下游。

(4)除 C_1,C_3 外,所有水面曲线在水深趋于正常水深时,均以正常水深线为渐近线;所有水深趋于临界水深时,均与临界水深线正交,预示着某种急变,这就是下节将讨论的水跃或水跌。

7.5　明渠急变流:水跌与水跃

当明渠流的水流深度在短距离内发生急剧变化时就产生了急变流,如水跃、泄洪道口的流动、非棱柱形渠道内的流动、汇流及桥墩处的流动等。急变流的水面曲线弯曲度较大、断面压力不按静压分布,其动能及动量修正系数往往偏离较大。理论分析时往往可以忽略边界的摩擦力,因为其相对较小。本节我们主要分析探讨水跃及水跌。

7.5.1　水跌

当明渠流由棱柱形渠道的缓坡上的缓流或水库中突然转变为陡坡上的急流时,在坡折处就会发生**水跌**(hydraulic drop),根据前面的水面曲线分析,其水面曲线为 M_2(或 H_2,A_2)经临界水深转接 S_2 的降水曲线。这时如果缓坡转变为陡坡坡折大,就属于急变流;如果坡折较小,可当作非均匀渐变流处理。如图 7 - 17 所示,当左边水流由库区或缓坡上水深较深的速度较慢处转变为陡坡上正常水深较小速度较快处时,恰可通过水面高度的降低自然地将其位置势能转化为动能,同时由底坡增加所带来的额外重力分力的助力来实现。水面曲线在坡折处需经过临界水深,其上游为 M_2(或 H_2,A_2)降水曲线,下游连接为 S_2 降水曲线,临界水深处同时也是两条降水曲线的拐点。

还有种水跃为发生在缓坡上的缓流流至断崖形成**自由落流**(free overfall)。实验表明,这时由于水流突然失去了底床的支撑而受重力突然增强的影响,断崖直上方的水深约为临界水深的 0.72 倍,临界水深出现在断崖前 3～10 倍临界水深的长度处(Finnermore、Franzini,2012)。出现临界水深的断面一般可以被用作**控制断面**(control section),可以对矩形断面应用式(7-15)或对非矩形断面应用式(7-14)来计算渠道内的流量。

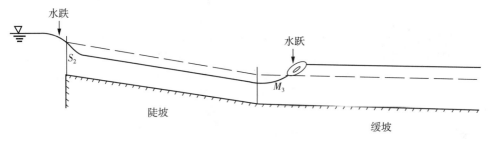

图 7-17　急变流的水跌、水跃示意图

7.5.2　水跃

和缓坡转变为陡坡的情形相反,当棱柱形渠道的陡坡上的急流突然转至缓坡上时,我们可以从水面曲线分析及断面比能曲线分析两个方面来定性地判断出此时会发生急变,产生急变流。首先从水面曲线分析的角度来看,水流由陡坡的急流转为缓坡上的缓流,水面曲线必须经过 S_2 及 M_2 区上升,方可达到缓坡上的正常水深。本章 7.4.2 小节的非均匀渐变流的水面曲线分析告诉我们 S_2、M_2 必须下降,而此时水面曲线必须上升,这也就意味着此时的流动必然不会是渐变流,必须以某种急变的方式达成。另一方面从能量的角度来看,参见断面比能图 7-8,水面曲线必须经过断面比能最低的临界水深点,其间由于断面比能的动能部分较大,少部分可由水面的升高来转换为势能,但大部分动能如何在坡折处快速地耗散掉呢? 由于距离、时间均较短,底床摩擦力的作用也是有限的,这意味着急流的动能必须以某种激烈的方式或急变流的方式来耗散掉。实验告诉我们这种水面曲线经过 2 区突然升高并耗散掉大量动能的急变流就是如图 7-18 所示水花翻滚极度湍流涡动的**水跃**(hydraulic jump)的形式来实现的。图 7-18 为流量为 4L/s 的水流由左边 3°的陡坡上的急流转换为右边 0.01°缓坡上的缓流,可见靠左侧标记线坡折处的水浪涌动的水跃。

对如图 7-19 所示泄洪道下水平渠道上发生水跃的前后恰为均匀流的两断面1,2 间控制体,应用动量方程可推导出跃前、跃后水深之间的关系。忽略摩擦力、重力的影响,该控制体沿水平方向所受的外力主要为均匀流部分呈静压分布的压力,应用动量方程有

$$\sum F = \rho Q (\beta_2 V_2 - \beta_1 V_1)$$

$$\gamma h_{c1} A_1 - \gamma h_{c2} A_2 = \frac{\gamma}{g} Q \left(\frac{\beta_2 Q}{A_2} - \frac{\beta_1 Q}{A_1} \right)$$

$$\frac{\beta_1 Q^2}{g A_1} + h_{c1} A_1 = \frac{\beta_2 Q^2}{g A_2} + h_{c2} A_2 \tag{7-21a}$$

式中,下标 c 表示压力作用点断面形心的深度,其大小为均匀流断面水深的一半。

图 7-18   矩形渠道内陡坡至缓坡坡折处水跃照片(水流方向由左向右)

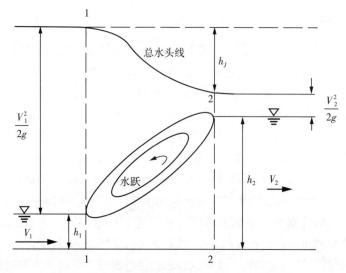

图 7-19   泄洪道下水平渠道上的水跃示意图

特别地,对于矩形断面的渠道,进一步可推得跃后水深与跃前水深关系为(思考练习题 7.3):

$$h_2 = \frac{h_1}{2} \left(\sqrt{1 + 8 Fr_1^2} - 1 \right) \tag{7-21b}$$

可见在相同的跃前水深的条件下,跃前急流的弗雷德数越高,跃后水深越高。发生水跃前后的能量损失为

$$h_J = E_1 - E_2 = \left(h_1 + \frac{V_1^2}{2g}\right) - \left(h_2 + \frac{V_2^2}{2g}\right) \overset{矩形渠道}{=\!=\!=} \frac{(h_2 - h_1)^3}{4h_1 h_2} \qquad (7-22)$$

根据一实验研究报告(USBR Hyd - 399,1955),不同跃前弗雷德数下水跃的形态及耗散的能量如表 7 - 2 所示。

表 7 - 2　水跃的类型

水跃名	跃前弗雷德数	能量耗散率	特征
波纹水跃(undular jump)	1.0~1.7	<5%	驻波
弱水跃(weak jump)	1.7~2.5	5%~15%	平滑上升
震荡水跃(oscillating jump)	2.5~4.5	15%~45%	不稳定(设计要避开)
稳定水跃(steady jump)	4.5~9.0	45%~70%	最佳设计范围
强水跃(strong jump)	>9.0	70%~85%	间发性汹涌

下游渠道的均匀流正常水深 h_n 和跃后水深 h_2 的相对大小决定了水跃发生的位置,如 $h_n < h_2$,产生坡折后远驱式水跃;如 $h_n = h_2$,产生坡折处的临界式水跃;如 $h_n > h_2$,产生坡折前的淹没式水跃。

7.6　渐变流水面曲线计算

在定性地分析了渐变流水面曲线的变化及讨论了两种典型的急变流后,这节我们定量地计算渐变流的水面曲线的变化。一般是将总水面高度的变化分成一些小段,然后应用基本微分方程计算出发生对应高度变化的水平距离。

水面曲线计算及其 GUI 程序

7.6.1　基本方程的导出及平均能坡的计算

对图 7 - 20 所示的非均匀渐变流相邻为 dx 的两断面 1,2 间的一段控制体应用伯努利方程得

$$z + h + \frac{\alpha V^2}{2g} = z + dz + h + dh + \frac{\alpha(V+dV)^2}{2g} + h_1 \Rightarrow S\Delta x - S_f \Delta x = E_2 - E_1$$

进而得到两断面间距计算公式为

$$\Delta x = \frac{E_2 - E_1}{S - \bar{S_f}} \qquad (7-23)$$

式中 E 为断面比能，S 为底坡，两断面间的平均能坡由曼宁公式(7-7)推出的下式计算

$$\overline{S}_{\mathrm{f}} = \frac{\overline{n}^2 \overline{V}^2}{\overline{R}^{4/3}} \tag{7-24}$$

式中 $\overline{V}, \overline{n}, \overline{R}$ 分别为两断面间的平均流速、平均曼宁系数及平均水力半径。下面介绍具体的计算步骤。具体计算例请参见 7.8.5 小节。

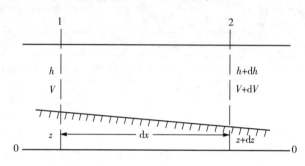

图 7-20　非均匀渐变流微元段示意图

7.6.2　棱柱体明渠渐变流的水面曲线计算

棱柱形渠道的面积为深度的函数，对流量一定的明渠渐变流，水面曲线的计算步骤如下：

(1)从已知的控制断面(缓流的一般在下游，急流的在上游)的高度开始，将水面的总高度变化分成若干个小段，分得越细，算得越准；

(2)算出各断面的流速、断面比能、能坡；

(3)依据式(7-24)算出各段的平均能坡；

(4)应用式(7-25)算出对应发生各高度变化的水平距离；

(5)求和即得总水平距离。

具体请参见 7.8.5 小节应用 1,2 以及 7.9 节的 MATLAB 编程应用。

7.6.3　非棱柱体明渠及天然河道的水面曲线计算

天然河道一般为非棱柱形渠道，断面面积不仅是水深的函数也是沿流向距离的函数，所以如棱柱形渠道一样仅分段假定水深是不够的。一般采用试算法，步骤如下：

(1)将河道分为若干段；

(2)由已知控制断面处的水深及断面面积算出该处的断面比能及能坡；

(3)假定与之相隔 Δx 的断面处的水深 h_2，进而算出该断面的比能及能坡；

(4)由此两断面的比能及平均能坡、已知底坡，由式(7-23)算出理论的间隔 $\Delta x'$；

（5）若 $\Delta x' > \Delta x$，则减小 h_2，反之增大 h_2，重复步骤（2）～（4），直至 $\Delta x' \approx \Delta x$ 在满意精度范围内；

（6）继续对下一个断面进行上面的步骤。

具体例子请参见 7.8.5 小节应用 3。对于天然河道需注意的是，断面间水位差不可过大，平原河流一般取 0.1～0.2m，山区可稍大；计算流段内不可有支流。

7.7　明渠弯道流

和前面讨论的直渠道中的明渠流不同，自然界的河流一般都是蜿蜒曲折的，在弯道处有离心力的作用所带来的水面在外岸的超深高以及垂直于主流向的二次流，这节讨论这两方面内容。也有把弯道顶点处**外岸**（outer bank）称为凹岸，而**内岸**（inner bank）称为凸岸。

7.7.1　弯道外岸的超升高

我们将弯道内外岸自由水面的高度差 Δh 定义为**超升高**（superelevation）。如图 7 - 21 所示，设弯道半径为 r，河道的宽度为 B，平均流速为 V，内外岸的水面高度分别为 $h, h + \Delta h$，取如图 7 - 21 所示的沿流向内侧长度为 b 的一段为隔离体，在弯道处产生的向心加速度为 $a = \dfrac{V^2}{r}$。由于隔离体较小，设隔离体的内外长度近似一致为 b，则其质量可近似表示成 $m \approx \rho h b B$。忽略底部摩擦力，在弯道半径方向上的外力主要为压力，设压力符合静压分布，则由内外压力差产生向心加速度：

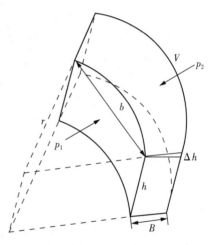

图 7 - 21　明渠流弯道隔离体示意图

$$\sum F = p_2 - p_1 = \gamma \frac{h + \Delta h}{2} b(h + \Delta h) - \gamma b \frac{h^2}{2} = \gamma b \left(h \Delta h + \frac{(\Delta h)^2}{2} \right)$$

$$\approx \rho g b h \Delta h = ma = \rho b h B \frac{V^2}{r}$$

进而得到超升高：

$$\Delta h = \frac{BV^2}{gr} \tag{7-25}$$

推导中忽略了高阶无穷小的 Δh^2。可见弯道外岸的超升高和流速的平方及河道宽度成正比,和弯道半径成反比。

7.7.2 弯道断面的二次流

在弯道处,靠近河床底部沿主河道流向速度较小,压力起主要作用,由于超升高外岸的底部静压大于内岸的,会促进弯道外岸底部的水流向内岸[图 7 - 22(a)];同时,在弯道表面,气压均为大气压,水面沿径向所受的作用力主要为指向外岸的离心力,促进水向外岸流,这样就形成了在弯道表面由内岸指向外岸、在底部则相反的弯道二次流,如图 7 - 22(a)所示。实际河道的二次流叠加在主流上,形成如图 7 - 22(b)所示的沿主流向的三维螺旋流。弯道二次流会促进河道在外岸侵蚀变坡较陡、内岸的略下方堆积而变坡较缓的演变,促进弯道更弯地向下游推移,直至截弯取直,形成牛轭湖。这些已属于河流动力学研究的内容了。

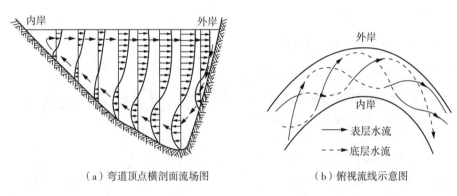

(a)弯道顶点横剖面流场图　　　　(b)俯视流线示意图

图 7 - 22　弯道二次流示意图(赵琴等,2014)

7.8　典型应用

7.8.1　均匀流流量及水深计算

以相对简单的矩形渠道为例,对梯形及其他断面形状的渠道也同样,关键是要应用曼宁公式。

1. 求流量

已知一矩形渠道宽 $B=2$m,水深为 $h=0.6$m,曼宁系数为 $n=0.015$,底坡 $S=0.0004$,求其中均匀流的流量。

解: 应用均匀流的曼宁公式(7-7)求流量,先求出断面面积及水力半径:

(1)断面面积　$A = Bh = 2\text{m} \times 0.6\text{m} = 1.2\text{m}^2$

(2)水力半径　$R = \dfrac{A}{B+2h} = \dfrac{1.2\text{m}^2}{(2+2\times0.6)\,\text{m}} = 0.375\text{m}$

(3)根据曼宁公式求流量

$$Q = AV = \frac{A}{n}R^{2/3}S_{\text{f}}^{1/2} = \frac{1.2\text{m}^2}{0.015}(0.375\text{m})^{2/3} \times (0.0004)^{1/2} = 0.832\text{m}^3/\text{s}$$

2. 求水深

对应用 1，如果已知流量为 $Q = 1.534\text{m}^3/\text{s}$，其他已知相同，但不知水深，求其正常水深。

解：应用曼宁公式(7-7)

$$Q = \frac{A}{n}R^{2/3}S_{\text{f}}^{1/2} = \frac{2h}{0.015} \times \left(\frac{2h}{2+2h}\right)^{2/3} \times (0.0004)^{1/2} = 1.534$$

得到的是一个关于 h 的高次方程，可以由以下两种方法求解。

解法 1：作图法。以水深 h 为横轴，以流量为纵轴，在合理的范围内取一系列的 h 值，比如说[0.5　1]的区间内，算出对应的 Q 值，作 Q-h 图如下，在图上找到对应 $Q = 1.534\text{m}^3/\text{s}$ 的解为 $h = 0.93\text{m}$。作图的 MATLAB 程序如下：

```
h = linspace(0.5,1,100);
Q = (2 * h).^(5/3)/0.015 * 0.02./(2 + 2 * h).^(2/3);
plot(h,Q)
xlabel('h(m)')
ylabel('Q(m^3/s)')
```

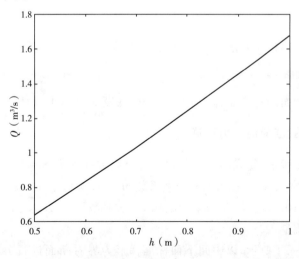

图 7-23　作图法求正常水深

解法 2：MATLAB 的内置函数 fsolve 求其解。用默认自变量 x 替代 h，在提示符≫后输入

```
fsolve('2 - .438 * x/0.015 * (2.438 * x/(2.438 + 2 * x))^(2/3) * sqrt(0.0004)',0.5)
```

回车即得其解为 $h=0.93\text{m}$。式中 fsolve 内置函数的最后输入的参数 0.5 为假想解，可为其他不同的值。

7.8.2 水力最优断面设计

一梯形渠道的边坡系数 $m=1.5$，底坡 $S=0.0005$，曼宁系数 $n=0.025$，设计流量 $Q=1.5\text{m}^3/\text{s}$，求其水力最优断面。

解：已知梯形渠道水力最优断面宽深比为

$$\frac{b}{h}=2\times(\sqrt{1+m^2}-m)=2\times(\sqrt{1+1.5^2}-1.5)=0.6056$$

所以断面面积为

$$A=(b+mh)h=(0.6065h+1.5h)h=2.1065h^2$$

湿周为

$$P=b+2h\sqrt{1+m^2}=0.606h+2h\sqrt{1+1.5^2}=4.2112h$$

再应用曼宁公式

$$Q=\frac{A}{n}R^{2/3}S_f^{1/2}=\frac{A^{5/3}}{n}P^{-2/3}S_f^{1/2}$$

$$=\frac{(2.1065h^2)^{5/3}}{0.025}\times(4.2112h)^{-2/3}\times0.0005^{1/2}=1.5$$

调用 MATLAB 内置函数求解，以 x 代替水深 h：

```
fsolve('(2.1065 * x * x)^(5/3)/0.025 * (4.2112 * x)^(-2/3) * sqrt(0.0005) - 1.5',1.0)
```

得其水力最优断面的正常水深为 $h=1.09\text{m}$，底宽 $b=0.6065h=0.66\text{m}$。

7.8.3 复式断面的水力计算

如图 7-24 所示，复式断面中的均匀流渠底坡度均为 $S=0.002$。已知主槽底宽 $b_1=15\text{m}$，正常水深 $h_{01}=2.6\text{m}$，边坡系数 $m_1=1.0$，糙率 $n_1=0.015$；左右两滩地对称，底宽 $b_2=10\text{m}$，正常水深 $h_{02}=1.0\text{m}$，边坡系数 $m_2=1.5$，糙率 $n_2=0.023$。求通过此河道的流量。

解：如图 7-24 所示，以中间下面标准梯形为界对断面进行分段，中间为断面 1，左右依次为断面 2 和断面 3。

对于断面 1，

断面面积为 $A_1 = \dfrac{1}{2}[b_1 + b_1 + 2m_1(h_{01} - h_{02})](h_{01} - h_{02}) + h_{02}[b_1 + 2m_1(h_{01} - h_{02})]$
$$= 44.76 \text{m}^2$$

湿周为 $\qquad\qquad P_1 = b_1 + 2m_1(h_{01} - h_{02}) = 18.2 \text{m}$

流量为 $\quad Q_1 = \dfrac{1}{n_1}\dfrac{A_1^{\frac{5}{3}} S^{1/2}}{P_1^{\frac{2}{3}}} = \dfrac{1}{0.015} \times \dfrac{44.76^{\frac{5}{3}} \times 0.002^{\frac{1}{2}}}{18.2^{\frac{2}{3}}} \text{m}^3/\text{s} = 244.9 \text{m}^3/\text{s}$

对于断面 2，

断面面积为 $\qquad\qquad A_2 = \dfrac{1}{2}h_{02}(b_2 + b_2 + m_2 h_{02}) = 10.75 \text{m}^2$

湿周为 $\qquad\qquad P_2 = b_2 + \sqrt{(m_2 h_{02})^2 + h_{02}{}^2} = 11.8 \text{m}$

流量为 $\quad Q_2 = \dfrac{1}{n_2}\dfrac{A_2^{\frac{5}{3}} S^{\frac{1}{2}}}{P_2^{\frac{2}{3}}} = \dfrac{1}{0.023} \times \dfrac{10.75^{\frac{5}{3}} \times 0.002^{\frac{1}{2}}}{11.8^{\frac{2}{3}}} \text{m}^3/\text{s} = 19.6 \text{m}^3/\text{s}$

总流量为 $\quad Q = Q_1 + 2Q_2 = 244.9 \text{m}^3/\text{s} + 19.6 \times 2 \text{m}^3/\text{s} = 284.1 \text{m}^3/\text{s}$

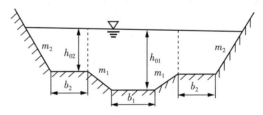

图 7-24　复式断面示意图

7.8.4　水面曲线作图

（1）假设图 7-25 所示的为由湖面以一定流量流入带坡折的棱柱形渠道,前段为陡坡,后段为缓坡。其曼宁系数恒定,我们除了左边湖面的初始水面高度外,不知道其后的水面曲线,试根据 7.4 节的明渠渐变流的水面曲线分析作出其水面曲线图。

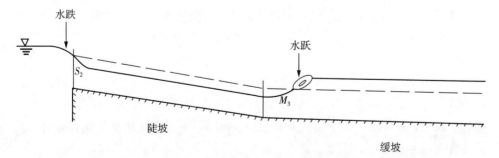

图 7-25　水面曲线的水跌和水跃示意图

解:作图步骤如下：

① 画出垂直的控制断面线（本题为陡坡入口处及坡折处）；

② 画出临界水深线（以虚线表示，为流量的函数，和底坡无关）；

③ 画出各坡段的正常水深线（陡坡在临界水深下，坡越陡越浅；缓坡在临界水深上，坡越缓越高）；

④ 依据 7.4 节的分析连接各坡段的正常水深线，关键要注意控制断面左右的连接，本题为在陡坡入口处存在由 M_2 降水曲线经过拐点的临界水深转变为 S_2 降水曲线，以及在陡坡转为缓坡处必须发生的水跃，水跃有三种可能位置（思考练习题 7.4），图中仅画出了其出现在缓坡上的一种。

2. 定性绘制如下图所示棱柱形渠道的水面曲线（设每段渠道均充分长，图中平行底坡的点画线为临界水深线，流量、粗糙度沿程不变）。

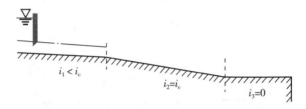

解:步骤同前，答案如图 7-26 所示。

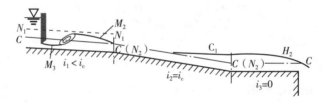

图 7-26 水面曲线的水跃示意图（莫乃榕、槐文信，2002）

7.8.5 水面曲线计算

（1）**缓流 M_2 降水曲线**。已知矩形断面排水渠道宽 $b=2$m，曼宁系数 $n=0.02$，底坡 $S=0.002$，排水流量 $Q=2.0$m³/s，渠道末端为跌坎排入河中。试定量计算水面曲线。

解:先应用曼宁公式（7-7）及式（7-15）（对非矩形渠道应用式（7-14））分别计算出正常水深及临界水深，然后按照 7.6.2 小节所述具体步骤计算。计算程序可参考 7.9 节所给出的关于陡坡上 S_2 曲线的计算，不过在此缓坡上计算方向为从下游的临界水深处往上计算。

① MATLAB 编程算出临界水深及正常水深分别为 0.4672m 及 0.7765m，为

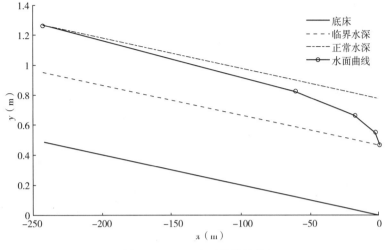

图 7 - 27 M_2 水面曲线计算

缓流。设末端跌坎经过临界水深,水面曲线应为 M_2 降水曲线。如图带圈实线所示,长虚线为临界水深线。

② 按 7.6.2 小节所给出的计算步骤进行。由临界水深至正常水深内插 3 个点(或更多的点)4 等分总深度变化 0.4672m,0.5446m,0.6219m,0.6992m,0.7765m,计算得出对应 4 段的渠道长度分别为 -3.2792m,-14.8869m,-42.9262m,-181.3961m,负号表示往上游走。取跌坎处 x 坐标为零,则对应上游各计算深度点的 x 坐标分别为 -3.2792m,-18.1662m,-61.0924m,-242.4885m,如图中水面线的圆圈所标注位置。可见 M_2 降水曲线越靠近临界水深点处下降相等的高度所需的渠道长度越短。

(2)**急流 S_2 降水曲线**。有一混凝土梯形断面的泄洪道,底坡 $S=0.06$,曼宁系数 $n=0.014$,底宽 2m,边坡系数 $m=1.0$。设进口处为临界水深,流量 $Q=32$ m^3/s,求其水面曲线。

解:方法同前,不过此坡为陡坡,得从上游的临界水深处开始计算。本题计算程序参见 7.9 节。

① MATLAB 编程算出正常水深及临界水深分别为 2.1081m 及 0.9071m,为陡坡。上游入流水深为临界水深,水面曲线应为 S_2 降水曲线。如图 7 - 28 所示带圈实线为水面曲线,长虚线为临界水深线,点画线为正常水深线。

② 由临界水深至正常水深内插 3 个点 4 等分总深度变化 2.1081m,1.8079m,1.5076m,1.2074m,0.9071m,计算得出对应 4 段的渠道长度分别为 1.8621m,8.6865m,28.5914m,158.5335m,为正表示往下游走。取入流临界水深处 x 坐标为零,则对应下游各计算深度点的 x 坐标分别为 1.8621m,10.5486m,39.1400m,

197.6734m,如图 7‐28 中水面线的圆圈所标注位置。可见 S_2 降水曲线靠近临界水深点处下降相等的高度所需的渠道长度越短。

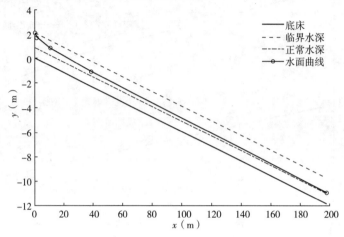

图 7‐28　S_2 水面曲线计算

（3）**非棱柱形渠道水面曲线**。水库混凝土泄洪道流量 $Q=300\text{m}^3/\text{s}$，由宽顶堰的平坡流入如图 7‐29 所示的断面排水渠道，为矩形但宽度逐渐变窄，长 20m，始端底宽 $b_1=20\text{m}$，末端底宽 $b_5=15\text{m}$，底坡 $S=0.15$，曼宁系数 $n=0.014$。设宽顶堰的末端为临界水深，泄洪道为陡坡，求其水面曲线，设精度控制在 2% 以内。

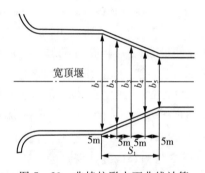

图 7‐29　非棱柱形水面曲线计算

解：将整个 20m 长的渠道分成间隔为 5m 的 4 等分，对应 5 断面的渠道宽度分别为 20.00m，18.75m，17.50m，16.25m，15.00m。依据题意起始断面深度为临界水深，则

$$q_1=\frac{Q}{b_1}=\frac{300\text{m}^3/\text{s}}{20\text{m}}=15\text{m}^2/\text{s}$$

$$h_1=\sqrt[3]{q_1^2/g}=\sqrt[3]{(15\text{m}^2/\text{s})^2/9.8\text{ms}^{-2}}=2.84\text{m}$$

$$V_1=\frac{q}{h_1}=\frac{15\text{m}^2/\text{s}}{2.84\text{m}}=5.28\text{m/s},E_1=h_1+\frac{V_1^2}{2g}=4.26\text{m},A_1=h_1b_1=56.8\text{m}^2$$

$$P_1=b_1+2h_1=25.68\text{m},R_1=\frac{A_1}{P_1}=2.21\text{m},S_{\text{fl}}=n^2V_1^2/R_1^{4/3}=0.0019$$

可用以下两种方法求解:

解法一:迭代法

如 7.6.3 小节介绍的对非棱柱形明渠流水面曲线的计算步骤,假设下一断面 b_2 处的水深为 $h_2 = 2.15\text{m}$,重复上面的计算,算得 1、2 断面间的平均水力坡度为

$$E_2 = h_2 + \frac{V_2^2}{2g} = 4.97\text{m}, \quad S_{f2} = n^2 V_2^2 / R_2^{4/3} = 0.00516$$

$$\overline{S}_f = 0.5(S_{f1} + S_{f2}) = 0.00353$$

进而由式(7-23)算得 $\Delta x' = \dfrac{E_2 - E_1}{S - \overline{S}_f} = \dfrac{4.97\text{m} - 4.26\text{m}}{0.15 - 0.00353} = 4.85\text{m}$,和已知的 5m 有一定的差距,要产生更大的间距可能就需要更大的高度差,所以重新假设深度为 2.13m,算得 $\Delta x'' = 5.05\text{m}$,此时精度为 1‰,已满足要求。

按照上述方法依次对下面各断面迭代计算得水深分别为 $h_3 = 2.01\text{m}, h_4 = 1.97\text{m}, h_5 = 1.99\text{m}$。具体请参见刘亚坤老师主编的《水力学》(P210~211)。

解法二:调用 MATLAB 的内置函数法

设第二段以后的水深为系统变量 H,算得对应以 H 表示的断面的 E_2、S_{f2} 后,构造位置变量为水深 H 的零函数

$$f(H) = 5\text{m} - \Delta x' = 5 - \frac{E_2 - E_1}{S - \overline{S}_f} = 0$$

如下调用 MATLAB 的内置函数 vpasolve(f, H, 2)解 f 方程,可直接求得各对应断面的深度分别为 $h = 2.8415\text{m}, 2.1374\text{m}, 2.0121\text{m}, 1.9774\text{m}, 1.9944\text{m}$,和前面迭代求得的解是相当一致的。具体程序请参见 7.9.2 小节。

7.9 编程应用

本节介绍两个程序:一个是计算棱柱形梯形或长方形渠道水面曲线的计算图形用户界面程序,用于解 7.8.5 小节应用 1 和 2,具有相当广泛的适用性;另一个是 7.8.5 小节应用 3 的非棱柱渠道水面曲线的计算程序。

第 7 章应用程序

7.9.1 棱柱形渠道水面曲线计算图形用户界面程序

程序界面设计及其运行例如图 7-30 所示。标题下面左边为输入必要的棱柱形渠道的参数,边坡系数为零即可计算矩形渠道的水面曲线(如 7.8.5 小节应用

1)。右边输出该渠道的正常水深、临界水深、计算曲线类型及计算进行方向。在给出左边的输入参数后,点击中间的计算按钮,就会在右边显示出计算结果。点击作图,GUI 的下面就会绘制出该渠道的底面、正常水深线、临界水深线及所计算出的水面曲线。图 7-30 中的数据为 7.8.5 小节应用 1,7.8.5 小节应用 2 的 S_2 曲线亦可由本程序绘制。

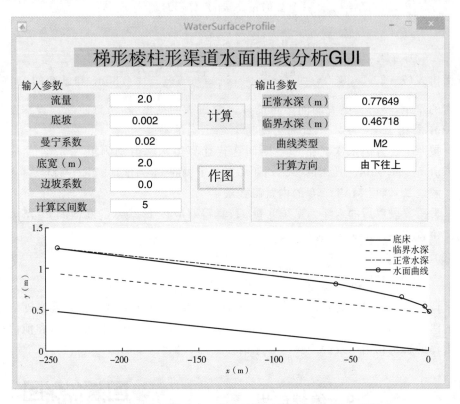

图 7-30 棱柱形渠道水面曲线计算图形用户界面程序示例

本 GUI 的计算及绘图部分程序如下:

```
% 计算并画出梯形棱柱形渠道中下游为水跌的 S2 水面曲线(Example 7.8)
% % 给出已知梯形渠道的数据
b = str2double(get(handles.edit_b,'String'));        %  width of channel
m = str2double(get(handles.edit_m,'String'));        % side slope
n = str2double(get(handles.edit_n,'String'));        % Manning's n
s = str2double(get(handles.edit_s,'String'));        % bed slope
g = 9.807;      % m2/s
Q = str2double(get(handles.edit_Q,'String'));        % m3/s discharge
j = str2double(get(handles.edit_j,'String'));        % dividing sections
```

```
% % 计算正常水深及临界水深
% (1)　critical condition A^3/B - Q^2/g = 0
handl_hc = @(y)Q * Q/g - ((b + m * y) * y)^3/(b + 2 * m * y)
hc = fsolve(handl_hc,0.5) % critical depth
```

% 这两行定义了以水深 y 为自变量的求临界水深时其为零的句柄函数,然后调用 MATLAB 内置函数 fslove,以函数句柄及临界水深预估值为输入参数求得临界水深

```
% notmal depth condition Q - A^(5/3)/P^(2/3)/nxS^0.5 = 0
handl_hn = @(x)Q - ((b + m * x) * x)^(5/3)/n/(b + 2 * x * sqrt(1 + m * m))^(2/3) * sqrt(s);
hn = fsolve(handl_hn,0.5)
```

% 这两行应用曼宁公式定义了求正常水深的句柄函数,后调用 MATLAB 内置函数 fslove,以函数句柄及正常水深预估值为输入参数求得临界水深

```
% % 由下往上地计算水面 M2 曲线、由上往下地计算水面 S2 曲线
% sub or super critical flow,it always starts from critical depth
% subcritical flow calculating backwards with dx<0
% supercritical flow calculating downwards with dx>0
h = linspace(hc,hn,j)
```

```
% 计算控制断面相关参数
A = (b + m * h). * h
v = Q. /A;
hv = v. * v/2/g;   % velocity head
e   = h + hv;   % specific energy
R = A. /(b + 2 * h * sqrt(1 + m * m));
```

```
% 计算两控制断面间的平均值,包括平均速度、水力半径、能坡
aveV = 0. 5 * (v(1:j - 1) + v(2:j));
aveR = 0. 5 * (R(1:j - 1) + R(2:j));
aveSf = n * n * aveV. * aveV. /aveR. ^(4/3);   % c. f. eqn. (7 - 26)
```

```
% 求两断面间的及发生断面间水面高度降低的水平距离
dx = (e(2:j) - e(1:j - 1)). /(s - aveSf);   % c. f. eqn. (7 - 25)
ds = dx;
for i = 2:j - 1
    ds(i) = ds(i) + ds(i - 1);
end
```

```
%%作图
figure(1)
clf
hold on
%画底床
x2 = ds(j - 1);
y2 = - x2 * s;
plot([0 x2],[0,y2],'k-','Linewidth',2)
%画出临界水深及正常水深
plot([0,x2],[hc,y2 + hc],'r - -')
plot([0,x2],[hn,y2 + hn],'k - . ')
%画水面曲线
X = [0 ds];
Y = h - X * s;
plot(X,Y,'b - o')
% 加上图例、图标等
xlabel('\itx \rm(m)')
ylabel('\ity \rm(m)')
lengStr = {'底床','临界水深','正常水深','水面曲线'};
legend(lengStr,'Box','off','Location','Northeast')
```

7.9.2　非棱柱形渠道水面曲线计算程序

```
%求解矩形非棱柱形渠道水面曲线(教材 7.8.5 节应用方法二程序)
clc
clear
syms H               % 用系统变量 H 表示各断面位置深度,调用 vpasolve 求解

%%给出已知梯形渠道的数据
n = 0.014;           % Mannning's coefficient
S = 0.15;            % bed slope
g = 9.807;           % m2/s
Q = 300.0            % m3/s

%%分段计算
b = linspace(20,15,5)      % width of rectangular channel
%给出计算各剖面深度所需要的数组,初始化为零,供后面迭代用
q = zeros(size(b));h = q;V = q;E = q;A = q;P = q;R = q;Sf = q;
```

```
% 计算起始临界水深等参数
q(1) = Q/b(1)
h(1) = (q(1) * q(1)/g)^(1/3)
V(1) = q(1)/h(1)
E(1) = h(1) + V(1) * V(1)/2/g
A(1) = h(1) * b(1)
P(1) = b(1) + 2 * h(1);R(1) = A(1)/P(1)
Sf(1) = n * n * V(1) * V(1)/R(1)^(4/3)
```

% % 计算第二及以后各断面的各参数,设未知水深为系统变量 H,调内置函数 vpasolve 求解

```
for i = 2:5
    q(i) = Q/b(i);
    Vi = q(i)/H;Ei = H + Vi * Vi/2/g;Ai = H * b(i);
    Pi = b(i) + 2 * H;Ri = Ai/Pi;
    Sfi = n * n * Vi * Vi/(Ri)^(4/3);
    dx = (Ei - E(i - 1))/(S - 0.5 * (Sf(i - 1) + Sfi))
    f =   5 - dx
    h(i) = vpasolve(f,H,2)
```

% 求得深度后,对后续迭代需要的变量赋值

```
    V(i) = q(i)/h(i);E(i) = h(i) + V(i) * V(i)/2/g;A(i) = h(i) * b(i);
    P(i) = b(i) + 2 * h(i);R(i) = A(i)/P(i);
    Sf(i) = n * n * V(i) * V(i)/R(i)^(4/3);
end
```

思考练习题

7.1 试证明梯形断面的最佳水力断面的水力半径为水深的一半。

7.2 试根据非均匀渐变流的基本微分方程式(7-19)及式(7-20)分析在顺坡陡坡上可能出现的三种水面曲线。

7.3 由式(7-20a)推导出矩形渠道内水跃前后的深度关系式(7-20b)。

7.4 试画出 7.8.4 小节应用 1 作图题中图 7-25 三种可能出现的水跃,并说明原因。

7.5 试证明边坡系数为 m 的等腰三角形断面渠道在流量为 Q 时的临界水深为$h_c = \sqrt[5]{\dfrac{2Q^2}{gm^2}}$。

7.6 洪水在某一陡崖跌落处的水深为 1.2m,其上游可近似认为是宽 10m 的矩形渠道,请估算洪水流量。

7.7 一矩形土渠的通过流量为 12m³/s,底宽为 5m,边坡系数为 1.2,曼宁系数为 0.015,底

坡为 0.0004,求其正常水深并判定其为缓坡还是陡坡?

7.8 梯形断面渠道,底宽 $b=3.0$ m,边坡系数 $m=1.5$,底坡 $S=00018$,粗糙系数 $n=0.020$,渠中发生均匀流时的水深 $h=1.6$ m。试求通过渠中的流量 Q 及流速。

7.9 设计流量 $Q=12$ m³/s 的矩形渠道,底坡 $S=0.002$,采用混凝土护面(粗糙系数 $n=0.014$)。试按水力最佳断面设计渠宽 b 和水深 h。

7.10 修建混凝土砌面的矩形渠道,要求通过流量 $Q=9.7$ m³/s 底坡 $S=0.001$,粗糙系数 $n=0.013$。试按水力最优断面条件设计断面尺寸。

7.11 某梯形断面渠道,设计流量 $Q=12$ m³/s。已知底宽 $b=3$ m,边坡系数 $m=1.25$,底坡 $S=0.005$,粗糙系数 $n=0.02$。试求水深 h。

7.12 钢筋混凝土圆形排水管道,已知污水流量 $Q=0.2$ m³/s,底坡 $S=0.005$,粗糙系数 $n=0.014$,试确定此管道的直径。

7.13 矩形渠道,断面宽度 $b=5$ m,通过流量 $Q=17.25$ m³/s。求此渠道的临界水深。

7.14 修建梯形断面渠道,要求通过流量 $Q=1$ m³/s,边坡系数 $m=1.0$,底坡 $S=0.0022$,粗糙系数 $n=0.03$,试按不产生冲刷的允许流速 $V_{max}=0.8$ m/s 设计断面尺寸。

7.15 钢筋混凝土圆形排水管,已知直径 $d=1.0$ m,粗糙系数 $n=0.014$,底坡 $S=0.002$,求此无压管道的流量。

7.16 梯形土渠,底宽 $b=12$ m,断面边坡系数 $m=1.5$,粗糙系数 $n=0.025$,通过流量 $Q=18$ m³/s,求临界水深和临界坡度。

7.17 矩形断面长渠道向低处排水,末端为跌坎,已知渠道底宽 $b=1$ m,底坡 $S=0.0004$,正常水深 $h_n=0.5$ m,粗糙系数 $n=0.014$。(1)求渠道末端出口断面的水深;(2)绘渠道中水面曲线示意图。

7.18 在宽为 3 m 的矩形渠道内发生了水跃,测得水跃前、后的水深分别为 0.3 m、1.4 m,求流量。

7.19 矩形断面渠道流量为 15 m³/s,宽 5 m,水跃前后高度差为 0.3 m,求跃后水深及单位重量水体消耗掉的能量。

7.20 矩形断面平坡渠道中发生水跃,已知跃前断面的 $Fr_1=3$,问跃后水深 h'' 是跃前水深 h' 的几倍?

7.21 复式断面河道,其断面形状和各部尺寸如图所示。河槽和滩地上的粗糙系数分别为 $n_1=0.025$,$n_2=0.035$,河底坡降为 $S=00064$,水流近似为均匀流。试求河道通过的流量。

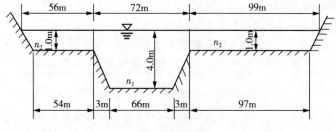

习题 7.21 图

7.22　宽为 2.5m 的矩形变坡水道的粗糙系数为 0.02,流量为 40m³/s。第一段小于临界坡,第二段坡度为 0.2,第三段为 0.002,设第二段足够长,试定性画出水面曲线,并定量计算第二段上由水跌至正常水深的水面曲线。

7.23　梯形断面渠道,底宽为 6m,边坡系数为 2,底坡为 0.0016,曼宁系数为 0.025,下游有一闸门通过流量为 10m³/s,闸前水深为 1.5m,求闸门上游 500m 范围内的水面曲线。

7.24　梯形断面小河,底宽 $b=10$m,边坡系数 $m=1.5$,底坡 $S=0.0003$,粗糙系数 $n=0.020$,流量 $Q=30$m³/s。现在下游建造溢流堰,堰高 $P=2.73$m,堰上水头 $H=1.27$m。试用分段求和法(分成四段以上)计算造堰后水位抬高的影响范围(淹没范围)。水位抬高不超过原先水位的 1% 即可认为已无影响。提示:先算出临界水深及正常水深,定性判断水面曲线类型,再分段求出由堰上水头至正常水深的水平距离。

7.25　试根据本章 7.9 节程序制作 GUI 程序,使其可绘制非棱柱形矩形或梯形渠道的水面曲线,并绘出水面曲线图。

第8章 渗 流

在学习完有压管流及明渠流这两大类流体力学的基本应用后,我们再来研究一大类流体力学的应用——渗流。石油天然气的勘探开采以及地下水的开发利用等均都需要渗流的知识。地下水不如地表的河流明显,但却占地球水圈的 0.6%,是所有湖泊及河流总量的 35 倍。地下水运动的研究在水利、地质、采矿、石油等领域有很重要的作用,在土木工程方面也有应用,如水工建筑物中的渗透以及稳定性问题。这章我们将重点学习渗流流经介质的渗透系数、在实验基础上总结出来的达西定理和杜比公式,以及通过井与井群开采渗流的相关基础知识。

8.1 概述

渗流(seepage flow)是指流体在有孔介质中的流动。有孔介质一般为土壤、未固结的沉积物及沉积岩或断裂带发育的其他岩石。这节我们主要学习有关地下水的基本概念,如承压及非承压水、浸润线及渗流模型等,其基本概念方法等亦可应用于油气相关的其他渗流。

8.1.1 水循环背景下的地下水

参见图 8-1,地下水在土壤或岩层等有孔介质中的存在状态按从上至下的顺序可以大致地分为**土壤水**(soil water),包括以蒸汽方式存在于固体空隙中的**气态水**、以厚度为分子量级包围在固体颗粒表面的**薄膜水**、通过毛细作用保持在土壤或岩石空隙中的**毛细水**(capillary water)以及充满了地下岩层或土壤空隙在重力作用下流动的**重力水**。重力水的流动区域为**饱和区**(saturated zone),而其上的区域为**非饱和区**(unsaturated zone)。这章研究的对象主要为饱和区内的重力水。

地球上存在着巨大的**水循环**(the water cycle)。其主要路径为由海洋表面蒸发的水上升形成云朵,被对流搬运至陆地冷凝形成降雨。降落至地表的水通过两个途径返回海洋,一是通过地表的明渠流蜿蜒曲折地流回海洋,我们称之为**地表径流**(surface runoff);另一部分渗透至地下,以**地下水**(underground water)的形式流回海洋。当然地下水和地表水也有一定的交流(见图 8-2)。

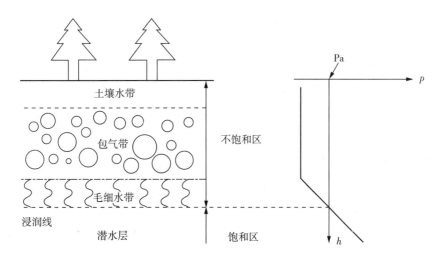

图 8 - 1　地下水的分区及其压力示意图

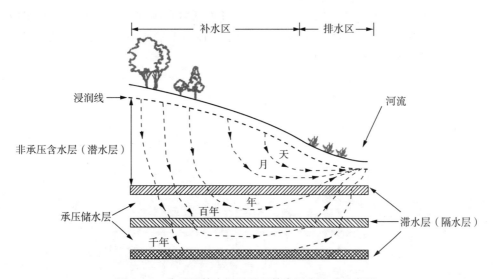

图 8 - 2　非承压储水层及承压储水层内流动示意图

8.1.2　非承压储水层及承压储水层

如图 8 - 2 所示,地下含有一定量饱和地下水的土壤或岩层为**储水层**(aquifer),地下水难以通过的岩层为**隔水层**(confining bed)。依据 Todd(1980)隔水层可进一步分为**不透水层**(aquifuge),不含水并极难让水通过,如花岗岩;**阻水层**(aquiclude),空隙中有饱和水但难以流动及被经济开采,如黏土;**滞水层**

（aquitard），含有饱和水，如多沙黏土，且可以让可观量的地下水在其内缓慢通过。如图 8-2 所示，我们将地表下第一个隔水层之上的储水层称为**非限制储水层**（unconfined aquifer）、**非承压层**（free aquifer）或**潜水层**（phreatic aquifer），因为其上表面有空隙和大气相通，气压即为大气压，其内非承压地下水的流动和上一章的明渠流有一定的类似之处。处在两个隔水层之间的储水层为**受限储水层**（confined aquifer）、**承压储水层**（pressure aquifer）或**自流储水层**（artesian aquifer），其流动和第 6 章的有压管流有相似之处。

8.1.3 浸润线及其上下压力分布

潜水层的水面被称为**浸润面**（phreatic surface），其恰为饱和地下水的上表面。从剖面上观察的浸润面即为**浸润线**（water table）。一般浸润线并不是固定和水平的。如图 8-3 所示，通常在山区高、平缓地带低，雨季时高，旱季时低。河面、湖面一般和地下水的浸润线相连。

浸润面之上的非饱和区由于表面张力的作用，其压力低于大气压，如图 8-1 右边示意图所示，我们称其低于大气压的部分为**张力水头**（tension head）或**吸附水头**（suction head）；浸润面处有孔隙和大气相通，该面上的压力为当地大气压，而浸润面之下的饱和区压力大于大气压。

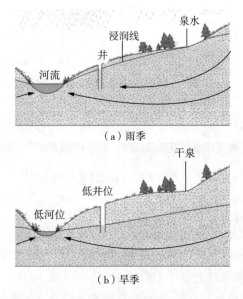

（a）雨季

（b）旱季

图 8-3　雨季及旱季地下水浸润线示意图

8.1.4 渗流模型

由于储水层有孔介质的孔隙的形状、大小及分布等情况极为复杂,详细确定孔隙中流体的运动十分困难,一般也没有必要。因为实际工程应用中我们关心的是宏观的流体开采量,所以引入渗流模型来研究流体在有孔介质中的流动。**渗流模型**(seepage model)假想流体充满整个有孔介质(包括固体颗粒及其间空隙)的整个空间,其流动较实际的更加均匀且缓慢,同时假定渗流的边界条件、压力、流动阻力及流量和实际渗流的一样。如图 8 - 4 所示,渗流模型实质是把在有孔介质孔隙中的流体流动看作是包含固体介质在内的连续空间内的运动,这样可以把流体力学中的一些概念与方法如恒定流与非恒定流、均匀流及非均匀流等应用到渗流研究中来。

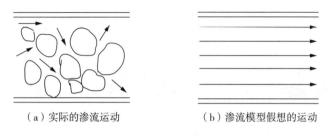

（a）实际的渗流运动　　　　　（b）渗流模型假想的运动

图 8 - 4　渗流模型示意图

设渗流模型中一过水断面总面积为 ΔA,其包括该断面固体颗粒所占的面积与孔隙所占的面积($\Delta A'$),通过的流量为 ΔQ,则**渗流速度**定义为

$$V = \frac{\Delta Q}{\Delta A} \qquad (8-1)$$

渗流在空隙中的实际平均流速应为

$$U = \frac{\Delta Q}{\Delta A'} = \frac{\Delta Q}{\Delta A \Delta A'/\Delta A} = \frac{V}{n} \qquad (8-2)$$

式中**孔隙度**(porosity)$n = \dfrac{\Delta A'}{\Delta A}$ 为有孔介质的断面孔隙面积除以总面积。地下土壤或岩层的一些常见孔隙如图 8 - 5 所示,它们分别为:(a)高孔隙度的分选好的沉积物;(b)低孔隙度的分选差的沉积物;(c)固体沉积物本身的孔隙;(d)空隙内填充了矿物;(e)岩石内的熔融空隙;(f)岩石裂纹形成的空隙。

雷诺数是反映流体流态的重要无量纲数,渗流的雷诺数以渗流速度及有孔介质的平均粒径来定义,即

$$Re = \frac{Vd}{\nu} \qquad (8-3)$$

式中 d 为有孔介质固体颗粒的平均粒径;ν 为流体运动黏度。实验表明,渗流由层流过渡到紊流时临界雷诺数为 $60\sim150$。地下水在绝大多数情况下的流态为层流,只有在卵石层的大孔隙、宽大裂隙、溶洞中的流态为紊流。**由于渗流速度很小,流速水头可以忽略不计,于是渗流过水断面的总水头可近似认为等于测压管水头,测压管的水头差就是水头损失,测压管的水头线的坡度就是水力坡度。**

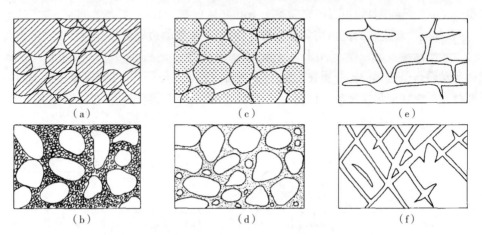

（a）　　　　　　　　　（c）　　　　　　　　　（e）

（b）　　　　　　　　　（d）　　　　　　　　　（f）

图 8-5　典型有孔介质的孔隙（Meinzer,1923）

8.2　均匀渗流的达西定理

均匀渗流是指渗流达西流速的流线互相平行的渗流,它可为有压或无压渗流。无压均匀渗流和明渠均匀流一致,其水力坡度和底坡及浸润线的坡度一致。这节主要介绍关于均匀渗流的达西实验、达西定理以及与之密切相关的反映有孔介质的透水性能的渗透系数。

8.2.1　达西实验

法国的土木工程师达西(Henry Darcy,1803—1858)负责法国 Dijon 城的公共供水设计及施工,工作涉及收集数据并改进砂过滤器净化城市用水,通过进行水通过管道及管道内有孔介质实验,发现了以他的名字命名的水头损失公式(Darcy-Weisbach formula)及有关渗流通过有孔介质的流量和水头损失关系的**达西定理**(Darcy's law)。

如图 8-6 所示,在填满砂或土的圆筒的两头装了测量水头高度的测压管,在管道的上部灌入有一定水头的水,在下部接住流出充满有孔介质圆筒的水以测定出在一定水头损失($\Delta h/\Delta L$)下的流量 Q。达西发现流量和圆筒的断面面积 A 及单位长度的水头损失(水力坡度)成线性正比,即

$$Q \propto A \frac{\Delta h}{\Delta L} \qquad (8-4)$$

当然在相同截面积及水力坡度下,使用不同的沙土通过的流量是不同。其他条件相同,使用粒径大而均匀、孔隙度高的介质通过的流量大,反之亦然。引入反映有孔介质透水性能的系数即得到下面的达西定理式($8-5$),我们称此系数为**渗透系数**(hydraulic conductivity),为使式($8-4$)两边量纲一致,其量纲需为$[LT^{-1}]$。

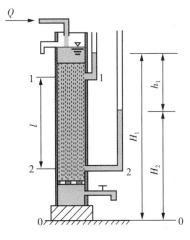

图 8-6 达西实验示意图

8.2.2 达西定理

定义 h 为渗流的总势能水头或**水力水头**(hydraulic head)为位置水头(z)加压力水头(p/γ),以总势能水头 h 的梯度表示水力坡度,根据达西实验以张量表述的达西定理为

$$V_i = -K_i \frac{\partial h}{\partial x_i} \qquad (8-5)$$

式中负号表示达西流速矢量的方向,和 h 梯度方向相反。梯度垂直于等势面指向水头升高的方向,达西流速垂直于等水头线指向其下降的方向。渗透系数 K 的下标 i 上面加了一横表示这里它不参加爱因斯坦的求和约定,仅表示在不同的坐标方向上其值可以不同,即渗流有孔介质可以具有各向异性。更一般的反映有孔介质各向异性的达西定理为式($8-7$)。

8.2.3 渗透系数

进一步进行不同密度、黏度的流体的渗流实验(Hubbert,1956),表明渗透系数正比于有孔介质平均粒径的平方、反比于流体的运动黏度,即

$$K = \frac{N d^2 g}{\nu} = \frac{kg}{\nu} \qquad (8-6)$$

式中 N 为一无量纲的反映有孔介质通道形状的参数;$k = Nd^2$ 为在石油工业常用

的量纲为 L^2 的**渗透性**（permeability）。可以通过野外打井实测、达西实验等测量水力坡度及流量，进而较为准确地确定不同类型有孔介质的渗透系数，也有基于式（8-6）的经验公式法。常见的三大类岩石在流体为水的情形下渗透系数的上限及其变化可能的数量级范围（括号内）如表 8-1 所示。

表 8-1 常见岩石的最大渗透系数及其可能的数量级变化范围
(Domenico & Schwartz,1998)

介质		渗透系数（m/s）
沉积物	砾石	$3\times10^{-2}(\times10^{-2})$
	粗砂	$6\times10^{-3}(\times10^{-3})$
	中砂	$5\times10^{-4}(\times10^{-2})$
	细沙	$2\times10^{-4}(\times10^{-3})$
	淤沙、黄土	$2\times10^{-5}(\times10^{-4})$
	冰碛土	$2\times10^{-6}(\times10^{-6})$
	黏土	$5\times10^{-9}(\times10^{-2})$
	未风化的海洋黏土	$2\times10^{-9}(\times10^{-3})$
沉积岩	喀斯特及礁灰岩	$2\times10^{-2}(\times10^{-4})$
	石灰岩、白云岩	$6\times10^{-6}(\times10^{-3})$
	砂岩	$6\times10^{-6}(\times10^{-4})$
	细沙	$2\times10^{-4}(\times10^{-3})$
	粉砂岩	$1.4\times10^{-8}(\times10^{-3})$
	岩盐	$1\times10^{-10}(\times10^{-2})$
	硬石膏	$2\times10^{-8}(\times10^{-5})$
	页岩	$2\times10^{-9}(\times10^{-4})$
结晶岩	具渗透性玄武岩	$2\times10^{-2}(\times10^{-4})$
	带裂里的火山岩、变质岩	$3\times10^{-4}(\times10^{-4})$
	风化花岗岩	$5.2\times10^{-5}(\times10^{-1})$
	风化辉长岩	$3.8\times10^{-6}(\times10^{-1})$
	玄武岩	$4.2\times10^{-7}(\times10^{-4})$
	无裂理火山岩、变质岩	$2\times10^{-10}(\times10^{-4})$

由表 8-1 可知，由粒径稍大、分选好的颗粒物组成的沉积物 K 值稍大，沉积岩次之，无裂理的火山岩及变质岩最小。各种类型的沉积物及岩石的 K 值一般有 2～3 个数量级的变化范围。可将渗透系数在 10^{-9} m/s 以下的岩层当作不透水层。

进一步的研究表明，沉积物或沉积岩的渗透系数具有**各向异性**（anisotropicity）及

不均匀性(heterogeneity)。沿沉积岩分层或变质岩的片理方向的比沿其垂向的大一个数量级左右,沿着分层或片理方向也会有一定的差异。所以我们在达西定理的式(8-5)中对 K 采用了不参加求和法则的下标 i,以表示其各向异性。

　　针对各向异性介质且三维直角坐标系的方向并不是渗透系数的主轴方向的更一般的达西定理为

$$V_i = -K_{ij}\frac{\partial h}{\partial x_j} \tag{8-7}$$

引入了二阶张量 K_{ij} 来表示各向异性介质的渗透系数,它是对称张量。式(8-7)在 x_1 方向上的展开式为

$$V_1 = -\left(K_{11}\frac{\partial h}{\partial x_1} + K_{12}\frac{\partial h}{\partial x_2} + K_{13}\frac{\partial h}{\partial x_3}\right) \tag{8-8}$$

反映了在各向异性介质中,其他方向上的水头梯度(x_2,x_3)也能影响所考虑坐标轴方向(x_1)的达西流速。

　　对于非饱和区,将渗透系数看作为空隙含水度 S 的函数(见图8-7),达西定理依然适用。由图8-7可见,非饱和区的渗透系数随着饱和度的下降而指数式下降。

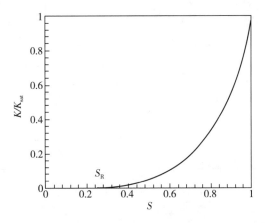

图 8-7　正交化的渗透系数和含水饱和度的实验关系曲线

8.3　无压渐变渗流的杜比假设

　　当无压渗流的浸润线不与其下的不透水层平行,但水深沿程渐渐变化时即为**无压渐变渗流**。比较常见的是在潜水层打井取水时潜水层的流动。1857年,法国学者杜比(Dupuit)在达西定理的基础上提出了无压渐变渗流的杜比假设,将适用

于均匀渗流的达西定理推广至渐变渗流。

8.3.1 杜比假设

杜比假设(Dupuit assumption)关键有两点：一是假定地下水在无压储水层里水平流动，二是地下水流量和饱和储水层厚度成正比。如图 8-8 所示，要考虑无压渐变渗流储水层中相距为 ds 的 1、2 两断面间通过的流量 q，杜比假设实际上假定了两断面间的流线基本平行且各流线的水头损失相等，即相邻较近的两断面间的流动为均匀流，可以应用达西公式计算其平均流速。其单宽流量用数学式表示出来为

$$q = Vh = kJh = -k \frac{\mathrm{d}h}{\mathrm{d}s} h \tag{8-9}$$

式中 s 为沿流线流动方向的位置坐标，沿流动方向水头 h 是下降的，流量为正，所以上式的最右边有一负号。

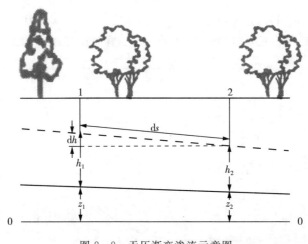

图 8-8　无压渐变渗流示意图

8.3.2　无压渐变渗流的基本方程及浸润面分析

参见图 8-8，以 z 表示无压渗流断面底部距离基准面的高度，h 表示渗流厚度，$H = h + z$ 为总的位置水头，s 为沿流线的距离坐标，那么水力坡度可以表示为

$$J = -\frac{\mathrm{d}H}{\mathrm{d}s} = -\frac{\mathrm{d}(h+z)}{\mathrm{d}s} = i - \frac{\mathrm{d}h}{\mathrm{d}s} \tag{8-10}$$

式中 i 为无压渗流底部不透水层表面的坡度。式(8-10)为**无压渐变渗流的基本方程**。那么依据达西定理，对于流量有

$$Q=VA=KJA=KA\left(i-\frac{\mathrm{d}h}{\mathrm{d}s}\right) \tag{8-11}$$

据之我们可以进行类似于明渠流的水面曲线的分析。不同之处是无压渗流不存在急流,没有临界水深。设其流量不变,在顺坡时存在均匀流,有正常水深,分顺坡以及平坡和逆坡两种情形来讨论

1. 顺坡($i>0$)

设均匀流过水断面面积为 A_n,实际渗流过水断面面积为 A。如图 8-9 所示以平行于底坡的虚线所表示的正常水深浸润线为界,可划分 1、2 两个分区,1 区在上。设流量不变,根据式(8-11),下面式子成立

$$Q=KA_n i=KA\left(i-\frac{\mathrm{d}h}{\mathrm{d}s}\right)\Rightarrow\frac{\mathrm{d}h}{\mathrm{d}s}=i\left(1-\frac{A_n}{A}\right)$$

在 1 区时,$A>A_n\Rightarrow\frac{\mathrm{d}h}{\mathrm{d}s}>0$,为升水曲线;在 2 区时,$A<A_n\Rightarrow\frac{\mathrm{d}h}{\mathrm{d}s}<0$,为降水曲线(见图 8-9)。

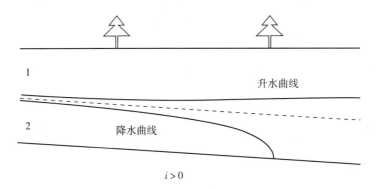

图 8-9　无压渐变渗流顺坡水面曲线示意图

2. 平坡($i=0$)和逆坡($i<0$)

此时不存在均匀流,和明渠流一样,可假想 A_n 无穷大(正常水深线无穷高),那么其总是处于 2 区,为降水曲线。这可直接由式(8-11)推出 $\frac{\mathrm{d}h}{\mathrm{d}s}=i-\dfrac{Q}{KA}\overset{i=0\text{或}i<0}{<}0$。

8.4　渗流的基本方程及其边界条件

为能对渗流进行定量的分析和预测,需建立描述其流动基本规律的方程及确定所分析区域储层的渗透性和边界条件。这节我们就讨论这三方面内容。

8.4.1 质量守恒方程

考虑通过典型的直角坐标系下的微元长度分别为 $\mathrm{d}x_1, \mathrm{d}x_2, \mathrm{d}x_3$ 的微元正六面体的渗流通量所带来的储量变化来推导其质量守恒方程。这里可借用图 $3-1$，不过这时六面体表示的是有孔介质，x, y, z 坐标轴这里分别用 x_1, x_2, x_3 来表示，以方便用张量表示。设通过六面体在垂直于各坐标轴刻度小的一侧面上的渗流体积通量，实际上也就是达西流速（思考练习题 8.3）分别为 V_1, V_2, V_3，渗流的密度为 ρ。以 x_1 轴方向为例，那么在其相距为 $\mathrm{d}x_1$ 的正六面体另外一侧垂直于 x_1 轴面上的渗流通量为 $V_1 + \dfrac{\partial V_1}{\partial x_1}\mathrm{d}x_1$，则沿 x_1 轴方向纯流进的渗流质量为 $\left[\rho V_1 - \left(\rho V_1 + \dfrac{\partial(\rho V_1)}{\partial x_1}\mathrm{d}x_1\right)\right]\mathrm{d}x_2\mathrm{d}x_3 = -\dfrac{\partial(\rho V_1)}{\partial x}\mathrm{d}x_1\mathrm{d}x_2\mathrm{d}x_3$。同理可推得通过其他两个方向纯流进的渗流质量分别为 $-\dfrac{\partial(\rho V_2)}{\partial x_2}\mathrm{d}x_1\mathrm{d}x_2\mathrm{d}x_3$，$-\dfrac{\partial(\rho V_3)}{\partial x_3}\mathrm{d}x_1\mathrm{d}x_2\mathrm{d}x_3$。根据质量守恒定理，针对所考虑的微元正六面体：单位时间内的总纯流进质量等于其内部单位时间的质量变化量，用数学式表述为

$$-\left[\frac{\partial(\rho V_1)}{\partial x_1} + \frac{\partial(\rho V_2)}{\partial x_2} + \frac{\partial(\rho V_3)}{\partial x_3}\right]\mathrm{d}x_1\mathrm{d}x_2\mathrm{d}x_3 = \frac{\partial(\rho n)}{\partial t}\mathrm{d}x_1\mathrm{d}x_2\mathrm{d}x_3$$

$$-\left[\frac{\partial(\rho V_1)}{\partial x_1} + \frac{\partial(\rho V_2)}{\partial x_2} + \frac{\partial(\rho V_3)}{\partial x_3}\right] = \frac{\partial(\rho n)}{\partial t} \tag{8-12}$$

式中 n 为介质的孔隙度，这里考虑的是渗流的质量守恒。设密度为各向均匀的，式 (8-12) 可简化为

$$-\frac{\partial V_i}{\partial x_i} = \frac{\partial(\rho n)}{\rho \partial t} \tag{8-13}$$

注意，渗流的密度是各向均匀的，但是由于压力的变化是可以随时间变化的，同理孔隙度 n 也是时间的函数。压力释放，孔隙度会增加；反之亦然。进一步设渗流的总势能水头为 h，介质在各坐标方向的渗透系数分别为 K_1, K_2, K_3，应用达西定理有

$$-\frac{\partial}{\partial x_i}\left(-K_{\bar{i}}\frac{\partial h}{\partial x_i}\right) = \frac{\partial}{\partial x_i}\left(K_{\bar{i}}\frac{\partial h}{\partial x_i}\right) = \frac{\partial(\rho n)}{\rho \partial t} \tag{8-14}$$

注意 K 的下标 i 上面加了一横表示其不参加张量的求和运算，仅表示沿对应坐标轴方向的值不同的各向异性。进一步假设有孔介质的 K 是均匀且各向同性的，则可简化为

$$K \frac{\partial^2 h}{\partial x_i \partial x_i} = \frac{\partial(\rho n)}{\rho \partial t} \tag{8-15}$$

再假设渗流密度及有孔介质的孔隙度 n 为常数,则可简化为

$$\nabla^2 h = 0 \tag{8-16}$$

可见,在流体密度、有孔介质孔隙度及渗透系数均为常数及各向同性的理想状况下,渗流的总势能水头 h 满足拉普拉斯方程。

下面依据式(8-15)进一步考虑非稳态渗流的基本方程。式(8-15)等号左边的物理意义为由于渗流流动的进出所带来的渗流单位体积在单位时间内的体积变化量,量纲为 $[T^{-1}] = [L^3 T^{-1}/L^3]$;右边的物理意义为由于渗流的密度及介质的孔隙度的改变所带来的渗流单位体积在单位时间内的体积变化量。质量守恒告诉我们此二者应相等。即使我们假设渗透系数 K 为常数,此方程还有 h, ρ, n 三个未知变量,不封闭,即不可确定唯一解。由于没有动量方程等其他方程的协助,我们可以设想是否可以将 ρ, n 转化为势能水头 h 的函数,这样就可确定其解了。实验告诉我们确实如此。是不是也可想到渗流密度会随压力的增大而增大,随压力的减小而减小,而孔隙度则相反?Meinzer(1928)据之假设 $\frac{\partial(\rho n)}{\rho \partial t} \propto \frac{\partial h}{\partial t}$,两边量纲不一致,需要一个通过实验确定的比例常数将二者联系起来,我们将此常数定义为**比储**(specific storage),以 S_s 来表示,其量纲应为 $[L^{-1}]$,物理意义为单位水头的变化所带来的单位体积内渗流的体积改变量。这样各向同性的非稳态渗流的基本方程式(8-15)就可表示为 $K\nabla^2 h = \frac{\partial(\rho n)}{\rho \partial t} = S_s \frac{\partial h}{\partial t} \Rightarrow \nabla^2 h = \frac{S_s}{K} \frac{\partial h}{\partial t}$,进而得到

$$D_h \nabla^2 h = \frac{\partial h}{\partial t} \tag{8-17}$$

式中 $D_h = \dfrac{K}{S_s}$,量纲为 $[L^2 T^{-1}]$,和扩散系数或运动黏度的一样,这里称之为**水力扩散度**(hydraulic diffusivity)。非稳态渗流的基本方程式(8-17)和没有随流输运的扩散方程一致,不过这里水头替代了扩散物质的浓度。这样只要知道了渗流层的水力扩散度,就可以求解其水头的时空变化,进而依据达西定理求得其流场。

8.4.2　边界条件

由前述可知,渗流随时空变化的总势能水头场 $h(x_1, x_2, x_3, t)$ 可以由微分方程式(8-17)描述,对应恒定场可由更为简单的拉普拉斯方程式(8-16)表述。即使给定了水力扩散度,由于方程的椭圆性质,还需给定所求区域的所有边界条件,对非恒定问题还需给定初始场,方可求得水头 h。下面讨论渗流的两种常见边界及

其数学表述。

1. 给定水头边界

给定水头边界即知道边界上各点的水头在时空上的变化，并不要求这些水头一定相等。如果给定水头边界各点的水头相等，那么它就是**等水头边界** $h(x_1,x_2,x_3,t)=\text{const}$，是一条等势线，没有沿该方向的流动。对于各向同性的介质由达西定理式(8-5)可知达西流速一定垂直于等水头边界。

2. 给定垂向水头梯度边界

给定垂向水头梯度边界又被称为**通量边界**(flux boundary)或**流动边界**(flow boundary)。水头在边界上的值不确定，但知道其垂向梯度。此类边界的一个特例为零通量边界，包括不透水边界及浸润面边界，其垂直于边界方向的水头梯度为零 $\dfrac{\partial h(x_1,x_2,x_3,t)}{\partial x_n}=0$，式中 x_n 表示垂直于界面的坐标方向。此边界本身为一条流线，由达西定理可知没有渗流通过此边界，渗流的垂向流速为零，水头的等势线应垂直于此边界。

8.4.3* 比储及给水度

本章 8.4.1 小节引入了比储的概念，它实质上反映了由单位水头变化引起的水密度及孔隙度的改变对储量的影响。对于承压储水层来说它还是比较重要的。这里我们通过进一步的数学分析看看如何确定其值。将式(8-17)前一式第二个等号的左边展开得

$$S_s\frac{\partial h}{\partial t}=\frac{n}{\rho}\frac{\partial\rho}{\partial t}+\frac{\partial n}{\partial t} \tag{8-18}$$

式(8-18)中，等号右边第一项反映了单位时间内由于流体密度的改变对单位体积储层储量的贡献，第二项为单位时间内介质孔隙度的改变对单位体积储层储量的贡献。进一步看等号右边第一项，密度的变化与密度的比让我们很自然联想到第 1 章介绍的流体压缩系数的定义式(1-2)，所以有

$$\frac{n}{\rho}\frac{\partial\rho}{\partial t}=\frac{n\partial p}{\partial t}\frac{\partial p}{\rho\partial p}=\frac{n\kappa\partial p}{\partial t}\overset{\text{不随时间变化}}{\underset{\text{位置水头}z}{=}}\frac{n\kappa\partial\left[\rho g(z+p/\rho g)\right]}{\partial t}\overset{\text{相对于总势能水头}}{\underset{\rho g\text{ 的变化很小}}{=}}\frac{n\kappa\rho g}{\partial t}\frac{\partial h}{\partial t} \tag{8-19}$$

这里就推导出式(8-18)右边第一项和前面的和单位时间的水头改变成比例的猜想是对的，对比式(8-18)及式(8-19)，我们可得到流体密度的改变对比储贡献量为

$$S_{s1}=n\kappa\rho g \tag{8-20}$$

其和介质的孔隙度及流体的压缩系数及重度成正比。

类似地设有孔介质的垂向压缩系数为 κ_p，可推导出式(8-18)第二项由于孔隙度变化所带来的单位体积储层的储量变化为 $\dfrac{\partial n}{\partial t} = \dfrac{\kappa_p \rho g \partial h}{\partial t}$，进而得到由于介质孔隙度的改变对比储贡献量为

$$S_{s2} = \rho g \kappa_p \tag{8-21}$$

其和介质的垂向压缩系数及流体的重度成正比。汇总式(8-20)和式(8-21)，我们就得到比储的一般表达式为

$$S = S_{s1} + S_{s2} = \rho g(n\kappa + \kappa_p) \tag{8-22}$$

这样确定了比储的值及储层的渗透系数后，根据式(8-17)的关于非稳态渗流的基本微分方程加上 8.4.2 小节所讨论的边界条件，我们就可确定对应储层的水头分布及其流场。

对非承压的潜水层来说，由于流体及介质的可压缩性所贡献的部分较小，比储的概念并不重要，我们一般采用**给水度**(specific storage)的概念来反映储层空隙中的水可以在重力的作用下被开采的体积占储层总体体积的比；与之相对应的**持水度**(specific retention)是指因吸附力等留存在储层中可抵抗重力的影响被开采流体的体积占储层总体体积的比。按照定义，给水度和持水度之和等于储层的孔隙度。一些常见储层的孔隙度及给水度如表 8-2 所示。

表 8-2　常见储层的孔隙度及给水度(Masters,1997)

储层介质	孔隙度(%)	给水度(%)
黏土	45	3
沙	34	25
砾石	35	22
砾石混合沙	20	16
砂岩	15	8
石灰岩、页岩	5	2
花岗岩、石英岩	1	0.5

由表 8-2 可知，分选好的介质如黏土、沙及砾石的孔隙度较大，黏土的给水度小，沙及砾石的给水度均较大。分选差的介质如砾石混合沙的孔隙度和给水度相比于分选好的介质都有所降低，因为小粒径颗粒会填充大粒径的空隙。物理沉积的砂岩较火成岩、变质岩及化学沉积的石灰岩的孔隙度和给水度都大。

8.5 井与井群

井是我们开采地下水及地下油气资源的一种重要手段。这节我们学习应用前面的知识分析解决利用井及井群开采地下渗流资源的一些问题。设置在具有自由水面的潜水层中的井为**普通井**或**潜水井**。位于两个不透水层之间的承压含水层中的井为**承压井**或**自流井**。贯穿整个含水层、井底直达不透水层的井为**完整井**，否则为**不完整井**。

8.5.1 潜水完整井

取普通完整井，井的半径为 r_0，取水后，形成对称于井轴的漏斗形浸润面（cone of depression），井内水深为 h_0。流动为渐变流，对距井轴为 r、浸润面高为 z 的圆柱形过水断面应用杜比假设式（8-9）并采用定积分求流量得

$$Q = AV = 2\pi r z k \frac{\mathrm{d}z}{\mathrm{d}r}$$

$$\int_{h_0}^{z} 2z \mathrm{d}z = \int_{r_0}^{r} \frac{Q}{\pi k} \frac{\mathrm{d}r}{r}$$

$$z^2 - h_0{}^2 = \frac{Q}{\pi k} \ln \frac{r}{r_0} \tag{8-23}$$

式（8-9）中的 s 为沿流线方向，这里的 r 为由圆心向外的半径方向，二者恰好相反，所以这里不需要负号。最后我们得到的是**潜水完整井的浸润线方程**。从工程角度来看，渗流区内存在一个**影响半径** R，R 以外的地下水位不受影响，即当 $r = R$ 时，$z = H$ 含水层厚度。代入上式得潜水完整井的产水量公式（思考练习题 8.7）：

$$Q = \frac{\pi k (H^2 - h_0^2)}{\ln(R/r_0)} \tag{8-24}$$

影响半径可根据现场抽水试验测定，一般它随着渗透系数的增大而增大，可由如下经验公式估算：

$$R = 3000(H - h_0)\sqrt{k} \tag{8-25}$$

8.5.2 承压完整井

承压完整井深入两不透水层之间的含水层，设 M 为均匀承压含水层厚度，半径为 r_0，井内水深为 h_0，对距井轴为 r、水头高度为 z 的圆柱形过水断面应用杜比假设得

$$V = kJ = k \frac{\mathrm{d}z}{\mathrm{d}r}$$

$$Q = AV = 2\pi rMk \frac{\mathrm{d}z}{\mathrm{d}r}$$

$$\int_{h_0}^{z} \mathrm{d}z = \frac{Q}{2\pi kM} \int_{r_0}^{r} \frac{\mathrm{d}r}{r}$$

$$z - h_0 = \frac{Q}{2\pi kM} \ln \frac{r}{r_0} \qquad (8-26)$$

注意和潜水完整井的不同之处在于:计算过流断面面积时,根据此时情形采用的是假设为常量的储层厚度 M,而非水头高度。式(8-26)为**承压完整井的浸润线方程**。同样引入影响半径的概念,得其流量公式为(思考练习题 8.8)

$$Q = \frac{2\pi kM(H - h_0)}{\ln(R/r_0)} \qquad (8-27)$$

可通过观察在同一渗流层内相隔一定距离的两口井水头,利用式(8-27)求得该渗流层的渗透系数。

8.5.3 井群

这里我们分别讨论潜水及承压完整井的井群,目的为推导出井区某点的水头计算公式。设由 n 个普通完整井组成的井群,各井的半径、产水量到某点的距离分别为 $r_{01}, r_{02}, \cdots, r_{0n}$;$Q_1, Q_2, \cdots, Q_n$;$r_1, r_2, \cdots, r_n$。各井单独工作时,井内水深分别为 $h_1, h_2, \cdots, h_n$,在 A 点的水头分别为 $z_1, z_2, \cdots, z_n$,于是各单井的浸润线方程为

$$z_1^2 = \frac{Q_1}{\pi k} \ln \frac{r_1}{r_{01}} + h_1^2, \cdots, z_i^2 = \frac{Q_i}{\pi k} \ln \frac{r_i}{r_{0i}} + h_i^2$$

各井同时抽水时,在 A 点形成共同的水头高度 z。根据势流叠加原理,井群在 A 点的 z^2 等于各单井单独在 A 点的速度势函数的叠加,即

$$z^2 = \sum_{i=1}^{n} z_i^2 = \sum_{i=1}^{n} \left(\frac{Q_i}{\pi k} \ln \frac{r_i}{r_{0i}} + h_i^2 \right)$$

若各井抽水情况相同,即

$$Q_1 = Q_2 = \cdots = Q, h_1 = h_2 = \cdots = h_n$$

$$z^2 = \frac{Q}{\pi k} \left[\ln(r_1 r_2 \cdots r_n) - \ln(r_{01} r_{02} \cdots r_{0n}) \right] + nh^2$$

再设影响半径均为 R,有

$$H^2 = \frac{Q}{\pi k}\left[n\ln R - \ln(r_{01}r_{02}\cdots r_{0n})\right] + nh^2$$

$Q_0 = nQ$ 为总流量,上面两式相减,得**潜水井群浸润面方程**

$$z^2 = H^2 - \frac{Q_0}{\pi k}\left[\ln R - \frac{1}{n}\ln(r_1 r_2\cdots r_n)\right] \tag{8-28}$$

同理可推得承压井群的浸润面方程

$$z = H - \frac{Q_0}{2\pi kM}\left[\ln R - \frac{1}{n}\ln(r_1 r_2\cdots r_n)\right] \tag{8-29}$$

相关应用请参见 8.7.4 小节。

8.6　流网及其应用

本章 8.4 节关于渗流密度、有孔介质孔隙度及渗透系数为常数的渗流的基本方程式(8-16)告诉我们此时渗流的速度的旋度为零,所以存在速度势函数。其质量守恒方程的平面恒定流形式又告诉我们,其存在平面流函数,且流线和等势面均可用拉普拉斯方程来表示,互相垂直,构成所谓的流网,可以利用其来直观地估算出一些与水工建筑相关的流量和渗透压强。

8.6.1　流网的绘制

绘制渗流流网的方法有解析法、数值计算法及作图法。这里我们重点介绍根据特殊边界的物理意义绘制的作图法,简单而实用,请参见图 8-10 中水坝下渗流流网的绘制,有如下要点:

(1)水工建筑的地下轮廓线等不透水边界为垂向流速为零的边界,可看作一条流线,等势线均和其垂直;

(2)上下游河床面为水流渗入渗出面,为等势线,流线均和其垂直;

(3)根据经验判断流量大处要密点,要尽可能做到使各条等势线之间的水头差相等及通过各相邻两条流线间的流量相等;

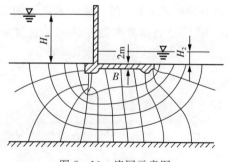

图 8-10　流网示意图

(4)保持流线和等势线的正交及网格对角线的正交;

(5)计算的准确度和流网绘制的好坏是密切相关的。

8.6.2　流网相关的计算

设流网为均匀网格,总水头为 H,等势线总数为 m,流线总数为 n,相邻两条等势线间的水头差相等,则两等势线间的水头差为

$$\Delta H = \frac{H}{m-1} \tag{8-30}$$

以图 8-10 为例,$H = H_1 - H_2, m = 13$。设某处网格的相邻两条流线及等势线间距分别为 $\Delta h, \Delta L$,则该处的单宽流量为

$$\Delta q = V\Delta h = k\frac{\Delta H}{\Delta L}\Delta h = k\frac{H}{m-1}\frac{\Delta h}{\Delta L} \tag{8-31}$$

继续假定各相邻流线间的流量相等,则总单宽流量为

$$q = (n-1)\Delta q = kH\frac{n-1}{m-1}\frac{\Delta h}{\Delta L} \tag{8-32}$$

图 8-10 中,$n = 6$,注意上、下不透水边界各为一流线,与等势线垂直,其垂向流量为零。另外由式(8-30)我们可计算水工建筑任意处的**渗透压强**。设第 i 条等势线的水工建筑面位于下游水位下 y 处,则该处水头为

$$h_i = (i-1)\Delta H = \frac{(i-1)H}{m-1} = z + \frac{p}{\gamma} \Rightarrow p = \gamma(h_i - z) = \gamma(h_i + y) \tag{8-33}$$

式中 z 为以下游水面为基准面的 z 坐标,恰为 y 的负数。渗透压对水工建筑来说是一种影响其稳定的向上的负压。具体应用请参见 8.7.5 小节。

8.6.3* 　流网的数值模拟简介

这节我们以简单的二维恒定各向同性且等渗透系数的水头分布方程式(8-16)为例,介绍如何通过数值计算求出水头分布和流场。

$$\nabla^2 h = \frac{\partial^2 h}{\partial x^2} + \frac{\partial^2 h}{\partial y^2} = 0 \tag{8-34}$$

按照导数的定义,当在 x, y 方向上的距离间隔 $\Delta x, \Delta y$ 很小时,方程式(8-34)可以转化为代数方程来计算,这就是数值模拟计算的基本思路。那么第一步就是要将计算区域划分为恰当的细小网格。这里我们以最简单的正交的结构性网格为例,如图 8-11 所示,以平行于 x, y 坐标轴方向的一系列平行线将所计算的空间划

分为一个个细小的长方形网格,Δx,Δy 不需要相等。

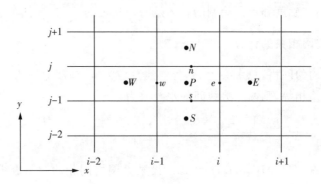

图 8-11　二维空间结构化网格示意图

如图 8-11 所示,以下标 i 对在 x 轴方向移动平行于 y 轴的线进行编号,以下标 j 对在 y 轴方向移动平行于 x 轴的线进行编号。不失一般性,取区域中任意一点 P,其相邻的上下左右的网格中心点分别以大写字母 N,S,W,E 表示,其网格四边的中心点分别以小写字母 n,s,w,e 表示。下面我们推导有关水头的拉普拉斯方程式(8-34)在图 8-11 所示的网格上的代数方程计算式。

$$\frac{\partial^2 h_P}{\partial x^2} = \frac{\partial}{\partial x}\left(\frac{\partial h_P}{\partial x}\right) \approx \left(\frac{\partial h}{\partial x}\bigg|_e - \frac{\partial h}{\partial x}\bigg|_w\right)/\Delta x \approx \frac{\dfrac{h_E - h_P}{\Delta x} - \dfrac{h_P - h_W}{\Delta x}}{\Delta x} = \frac{h_E - 2h_P + h_W}{\Delta x^2}$$

同理可推出 $\dfrac{\partial^2 h_P}{\partial y^2} \approx \dfrac{h_N - 2h_P + h_S}{\Delta y^2}$,这样各网格中心点的微分方程就可以以各网格点及周边网格的中心网格点的数值及网格间距的代数方程式来表示。每个网格中心点均可得到一个类似的方程,加上给定如 8.4.3 小节所讨论的边界条件,解此代数方程组,我们就可以求得满足拉普拉斯方程的水头分布了。请参见 8.8 节的 MATLAB 编程应用以获得更深的理解。

8.7　典型应用

8.7.1　达西定理及杜比公式的应用

1. 达西定理应用

如图 8-12 所示,某承压储水层的渗透系数为 50m/d,孔隙度为 0.2,相距 1000m 的两测压井测得的水头差为 5m。该储水层的平均厚度及宽度分别为 30m 及 5000m。求该储水层的流量及其由补水区流至下游 4000m 处的时间。

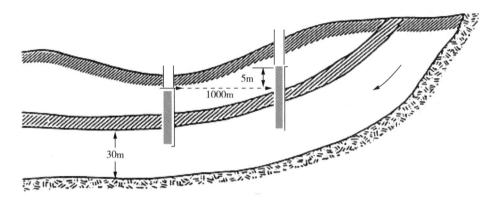

图 8-12 达西定理的应用

解:(1)求流量,应用达西定理

$$Q = KA \frac{dh}{dL} = 50\text{m/d} \times 30\text{m} \times 5000\text{m} \times \frac{5\text{m}}{1000\text{m}} = 37500\text{m}^3/\text{d}$$

(2)求流动时间,应使用实际流速

$$t = \frac{L}{U} = \frac{L}{V/n} = \frac{L}{KJ/n} = \frac{4000\text{m}}{50\text{m/d} \times (5\text{m}/1000\text{m})/0.2} = \frac{4000\text{m}}{1.25\text{m/d}} = 3200\text{d}$$

由上面计算可看出一般地下水的流速是非常慢的,每天仅为 1.25m。所以考虑其水头时,可以忽略其速度水头。

2. 杜比公式应用

设一垂直于纸面的宽度为 B 的矩形潜水取水渠道,已知对应横坐标 x_1、x_2 处的水头高度分别为 h_1、h_2,求单方向流向取水渠道的流量。

解:

$$Q = Bq = BVh = -kB \frac{dh}{ds} h = kB \frac{dh}{dx} h$$

$$Q\,dx = kBh\,dh$$

$$\int_{x_1}^{x_2} Q\,dx = \int_{h_1}^{h_2} kBh\,dh = kB \frac{h_2^2 - h_1^2}{2} \Rightarrow Q = kB \frac{h_2^2 - h_1^2}{2(x_2 - x_1)}$$

8.7.2 比储的应用

某地下水孔隙度 $n = 0.2$ 砂岩储水层的面积 $A = 10^9\text{m}^2$,厚度 $h = 100\text{m}$,已知其由于水及储层的可压缩性比储分别为 $S_{s1} = 9 \times 10^{-7}\text{m}^{-1}$,$S_{s2} = 10^{-5}\text{m}^{-1}$。假设此区域的总水头下降了 $dh = 90\text{m}$,请问总抽水量 $Q = 1 \times 10^8\text{m}^3$ 由水及介质膨胀的贡

献各为多少。

解：比储的物理意义为单位水头下降单位体积的储层是产水量，由此定义因水及介质膨胀所贡献的流量分别为

$$Q_1 = S_{s1}Ahdh = 9 \times 10^{-7} \text{m}^{-1} \times 10^9 \text{m}^2 \times 100\text{m} \times 90\text{m} = 8.1 \times 10^6 \text{m}^3$$

$$Q_2 = S_{s2}Ahdh = 10^{-5} \text{m}^{-1} \times 10^9 \text{m}^2 \times 100\text{m} \times 90\text{m} = 9 \times 10^7 \text{m}^3$$

可见就此例来说，由介质膨胀所贡献的排水量远大于水膨胀。

8.7.3 渗流微分方程应用

在两边均为不透水层的中间有等宽砾石构成的储水层，在沿流向 $x=0$ 处的水头为 h_0，在 $x=L$ 处的水头为 h_L，设渗流恒定且可按一维流动处理，求其水头分布公式。

解：由恒定渗流的基本微分方程 $\nabla^2 h = \dfrac{\partial^2 h}{\partial x^2} + \dfrac{\partial^2 h}{\partial y^2} + \dfrac{\partial^2 h}{\partial z^2} = 0$ 得其一维的表达式为 $\dfrac{\partial^2 h}{\partial x^2} = 0$，不定积分两次得其一般解为 $h = ax + b$，式中 a,b 为积分常数，带入 x 分别为 $0,L$ 处的固定水头边界条件，解得水头分布公式为 $h = h_0 + \dfrac{h_L - h_0}{L} x$。可知此情形下，水头呈线性分布。

8.7.4 井及井群

1. 普通完整井

半径 $r_0 = 0.1\text{m}$，含水层厚度 $H = 8\text{m}$，土壤的渗透系数 $k = 0.001\text{m/s}$，抽水时井中水深 $h = 3\text{m}$。求产水量。

解：首先由经验公式(8-25)求影响半径

$$R = 3000(H - h_0)\sqrt{k} = 3000 \times (8 - 3) \times \sqrt{0.001} = 474.3\text{m}$$

再应用普通完整井的流量公式(8-24)得

$$Q = \frac{\pi k(H^2 - h^2)}{\ln(R/r_0)} = \frac{3.1416 \times 0.001\text{m/s} \times (8^2 - 3^2)\text{m}^2}{\ln(474.3/0.1)} = 0.02\text{m}^3/\text{s}$$

2. 承压井

含水层厚度 $H = 25\text{m}$，井以恒定流量 $Q = 0.05\text{m/s}$ 开采一段时间后，距离井分别有 50m 及 150m 的两口观察井的水位分别下降了 $s_1 = 3\text{m}$ 及 $s_2 = 1.2\text{m}$。求该渗流层的渗透系数。

解：由承压含水层流量公式(8-26)得

$$k = \frac{Q}{2\pi M(h_2 - h_1)} \ln \frac{r_2}{r_1}$$

式中 $h_2 - h_1 = H - s_2 - (H - s_1) = s_1 - s_2$，推得

$$k = \frac{Q}{2\pi M(h_2 - h_1)} \ln \frac{r_2}{r_1} = \frac{0.05 \text{m}^3/\text{s} \times \ln(150/50)}{2\pi \times 25 \times \text{m}(3 - 1.2)\text{m}} = 1.94 \times 10^{-4} \text{m/s}$$

3. 潜水层大口井

前面所讨论的井的半径均很小，水是几乎垂直于井壁渗入的，现在我们看杜比假设灵活运用的一个例子，求如图 8 - 13 所示的位于潜水层半径为 r_0 的半球形大口井的流量。

解：水是通过球面渗入的，应用杜比假设流量应为

$$Q = AV = 2\pi r^2 k \frac{\mathrm{d}z}{\mathrm{d}r}$$

$$Q \int_{r_0}^{R} \frac{\mathrm{d}r}{r^2} = 2\pi k \int_{h_0}^{H} \mathrm{d}z$$

$$Q\left(\frac{1}{r_0} - \frac{1}{R}\right) = 2\pi k(H - h_0)$$

若 $R \gg r_0$ 推得

$$Q \approx 2\pi k r_0 S, \quad S = H - h_0$$

4. 井群

为降低某基坑的地下水位，在其周围沿矩形边界布设了 8 个普通完整井，如图 8 - 14 所示。它们的半径均为 0.15m，含水层厚度为 15m，渗透系数为 0.001m/s，各井的抽水量相同，总流量为 0.02m³/s。设井群的影响半径为 500m，求其中心处的水位下降多少。

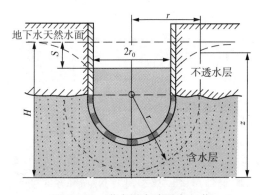

图 8 - 13　潜水层半球形大口井

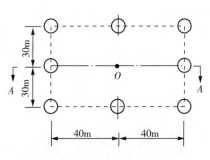

图 8 - 14　井群布置图

解：应用潜水井群浸润面方程式(8-28)

$$z^2 = H^2 - \frac{Q_0}{\pi k}\left[\ln R - \frac{1}{n}\ln(r_1 r_2 \cdots r_n)\right]$$

$$= 15^2 - \frac{0.02}{3.14 \times 0.01}\left[\ln(500) - \frac{1}{8}\ln(50^4 \times 30^2 \times 40^2)\right] = 209.2\text{m}^2$$

$$\Rightarrow z = 14.46\text{m} \Rightarrow S = H - z = 15\text{m} - 14.46\text{m} = 0.54\text{m}$$

8.7.5 流网

某溢流坝的流网如图8-15所示，上游水深 $H_1 = 18\text{m}$，下游水深 $H_2 = 2\text{m}$，$k = 5 \times 10^{-5}\text{m/s}$，求：(1)坝基溢流的单宽流量，设流网的等势线的间距等于流线的间距；(2)坝基第11条等势线处的渗透压强，设该处位于地下2m。

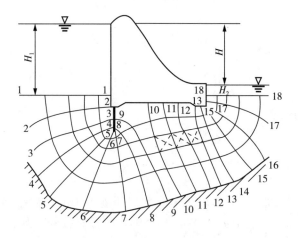

图8-15 坝下流网示意图

解：(1)单宽流量为

$$q = (n-1)\Delta q = kH\frac{n-1}{m-1}\frac{\Delta h}{\Delta L} = 5 \times 10^{-5}\text{m/s} \times (18-2)\text{m} \times \frac{6-1}{17-1} \times 1 = 2.5 \times 10^{-4}\text{m}^2/\text{s}$$

(2)第11条等势线处的水头为

$$h_{11} = \frac{i-1}{m-1}(H_2 - H_1) = \frac{11-1}{17-1} \times (18-2)\text{m} = 10\text{m}$$

该处的渗透压为

$$p_{11} = \gamma(h_i + y) = 9.8 \times 10^4\text{ N/m}^3 \times (10+4)\text{m} = 1.372 \times 10^6\text{ N/m}^3，方向朝上。$$

8.8　编程应用

第 8 章应用程序

　　这节我们以本章 8.7.3 小节的计算题为例,假设其为二维分布在长 10m、宽 4m 的空间内,边界条件:西边为固定水头 10m,东边为固定水头 5m。南北边界均为垂向水头梯度为零的无渗流边界。

　　解:按本章 8.6.3 小节所述内容编程如下,先离散关于水头的拉普拉斯方程,然后调用 SIPSOL2D 子程序求解离散后的线性代数方程组,运行即得到水头分布结果如图 8 - 16 所示。两程序 HeadPotential.m 及 sipsol2d.m 均在文件夹 Chapter8 中。

```
function HeadPotential
% % - - - - - - - - - - - - - - - - - - - - - - - - - - - - - - - - - - - - - -
% 数值计算满足拉普拉斯方程的潜水水头分布并作图
% % - - - - - - - - - - - - - - - - - - - - - - - - - - - - - - - - - - - - - -
clc    % 清屏
clear    % 清除工作区变量
HighHead = 10. ;    % 左边界水头高度,m
LowHead = 5.    % 右边界水头高度,m
k = 1. e - 5    % 渗透系数 m/s
alfa = 1；    % 迭代法求解离散后的线性方程组参数
n = 100；    % 子程序 SIPSOL2d 迭代法求解线性方程组最大迭代次数

L = 10；    % 计算区间长度,m
H = 4；    % 计算区间宽度,m
NIM = 21；    % 长度方向网格点数
NJM = 11；    % 宽度方向网格点数
NI = NIM + 1；NJ = NJM + 1；    % 一个方向增加一个点供插值中心点用

% % 计算空间网格划分
X = linspace(0,L,NIM);
Y = linspace(0,H,NJM);
X(NI) = X(NIM);
Y(NJ) = Y(NJM);
dx = L/(NIM - 1);
```

```matlab
dy = H/(NJM - 1);
dxR2 = 1. /(dx * dx);
dyR2 = 1. /(dy * dy);


%%采用有限体积法,计算各网格中心点坐标
XC = zeros(1,NI);
YC = zeros(1,NJ);
XC(1) = X(1);
for I = 2:NIM
    XC(I) = 0.5 * (X(I) + X(I - 1));
end
XC(NI) = X(NIM);


YC(1) = Y(1);
for J = 2:NJM
    YC(J) = 0.5 * (Y(J) + Y(J - 1));
end
YC(NJ) = Y(NJM);


%%变量初始化
H = zeros(NJ,NI);
AE = H;AW = H;AN = H;
AS = H;AP = H;Q = H;


%%设定已知东、西边界水头
H(:,1) = HighHead;
H(:,NI) = LowHead;


%%设定微分方程离散后的代数方程组的系数矩阵
for I = 2:NIM
for J = 2:NJM
        AE(J,I) = dxR2;
        AW(J,I) = dxR2;
        AN(J,I) = dyR2;
        AS(J,I) = dyR2;

        AP(J,I) = - (AE(J,I) + AW(J,I) + AN(J,I) + AS(J,I));
end
end
```

```
end
% % 应用边界条件
% 固定水头的东、西边界
for J = 2:NJM
    Q(J,2) = Q(J,2) - AW(J,2) * H(J,1);
    AW(J,2) = 0.;

    Q(J,NIM) = Q(J,NIM) - AE(J,NIM) * H(J,NI);
    AE(J,NIM) = 0.;
end

% 无渗流通过的零垂直水头梯度的南、北边界
for I = 2:NIM
    AP(2,I) = AP(2,I) + AS(2,I);
    AS(2,I) = 0.;
    AP(NJM,I) = AP(NJM,I) + AN(NJM,I);
    AN(NJM,I) = 0.;
end

% % 调用 SIPSOL2D 子程序求解离散后的线性代数方程组
[H,rsm] = sipsol2D(H,Q,AP,AN,AS,AE,AW,alfa,n);

% 根据内部数值求解的值设定南、北边界的水头值
    H(1,:) = H(2,:);
    H(NJ,:) = H(NJM,:);

% % 根据求解结果画出水头分布云图
[xc,yc] = meshgrid(XC,YC);
figure(1)
clf
contourf(xc,yc,H)          % 绘制 H 云图
axis equal
% 下面三行为设定浓度云图图例
h = colorbar
h. Limits = [LowHead,HighHead]
h. Label. String = '\ith \rm(m)';
xlabel('\itX \rm(m)')
ylabel('\itY \rm(m)')
```

```
% 叠加在浓度云图之上画达西流速矢量图
hold on
[U,V] = gradient(H);
U = - k * U;
V = - k * V;
h2 = quiver(xc,yc,U,V,0.3)          % 绘制达西速度矢量图
```

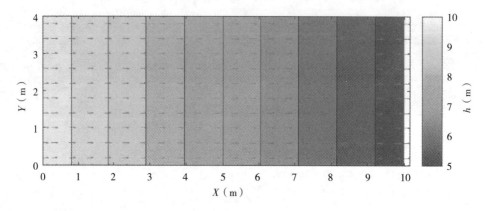

图 8 - 16　数值计算地下水位云图及达西流速矢量图

可见水头在东西方向是线性下降的,和 8.7.3 小节计算分析所得的结论是一致的。

思考练习题

8.1　为什么式(8-10)第一个等号的右边需要一个负号?

8.2　试给出平坡及逆坡时非承压渐变流的水面曲线为降水曲线的证明。

8.3　8.4.1 小节中说达西流速即为表示通过垂直流速平面过流的体积通量,为什么?

8.4　给出式(8-13)及式(8-14)在直角坐标系下的表达式。

8.5　假设渗透系数 K 是各向异性且为非均匀的,将表示其的式(8-7)带入质量守恒方程推导的式(8-13),给出其张量表达式及其在三维直角坐标系下的表达式。

8.6　根据 8.5.1 小节及 8.5.2 小节的描述,分别绘出两种情形下浸润线方程推导的示意图。

8.7　对潜水完整井,试用式(8-23)推导出在影响半径为 R 之外的水头为储层厚度 H 的产水量为式(8-24)。

8.8　对承压完整井,试用式(8-26)推导出在影响半径为 R 之外的水头为 H 的产水量为式(8-27)。

8.9　以和潜水井群类似的方式推导承压井群的浸润面方程式(8-29)。

8.10　设一储层的渗透系数为 10^{-5} m/s,孔隙度为 0.15,水力坡度为 0.023,求其达西流速及实际平均流速。

8.11 三测井的间距及其所测储层的水头高度如图所示,设储层的渗透系数为 $10^{-6}\,\mathrm{m/s}$,求该储层内流动的方向及大小。

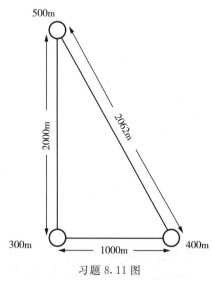

习题 8.11 图

8.12 如图所示的某渗透仪的圆管中装有某种砂,管径为 15.2cm,测得在 b 断面及 $3-3$ 断面的水头差为 0.305m 时的流量为 $3.1\,\mathrm{m^3/s}$,求砂的渗透系数。

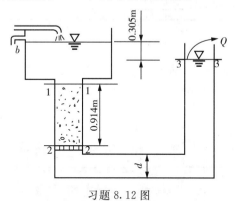

习题 8.12 图

8.13 如图所示,利用半径 $r_0=10\mathrm{cm}$ 的潜水完整井做注水实验。当注水量稳定在 $0.0002\,\mathrm{m^3/s}$ 时,井中水深为 5m,潜水层正常水深为 3.5m,设影响半径为 150m,求潜水层渗透系数。

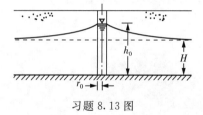

习题 8.13 图

8.14 如图所示,河中水位 65.8m,距河流 300m 处一钻井水位 68.5m,下部不透水层的上部可视作高程为 55m 的平面,设潜水层的渗透系数为 18m/d,求流向河流的单宽流量。

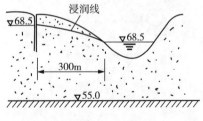

习题 8.14 图

8.15 指出下图中的 AB, BC, CD, DE, FG 线段是否为等水头线或流线,以及是否为水头固定或无穿透流动边界。

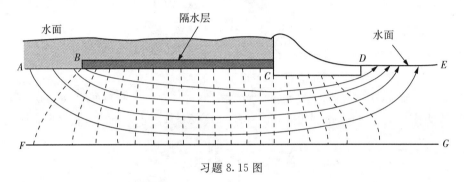

习题 8.15 图

8.16 某水闸的渗流流网如图所示,上游水深 $H_1 = 8m$,下游水深 $H_2 = 2m$,渗透系数为 0.02cm/s,求:(1)渗透的单宽流量;(2)B 点的压强水头。

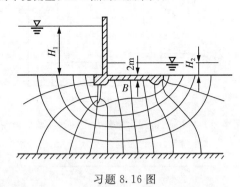

习题 8.16 图

第9章 几类典型出流流量计算

在学习完有压管流、明渠流及渗流这三大类流体力学的基本应用之后,我们再来研究应用非常广泛的孔口出流、管嘴出流、堰流及闸孔出流。这些流动的共同点为沿程水头损失与局部水头损失相比,可以忽略不计。本章可以看到反映能量守恒的伯努利方程的广泛应用。

9.1 孔口出流

水经容器壁上的开孔流出为**孔口出流**(orifice outflow)。孔口有大、小孔口之分,**小孔口**指孔口形心处的水深 H 为孔径 D 的十倍以上,即水深 $H \geqslant 10D$。此时可近似认为孔口断面上各点的水头相等。当 $D > H/10$ 时,为**大孔口**,需考虑孔口断面上各点的水头不等而采用积分求其流量。本节所讨论的孔口一般是指如图 9-1 及图 9-2(a)(b)所示的薄壁孔,即壁厚和孔径相比较小,可以忽略,流体和孔口为线接触。如果如图 9-2(c)所示的孔口壁厚的话,就近似于下节要讨论的管嘴出流了。

9.1.1 小孔口自由出流

小孔口出流时,孔口上方的流体由于惯性向下流,孔口下方流体在下部高压的作用下往上流。如图 9-1 所示,在离孔口不远处存在一收缩断面 $C-C$ 为近似均匀流断面,压力接近大气压。取此断面和容器内的水平面为参考断面,列伯努利方程如下:

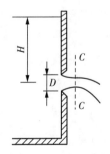

图 9-1 小孔口薄壁
自由出流示意图

$$H + \frac{p_0}{\rho g} + \frac{\alpha_0 V_0^2}{2g} = \frac{p_0}{\rho g} + \frac{\alpha_c V_c^2}{2g} + h_m \qquad (9-1)$$

式中两断面的气压均为大气压,可以约去,容器内水面下降速度非常缓慢,也可以忽略，出流局部水头损失可表示为 $h_m = \zeta_0 \dfrac{V_c^2}{2g}$，带入式（9-1）得收缩断面处的流速为

$$V_c = \frac{1}{\sqrt{\alpha_c + \zeta_0}}\sqrt{2gH} = C_v\sqrt{2gH} \qquad (9-2)$$

式中反映动能修正系数及局部水头损失的 $C_v = \dfrac{1}{\sqrt{\alpha_c + \zeta_0}} \approx 0.97$ 为孔口**流速系数**（coefficient of velocity），其值是通过实验确定的。对于湍流来说，动能修正系数及局部水头损失均相对较小，其值接近 1。

进一步得到小孔口出流的流量表达式为 $Q = V_c A_c = C_v C_c A\sqrt{2gH}$，式中 $A_c = C_c A$ 为收缩断面的面积，实验测得其和小孔口的面积 A 之比的**孔口收缩系数**（coefficient of contraction）$C_c \approx 0.64$，这样小孔口出流的**流量系数**（coefficient of discharge）$C_d = C_v C_c \approx 0.97 \times 0.64 = 0.62$，最后得到小孔口的流量计算公式为

$$Q = C_d A\sqrt{2gH} \qquad (9-3)$$

测得小孔口的作用水头 H 及孔口面积 A，我们就可根据式（9-3）估算其流量。

Finnermore 和 Franzini（2013）在其教材中给出了孔口形状及其厚度对流速系数、收缩系数及流量系数的测量结果，如图 9-2 所示。

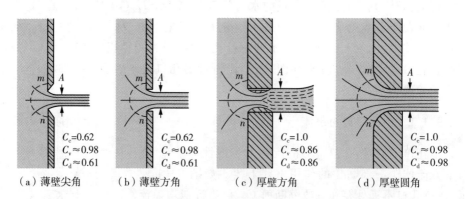

（a）薄壁尖角　　（b）薄壁方角　　（c）厚壁方角　　（d）厚壁圆角

图 9-2　孔口形状及厚度对出流的影响（Finnermore & Franzini，2013）

可见薄壁的形状（尖角还是方角）对这些系数的影响不大。薄壁孔成为内角圆角的厚壁孔之后，收缩系数增至为 1，从而使流量系数大幅增加。

9.1.2　小孔口淹没出流

小孔口出流还有一种情形，如图 9-3 所示，孔口的两边均在水下，但两边的水

是隔开的,且水头不等,分别为 H_1,H_2,且 $H_1-H_2=H$。这种情形下水会通过小孔由水头高的一边流向水头低的一边。对两边的水平面列伯努利方程得

$$H_1+\frac{p_0}{\gamma}+\frac{\alpha_1 V_1^2}{2g}=H_2+\frac{p_0}{\gamma}+\frac{\alpha_2 V_2^2}{2g}+h_{\mathrm{m}} \qquad (9-4)$$

两边的压力均为大气压约去,设两边水体较大,水面移动速度可以忽略不计。方程中没有出流速度,怎么求流量呢? 和自由出流一样,流速包含在局部水头损失中:

$$h_{\mathrm{m}}=\zeta_0 \frac{V_C^2}{2g}+\zeta_{\mathrm{se}}\frac{V_C^2}{2g}=H_1-H_2 \Rightarrow V_C=\frac{1}{\sqrt{\zeta_0+\zeta_{\mathrm{se}}}}\sqrt{2g(H_1-H_2)}=C_{\mathrm{v}}\sqrt{2gH}$$

因为伯努利方程所考虑的两断面间的流动包含出口处的收缩及收缩后的发散,所以这两个局部水头损失都得考虑。收缩局部水头损失系数 ζ_0 和前面的自由出流很接近;而扩散的水头损失 ζ_{se} 恰为一个速度水头,和前面的出流速度水头的动能修正系数很接近,这样淹没出流的流速系数的实验值和自由出流很接近,约为 $C_{\mathrm{v}}=\frac{1}{\sqrt{\zeta_0+\zeta_{\mathrm{se}}}}\approx0.97$,同时实验也告诉我们淹没出流的收缩系数也和自由出流的很接近。这样求流量时同样可用式(9-3)来计算,流量系数约为 0.62。

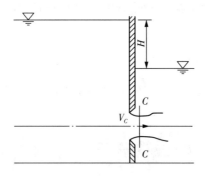

图 9-3　小孔口薄壁淹没出流示意图

9.1.3　大孔口出流

对于如图 9-4 所示的宽为 b,高为 H_2-H_1 的矩形大孔口出流,需考虑在孔口不同高度的水头变化,应用微积分求解。先取作用水头为 h,厚度为 $\mathrm{d}h$ 的出口微元,由前述小孔口流量公式得微元出口的流量表达式,并对出口的上下高 H_1,H_2 范围进行定积分得

$$\int_0^Q \mathrm{d}q = \int_{H_1}^{H_2} C_\mathrm{d}\mathrm{d}A \sqrt{2gh} = \int_{H_1}^{H_2} C_\mathrm{d}b\mathrm{d}h \sqrt{2gh} \Rightarrow$$

$$(9-5)$$

$$Q = \frac{2}{3}\sqrt{2g}\,bC_\mathrm{d}(H_2^{3/2} - H_1^{3/2})$$

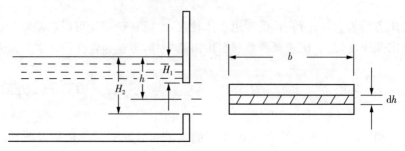

图 9-4 矩形大孔口出流示意图

9.2 管嘴出流

在孔口上外接长度为管径 3~4 倍的管嘴,可提高出流量,我们称之为**管嘴出流**(tube outflow)。管嘴出流需防止管嘴内气压过低,所以对水头高度有一定的限制。

9.2.1 管嘴出流的流量公式

设有如图 9-5 所示的管嘴出流,对容器水表面 0—0 和管嘴出口 $B-B$ 断面列伯努利方程得

$$H + \frac{p_0}{\gamma} + \frac{\alpha_0 V_0^2}{2g} = \frac{\alpha V^2}{2g} + \frac{p_0}{\gamma} + \zeta_n \frac{V^2}{2g}$$

两边压强均为大气压,约去,设容器内流速很小可以忽略,得流速为

$$V = \frac{1}{\sqrt{\alpha + \zeta_n}}\sqrt{2gH} = C_v\sqrt{2gH}$$

$$(9-6)$$

实验测得式(9-6)中的管口局部阻力系数 $\zeta_n \approx 0.5$,动能修正系数 $\alpha \approx 1$,这样管嘴流速系数,$C_v = \frac{1}{\sqrt{\alpha + \zeta_n}} \approx \frac{1}{\sqrt{1+0.5}} \approx 0.82$,所以流量为

$$Q = VA = C_v A \sqrt{2gH} = C_\mathrm{d} A \sqrt{2gH}$$

$$(9-7)$$

由于管嘴出口不存在收缩断面,所以流量无须考虑收缩系数,管嘴流量系数和流速系数相等,即 $C_d = C_v = 0.82$。这样孔口与管嘴计算公式具有相同的形式,作用水头相同时,管嘴流量是孔口流量的 1.32 倍,为它们的流量系数之比。

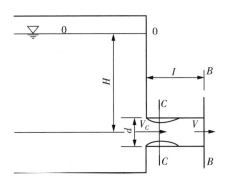

图 9-5 管嘴出流示意图

9.2.2 收缩断面的真空度

管嘴出流没有收缩断面,但如图 9-5 所示,在管嘴的内部存在由收缩带来的负压区,有必要使该处压力大于气化压强,以防对容器或管嘴造成破坏。对管嘴收缩断面 $C-C$ 和出口 $B-B$ 断面应用伯努利方程 $\dfrac{p_c}{\rho g} + \dfrac{\alpha_c V_c^2}{2g} = \dfrac{p_0}{\rho g} + \dfrac{\alpha V^2}{2g} + \zeta_{se} \dfrac{V^2}{2g}$,同时根据连续性方程有 $V_c = \dfrac{A}{A_c} V = \dfrac{V}{C_c}$。由第 6 章可知圆管扩大局部阻力系数 $\zeta_{se} = \left(\dfrac{A}{A_c} - 1\right)^2 = \left(\dfrac{1}{\varepsilon} - 1\right)^2$,带入伯努利方程整理得

$$h_v = \frac{p_0 - p_c}{\rho g} = \left[\frac{\alpha_c}{\varepsilon^2} - \alpha - \left(\frac{1}{\varepsilon} - 1\right)^2\right]\frac{V^2}{2g} \approx \left[\frac{1}{0.64^2} - 1 - \left(\frac{1}{0.64} - 1\right)\right]\frac{(C_v\sqrt{2gH})^2}{2g}$$

$$\approx 1.125 \times 0.82^2 H = 0.75H < 7\text{m} \Rightarrow H < 9\text{m} \tag{9-8}$$

所以为防止管嘴内气化,有效作用水头需小于 9m。

9.2.3 管嘴的工作条件

使管嘴具有提高出流量的正常工作条件有两个:一是管嘴的长度为管径的 3~4 倍,以使能完全包含收缩区,否则就会削弱提高流量的作用,太长则会由于沿程阻力的作用降低出流量;二是容器的有效作用水头不能超过 9m,否则可能出现气化带来管嘴或容器的损伤、噪音及出流量降低等负面作用。

9.3 堰流

堰为阻挡明渠流使其漫过堰顶的构筑物，常被用来测定流量。实际上简单的量纲分析就可帮助我们获得其流量公式。其单宽流量 q 应为重力加速度 g 及堰上水头 H 的函数，量纲分析立即给出

$$q \propto g^{1/2} H^{3/2} \tag{9-9a}$$

基本上所有的堰流都可以应用此公式，只不过要考虑不同因素影响的经验系数，如收缩系数、淹没系数、形状系数等。本节仅对堰流做基本介绍，更详细的内容可参见相关的参考文献。

9.3.1 堰流的基本概念及其分类

无压缓流中所设置的由顶部溢流的障壁称为**堰**（weir），水流由堰顶溢流的局部水流现象为**堰流**（weir flow）。一些与堰流相关的常用术语如图 9-6 所示。

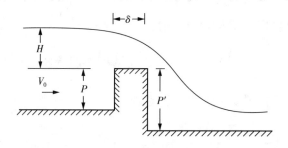

图 9-6 堰流基本术语示意图

H 为堰上水头，V_0 为行近流速，δ 为堰顶厚度，P 为上游坎高，P' 为下游坎高。按照堰顶厚度与堰上水头的比值范围，堰可分为薄壁堰、实用堰与宽顶堰三类。我们把 $\delta/H < 0.67$ 的堰称为**薄壁堰**（thin-plate weirs, sharp-crested weirs），如图 9-7(a) 所示，由于惯性，水流与堰顶仅一条边线接触，堰顶厚度对水流没有影响，故称薄壁堰。$0.67 \leqslant \delta/H < 2.5$ 的堰为**实用堰**（streamlined weirs），如图 9-7(b)(c) 所示，堰顶厚度对水流有影响，水面呈现一次降落，此种类型的堰多见于水利工程。$2.5 \leqslant \delta/H < 10$ 的堰称为**宽顶堰**（broad-crested weirs），堰顶厚度较大，水流过堰时，水流呈现两次跌落，如图 9-7(d) 所示。若 $\delta/H > 10$，则需考虑沿程水头损失，一般当作第 7 章所讨论的明渠流来处理。

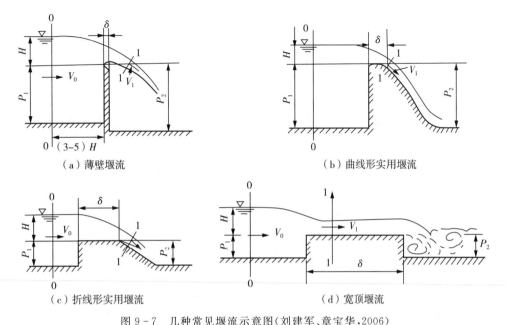

（a）薄壁堰流   （b）曲线形实用堰流

（c）折线形实用堰流   （d）宽顶堰流

图 9 - 7 几种常见堰流示意图（刘建军、章宝华，2006）

9.3.2 堰流流量的基本公式

这里以宽顶堰为例应用伯努利方程来推导堰流流量的基本计算公式。堰流的动能来自堰上水头提供的势能，由于堰顶处过流断面小于上游，故流速大于上游。当堰顶水流为急流时，下游水深不影响堰顶水流。此时以局部水头损失为主，沿程水头损失可忽略不计。参照图 9 - 7(d)，以堰顶高度为基准面，对上游行近流速为 V_0、堰上水头为 H 的 0—0 断面和水深为 h 的堰顶 1—1 断面应用伯努利方程，两处的压强均为大气压，约去得

$$H+\frac{\alpha_0 V_0^2}{2g}=h+\frac{\alpha V^2}{2g}+\zeta \frac{V^2}{2g}, H+\frac{\alpha_0 V_0^2}{2g}=H_0, h=kH_0 \Rightarrow H_0=kH_0+(\alpha+\zeta)\frac{V^2}{2g}\Rightarrow$$

$$V=\frac{1}{\sqrt{\alpha+\zeta}}\sqrt{1-k}\sqrt{2gH_0}=C_v\sqrt{1-k}\sqrt{2gH_0}\Rightarrow Q=Vhb=VkH_0 b=C_v k\sqrt{1-k}b\ \sqrt{2g}H_0^{\frac{3}{2}}$$

也即

$$Q=C_d b\sqrt{2g}H_0^{\frac{3}{2}} \qquad\qquad (9-9b)$$

式中 H_0 为有效作用水头，k 为堰顶溢流厚度 h 和有效作用水头的比，$C_v=\dfrac{1}{\sqrt{\alpha+\zeta}}$ 为流速系数，$C_d=C_v k\sqrt{1-k}$ 为流量系数，一般通过实验来确定。对于矩形宽顶堰有

如下经验公式估算流量系数：

$$C_d = \begin{cases} 0.32 + 0.01 \times \dfrac{3-r}{0.46 + 0.75r}, & 0 \leqslant r \leqslant 3.0 \\ 0.32, & r > 3.0 \end{cases} \qquad (9-10)$$

式中 $r = P/H$ 为上游坎高和堰上水头之比。若下游水位高于堰水流上表面，堰顶水流变为缓流，形成宽顶堰淹没溢流。淹没形成的充分条件为 $h_s = H_2 - P' > 0.8H_0$，式中 H_2 为堰下水深。这时采用通过实验确定的淹没系数 σ_s 对式（9-9b）的流量公式进行修订：

$$Q = \sigma_s C_d b \sqrt{2g} H_0^{\frac{3}{2}} \qquad (9-11)$$

实验给出的宽顶堰的淹没系数与 h_s/H_0 的对应关系如表 9-1 所示。

表 9-1　宽顶堰的淹没系数与 h_s/H_0 的关系表

h_s/H_0	0.83	0.85	0.87	0.89	0.91	0.93	0.95	0.96	0.97	0.98
σ_s	0.98	0.96	0.93	0.87	0.82	0.74	0.65	0.59	0.50	0.40

可见随着 h_s 接近堰上水头时，流量系数加速地降低，而在其低于堰上水头的 0.8 倍时，对过流量影响很小。类似地，对于对称的堰宽 b 小于渠道宽 B 时，需考虑侧收缩的影响。式（9-11）依然可以使用，只不过称 σ_s 为侧收缩系数，由如下经验公式计算：

$$\sigma_s = 1 - \frac{a \sqrt[4]{b/B}\,(1 - b/B)}{\sqrt[3]{0.2 + p/H}} \qquad (9-12)$$

式中，a 为墩形系数，对于矩形边缘 $a = 0.19$，圆形边缘 $a = 0.10$。参见本章 9.5.4 小节。

对于矩形薄壁堰，我们采用和宽顶堰一样的流量公式，只不过流量系数 m 取不同的经验数值。如果堰上水头小，采用矩形堰测流量误差较大，而采用如图 9-8 所示的**三角堰**（V-notch or triangular weir）可有效地提高堰上水头及流量的测量精度。

下面我们通过微积分推导其流量计算公式。如图 9-8 所示，设堰顶夹角为 θ，堰上水头为 H，对距水平中心为 b、水头为 h 处的微元宽度为 $\mathrm{d}b$ 的一段应用矩形堰流流量的基本公式（9-9）求微元流量：

$$\mathrm{d}Q = C_d \mathrm{d}b \sqrt{2g} h^{\frac{3}{2}}$$

存在几何关系 $b=(H-h)\tan\dfrac{\theta}{2}$，对其两边微分得 $db=-\tan\dfrac{\theta}{2}dh$，带入流量式并由中心向右边堰的边缘定积分得

$$\int_0^Q dQ=Q\underset{\substack{\text{由中心向边缘积分}\\ \text{两边对称乘以系数2}}}{=\!=\!=}-2C_d\tan\frac{\theta}{2}\sqrt{2g}\int_H^0 h^{\frac{3}{2}}dh=\frac{4}{5}C_d\tan\frac{\theta}{2}\sqrt{2g}H^{\frac{5}{2}}$$

$$(9-13)$$

实验测得堰顶夹角 θ 为 90°时，堰上水头 H 为 $0.05\sim0.25\mathrm{m}$ 时，$C_d=0.395$，此时流量公式为

$$Q=1.4H^{\frac{5}{2}} \tag{9-14}$$

对于一般断面形状为三角形的薄壁堰采用如下计算公式：

$$Q=AH^B \tag{9-15}$$

式中 A,B 为实验确定的系数。

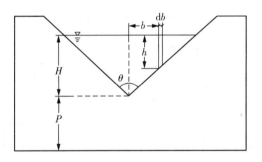

图 9 - 8　三角堰示意图

9.4　闸孔出流

小型渠道内及堰顶经常使用**闸门**（sluice gate）控制出流量。这节我们以水平渠道上的闸孔出流为例，推导出闸孔出流的流量基本公式，并基本介绍有关宽顶堰及实用堰的流量系数。

9.4.1　闸孔出流的流量基本公式

以图 9-9 所示的水平渠道上的平板闸门发生远驱式水跃的闸孔出流为例来推导闸孔出流的流量基本公式。我们将看到，推导过程和孔口出流非常类似。设为自由出流，行近流速为 V_0，闸门前水深为 H，开度为 e，与孔口出流非常类似，出

流由于惯性会在距闸门约一个闸门开度的不远处形成最小收缩断面 c—c,收缩断面处为流线接近平行的均匀流,流速为 V_c,水深为 h_c,设局部水头损失系数为 ξ_s,对上游断面 1—1 及收缩断面 c—c 列伯努利方程可得到与小孔口自由出流流速式 (9－2)非常近似的如下闸孔出流流速公式:

$$V_c = \frac{1}{\sqrt{\alpha_c + \zeta_s}}\sqrt{2g(H_0 - h_s)} = C_v\sqrt{2g(H_0 - h_s)} \qquad (9-16)$$

式中,α 为动能修正系数;$H_0 = H + \dfrac{\alpha V_0^2}{2g}$;闸孔流速系数 $C_v = \dfrac{1}{\sqrt{\alpha_c + \zeta_s}}$,实测其值约为 0.95～1,可见此时动量修正系数近似为 1,而局部阻力系数是非常小的。同小孔口出流一样,计算流量时需引入收缩系数:

$$Q = V_c A_c = C_v C_c be\sqrt{2g(H_0 - h_s)} = C_v C_c\sqrt{\left(1 - \frac{h_s}{H_0}\right)}be\sqrt{2gH_0} = C_d be\sqrt{2gH_0}$$

$$(9-17)$$

式中,流量系数 $C_d = C_v C_c\sqrt{\left(1 - \dfrac{h_s}{H_0}\right)}$;$b$ 为闸门在图中垂直于纸面方向上的宽度;$A_c = C_c A$ 为收缩断面的面积;C_c 为闸孔出流垂向收缩系数,实验表明其为闸门的形态(平板、弧形)及相对开度(e/H)的函数。对于平板闸门,在开度由 0.1 至 0.75 变化时,C_c 的变化范围为 0.616～0.705,与小孔口的 0.64 非常接近。

若收缩断面水深的共轭水深大于下游水深 h_t 时,会发生淹没式水跃,此时式 (9－17)的流量公式需乘以淹没系数 σ_s 加以校正:

$$Q = \sigma_s C_d be\sqrt{2gH_0} \qquad (9-18)$$

实验表明淹没系数为闸门前后水面高度差及闸门开度的函数。有关收缩系数及淹没系数的具体数值可参见刘亚坤主编的《水力学》一书。

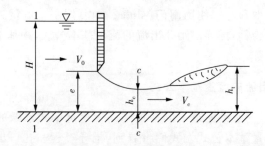

图 9－9 水平渠道上的平板闸孔自由出流示意图

9.4.2 闸孔出流流量系数

前一小节我们以直渠道上的平板闸门为例给出了闸孔出流的一般计算公式 (9-17),但不同形状的闸门应用于不同的堰流时的流量系数不同,本小节介绍一些相关的经验公式。首先介绍堰流孔流的经验判断标准,设 H 为堰上水头,对于宽顶堰,如果 $\frac{e}{H} \leqslant 0.65$,为闸孔出流,否则即当作堰流处理;对于实用堰,如果 $\frac{e}{H} \leqslant 0.75$,为闸孔出流,否则即当作堰流处理。

如图9-9所示的水平渠道上的或宽顶堰上平板闸孔自由(非淹没)出流的流量系数为相对开度的函数,其流量系数的经验公式为

$$C_d = 0.60 - 0.176 \frac{e}{H} \tag{9-19}$$

水平渠道上或宽顶堰上弧形闸门闸孔出流的流量系数为相对开度及如图9-10所示的闸门底缘切线与水平线夹角 θ 如下:

$$C_d = \left(0.97 - 0.81 \frac{\theta}{180°}\right) - \left(0.56 - 0.81 \frac{\theta}{180°}\right) \frac{e}{H}, \quad 25° < \theta < 90° \tag{9-20}$$

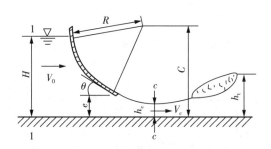

图9-10 水平渠道上的弧形闸门闸孔自由出流示意图

实用堰上的平板自由出流的流量系数在开度为 $0.1 < \frac{e}{H} < 0.75$ 时的经验计算公式为

$$C_d = 0.65 - 0.186 \frac{e}{H} + \left(0.25 - 0.375 \frac{e}{H}\right) \cos\alpha \tag{9-21}$$

式中 α 为如图9-11所示的平板闸门迎水面的底部切线和水平线的夹角。

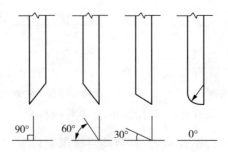

图 9-11 实用堰平板闸门流量公式中 α 取值示意图

若实用堰下游水位超过堰顶的高度为 h_s，需考虑淹没的影响，可对流量公式 (9-17) 进行修订得到计算其流量的近似公式

$$Q=C_d be \sqrt{2g(H_0-h_s)} \tag{9-22}$$

9.5 典型应用

9.5.1 求孔口流量系数

薄壁水箱上一小圆孔孔径 $d=10\text{mm}$，其至水箱水面深度 $H=4\text{m}$，孔口中心距地面高度 $z=5\text{m}$。实验测得射流与地面相交时的水平距离为 $x=8.68\text{m}$，孔口流量 $Q=0.43\text{L/s}$。不计空气阻力，求孔口的流量系数、流速系数及局部阻力系数。

解：(1)求流速系数。先根据自由射流数据求得出流流速 V_c

$$z=\frac{1}{2}gt^2 \Rightarrow t=\sqrt{\frac{2z}{g}} \text{ 带入 } V_c=\frac{x}{t}=x\sqrt{\frac{g}{2z}}=8.68\text{m}\times\sqrt{\frac{9.8\text{m/s}^2}{2\times5\text{m}}}=8.59\text{m/s}$$

再由式(9-2)得流速系数

$$C_v=\frac{V_c}{\sqrt{2gH}}=\frac{8.59\text{m/s}}{\sqrt{2\times9.8\text{m/s}\times4\text{m}}}=0.97$$

(2)求局部阻力系数。由式(9-2)得局部阻力系数

$$C_v=\frac{1}{\sqrt{\alpha_c+\zeta_0}} \Rightarrow \zeta_0=\frac{1}{C_v^2}-\alpha_c\approx\frac{1}{0.97^2}-1=0.06$$

(3)求流量系数。由式(9-3)得流量系数

$$C_d=\frac{Q}{A\sqrt{2gH}}=\frac{0.43\times10^{-3}\text{m}^3/\text{s}}{\frac{3.14}{4}\times(0.01\text{m})^2\times\sqrt{2\times9.8\text{m/s}^2\times4\text{m}}}\approx0.64$$

9.5.2　孔口的变水头出流

设水箱截面积为 A_t，水面随水从小孔口流出而下降。求当水箱内水面由 H_1 降至 H_2 时所需的时间。另设孔口在水箱底部，求水箱内水全部流完所需的时间。

解：水面距孔口中心为 h 时，dt 时段内流出孔口的体积应等于 dt 时段内水箱水面下降 dh 所空出的体积，截面积为 A_t 的容器的体积减少量为

$$dV = Qdt = C_d A \sqrt{2gh}\, dt = -A_t dh$$

积分求水位由 H_1 降至 H_2 的时间：

$$\int_{t_1}^{t_2} dt = \int_{H_1}^{H_2} \frac{-A_t}{C_d A \sqrt{2gh}} dh \Rightarrow t_2 - t_1 = \frac{2A_t}{C_d A \sqrt{2g}}\left(\sqrt{H_1} - \sqrt{H_2}\right) \quad (9-23)$$

特别地，设 $H_2 = 0$，即排空容器内的水所需的时间为

$$T = \frac{2A_t \sqrt{H_1}}{C_d A \sqrt{2g}} = \frac{2A_t H_1}{C_d A \sqrt{2gH_1}} = \frac{2V}{Q_{t_1}} \quad (9-24)$$

由式（9-24）可知，容器至孔口位置水排空的时间为其上水体积与初始排水流量比值的 2 倍。

9.5.3　管嘴出流

已知管嘴出流的管径 $d=2\text{cm}$，有效作用水头为 2m，设其流量系数为 0.82，求流量及管内最大真空度。

解：由式（9-7）得流量为

$$Q = C_d A \sqrt{2gH_0} = 0.82 \times \frac{3.14}{4} \times (0.02\text{m})^2 \times \sqrt{2 \times 9.8\text{m/s}^2 \times 2\text{m}} = 0.0016\text{m}^3/\text{s}$$

由式（9-8）得管内最大真空度为

$$h_v \approx 0.75 H_0 = 0.75 \times 2\text{m} = 1.5\text{m}$$

9.5.4　宽顶侧收缩矩形堰流量

矩形断面渠道中设置了如图 9-12 所示的带侧收缩的矩形宽顶堰。已知渠宽 $B=3\text{m}$，堰宽 $b=2\text{m}$，坎高 $P=P'=1\text{m}$，堰上水头 $H=2\text{m}$，堰顶为直角进口，下游水深 $h=2\text{m}$。设定误差小于 1%，求过流流量。

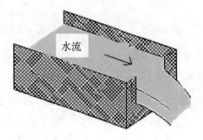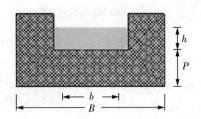

图 9 - 12　矩形收缩堰

解：(1)判别出流形式

$$h_s = h - P' = 2\text{m} - 1\text{m} = 1\text{m} > 0$$

$$0.8H_0 = 0.8 \times 2\text{m} = 1.6\text{m} > h_s$$

不满足形成溢流的充分条件，流动为有侧收缩的自由溢流。

(2)用迭代法求出流量

先由式(9-10)及式(9-12)分别计算出流量及侧收缩系数分别为 $C_d = 0.36, \sigma_s = 0.94$，再应用基本流量公式(9-11) $Q = \sigma_s C_d b \sqrt{2g} H_0^{\frac{3}{2}}$，$H_0 = H + \dfrac{\alpha V_0^2}{2g}$，$V_0 = \dfrac{Q}{B(H+P)}$ 求解。

先设 $H_0 = H = 2\text{m}$，求得 $Q = 8.20\text{m}^3/\text{s}, V_0 = 0.91\text{m/s}$。二次迭代，此时 $H_0 = H + \dfrac{V_0^2}{2g} = 2.04\text{m}$，求得 $Q = 8.47\text{m}^3/\text{s}, V_1 = 0.941\text{m/s}$。三次迭代，此时 $H_0 = H + \dfrac{V_1^2}{2g} = 2.11\text{m}$，求得 $Q = 8.49\text{m}^3/\text{s}, V_2 = 0.942\text{m/s}$。此时流量误差已小于 1%，本章 9.6 节我们用 MATLAB 编程，调用其内置函数可快速求解此问题。

9.5.5　三角堰流量

如图 9-13 所示的长为 3.6m、宽为 1.2m 的矩形水箱采用底角为 $90°$ 的三角堰排水，求堰上水头由 0.25m 降至 0.05m 所需时间。

解：此题为水头渐渐减小的非恒定流问题，可以应用微积分求解。设水箱表面积为 A，经微元时间 $\text{d}t$ 排水后下降高度为 $\text{d}h$，在很小的微元时间内，我们可以假设其流量 $\text{d}Q$ 恒定，可以应用公式(9-14)，则

$$\text{d}q\text{d}t \overset{\text{等于水箱体积减少}}{=} -A\text{d}h \overset{\text{应用式(9-14)}}{=} 1.4h^{\frac{5}{2}}\text{d}t \Rightarrow \text{d}t = -\frac{Ah^{-\frac{5}{2}}}{1.4}\text{d}h$$

$$\overset{\text{定积分}}{\Rightarrow} \int_0^T \text{d}t = -\frac{A}{1.4}\int_{0.25}^{0.05} h^{-\frac{5}{2}}\text{d}h \Rightarrow T = \frac{A}{1.4 \times 1.5}h^{-\frac{3}{2}}\Big|_{0.25}^{0.05}$$

$$=\frac{3.6\times1.2}{1.4\times1.5}(0.05^{-\frac{3}{2}}-0.25^{-\frac{3}{2}})=167\mathrm{s}$$

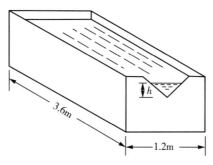

图 9 - 13　三角堰测流量

9.5.6　闸孔出流

某水库溢流坝设置了多个堰顶平板闸门控制水流。已知各单孔宽 $b=10\mathrm{m}$，闸门开启高度 $e=2.5\mathrm{m}$，迎流面和水平面夹角 $\alpha=90°$，堰顶高度为 45m，水库水位为 50m，为自由出流，不计行近流速，求单孔通过流量。

解：先求闸前水头 $H=50\mathrm{m}-45\mathrm{m}=5\mathrm{m}$，再看闸孔开度 $\dfrac{e}{H}=\dfrac{2.5}{5}=0.5$，为自由出流，可应用式(9-21)计算其流量系数

$$C_\mathrm{d}=0.65-0.186\frac{e}{H}=0.65-0.186\times0.5=0.637$$

再应用基本流量公式(9-17)计算流量

$$Q=C_\mathrm{d}be\sqrt{2gH_0}=0.637\times10\mathrm{m}\times2.5\mathrm{m}\times\sqrt{2\times9.8\ \mathrm{m/s^2}\times5\mathrm{m}}=157.65\mathrm{m^3/s}$$

9.6　编程应用

9.4.4 小节求流量用迭代法较麻烦，本节我们用 MATLAB 程序编写求矩形宽顶堰流量的程序 RectangleWeirQ.m，调用其 vpasolve 内置函数，可以很快求得答案。程序内容如下：

第 9 章应用程序

```
%求过带侧收缩矩形堰流量
clc
clear
```

```
symsBbPpHhaV0H0QCdeg

% Q /m^3/s = 流量
% B /m = 上游渠宽
% b /m = 堰宽
% P /m = 上游坎高;p /m = 下游坎高
% H /m = 堰上水头;h /m = 堰下水头
% a = 墩形系数,对于矩形边缘 a = 0.19,圆形边缘 a = 0.10


B = 3;b = 2;P = 1;p = 1;H = 2;h = 2;a = 0.19
g = 9.807;              %m/s2,重力加速度
disp('check weir flow type')
hs = h - p              % 下游堰上水头
H08 = 0.8 * H           % 完全淹没水头


if(hs< = 0)||(hs>0 && H08>hs)
    disp('自由堰流')
    disp('1. 计算流量系数 Cd')
% 由下游坎高 p 和堰上水头 H 的比确定 Cd 值
    r = vpa(p/H)        % 下游坎高对堰上水头比
if r> = 0 && r<3
        Cd = 0.32 + 0.01 * (3 - r)/(0.46 + 0.75 * r)
else
        Cd = 0.32
end


if b<B
        disp('2. 计算收缩系数 e')
        e = 1 - a/(0.2 + r)^(1/3) * (b/B)^0.25 * (1 - b/B)
end


% 求解流量方程(9 - 11)
    V0 = Q/(B * (H + P))
    H0 = H + V0 * V0/2/g
    f = Q - e * Cd * b * sqrt(2 * g) * H0^1.5
    Q = vpasolve(f,Q)
    V1 = eval(V0)
```

else

　　disp('淹没堰流需淹没矫正')

end

执行程序,即得到答案为 $Q=8.482\mathrm{m}^3/\mathrm{s}$,和本章 9.4.4 小节的迭代结果相当接近。

思考练习题

9.1　试由量纲分析给出堰流流量的基本公式(9-9a)。

9.2　薄壁小孔出流。已知直径 $D=10\mathrm{mm}$,水箱水位恒定 $H=2\mathrm{m}$。现测得出水口水流收缩断面的直径 $D_c=8\mathrm{mm}$,在 $t=33\mathrm{s}$ 时间内,经孔口流出的水量 $\Omega=0.01\mathrm{m}^3$。试求该孔口的收缩系数、流量系数、流速系数及孔口局部阻力系数 ζ_0。

9.3　水箱用隔板分为 A、B 两室,隔板上开一孔口,其直径 $d_1=4\mathrm{cm}$,在 B 室底部装有圆柱形外管嘴,其直径 $d_2=3\mathrm{cm}$。已知 $H=3\mathrm{m}$,$h_3=0.5\mathrm{m}$,试求:(1)h_1,h_2;(2)流出水箱的流量 Q。

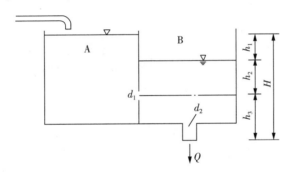

习题 9.3 图

9.4　沉淀池长 $L=10\mathrm{m}$,宽 $B=4\mathrm{m}$,孔口形心处水深 $H=2.8\mathrm{m}$,孔口直径 $D=300\mathrm{mm}$。试问放空(水面降至孔口处)所需时间。

9.5　水箱侧壁同一竖直线上有 2 个流速系数相等的小孔口,且上部孔口具水面距离和下部孔口距箱底的距离相等,证明两孔口出水汇聚于和箱底平行的同一点上。

9.6　混凝土坝的水下 6m 处设一泄水圆管,忽略行近流速,问在需通过流量为 $10\mathrm{m}^3/\mathrm{s}$ 时,管径为多少? 管内真空度多大?

9.7　冷却塔喷水管的管径为 20mm,作用水头为 6m,问冷却水总流量为 $600\mathrm{m}^3/\mathrm{h}$ 时所需的管嘴数目。

9.8　在推导三角堰流公式(9-14)时,取了如图 9-8 所示的垂向积分微元,试采用如下图所示的横向的积分微元,看是否会得到同样的结论? 你有何体会?

9.9　用直角三角形薄壁堰测量流量。如测量水头有 1% 的误差,试问造成的流量计

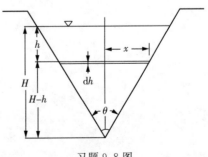

习题 9.8 图

算误差是多少?

9.10 平底空船,船底面积 $A=8\text{m}^2$,船舷高 $h=0.5\text{m}$,船自重 $G=9.8\text{kN}$,现船底有个直径 10cm 的圆孔,水自圆孔漏入船中,试问经过多少时间后船将沉没。

9.11 圆角进口无侧收缩宽顶堰,堰宽 $b=1.8\text{m}$,上、下游坎高 $P=P'=0.8\text{m}$,通过流量 $Q=12\text{m}^3/\text{s}$,堰下游水深 $h=1.73\text{m}$。试求堰上水头。

9.12 平底的矩形水槽,槽中安装矩形薄壁堰,堰口与槽同宽,即 $b=B=0.5\text{m}$,堰高 $P=0.5\text{m}$,堰上水头 $H=0.3\text{m}$,下游水深 $h=0.35\text{m}$。求通过该堰的流量。

9.13 某单孔实用堰上设置了平板闸门 $\alpha=0°$,开度为 1m,宽度为 4m,求其流量为 $24.3\text{m}^3/\text{s}$ 时的堰上水头。

第 10 章　空气动力学基础

除了 6.9 节分析水击时涉及流体的弹性,前面学习的流体主要是针对液体等不可压缩流体的。高速流动的气体或物体在气体中高速运动时,就涉及气体的压缩性,这就是**空气动力学**(aerodynamics)所要研究的内容。这一章介绍可忽略其内部分子间作用力的**完全气体**(perfect gas)或理想气体中可压缩气体的基本知识。

10.1　相关热力学基础

在第 2 章我们知道**马赫数**(Mach number)的物理意义为惯性力对弹性力的比,为定义可压缩流体状态的重要参数。这节我们介绍依据马赫数对可压缩气体流动的分类并回顾相关的热力学基础知识,为研究气动力学打好基础。

10.1.1　声速及可压缩流动的分类

声音在空气中的传播速度是研究可压缩流体运动的重要速度尺度。本质上声速是声音的微小扰动纵波所带来的压力及密度的变化在弹性介质中的传输速度。根据量纲分析我们可以快速地"猜出"声速应和介质的弹性系数 E 成正比。由 1.3.4 小节式(1-2),我们知道 E 为压缩系数的倒数,其量纲和压强是一样的。根据 2.3.2 小节关于欧拉数的定义式(2-6),压强的量纲和密度 ρ 乘以速度的平方是一样的,从量纲一致的角度考虑,我们可猜出声音在空气中的速度表达式为(与 6.4.2 小节介绍壁面阻力速度的定义类似)

$$c \propto \sqrt{\frac{E}{\rho}} \tag{10-1}$$

6.9.4 小节利用连续性方程推导出微小扰动波(水击波)在弹性介质中的波速计算式为

$$c = \sqrt{\frac{E}{\rho}} \overset{\text{式(1-2)}}{=\!=\!=} \sqrt{\frac{\rho \mathrm{d}p / \mathrm{d}\rho}{\rho}} = \sqrt{\frac{\mathrm{d}p}{\mathrm{d}\rho}\bigg|_s} \tag{10-2}$$

式中下标 s 表示下面将要继续讨论的等熵过程的微分,即根据量纲分析得出的比例式(10-1)的比例系数为1。取空气15℃时的 E、ρ 值,得到对应的声速为344m/s。

正如雷诺数是定义管道流流态的重要无量纲数,弗雷德数为定义明渠流流态的重要无量纲数,马赫数反映了可压缩流体的惯性力和弹性力这对起重要作用的力的比值,如表10-1所示,被用来定义区分不同的可压缩流动。

表 10-1　基于马赫数(Ma)的气体流动分类(White,2003)

Ma	流动名称	主要特征
<0.3	不可压缩/incompressible	可忽略微小的密度、温度变化,当作不可压缩流体
0.3~0.8	亚声速/subsonic	需考虑压缩所带来的密度变化,还没有激波出现
0.8~1.2	跨声速/transonic	激波将流动分为亚音速及超音速区域
1.2~3	超声速/supersonic	有激波无亚音速区域
>3	高超音速/hypersonic	激波及其他的流动变化均非常强烈

10.1.2　内能、焓、比热及熵

流体的**内能**(internal energy)包括**内位能**及反映其内部分子的热运动的**内动能**两部分,前者是密度的函数,后者为温度的函数。我们一般以 ε 表示**单位质量流体所具有的内能**,单位为焦耳/千克(J/kg=N·m/kg=kg·m·s^{-2}·m/kg= m^2·s^{-2})。对于完全气体,我们忽略其内部分子间的作用力,即忽略了其内位能。所以完全气体的 ε 为温度的单值函数。

与明渠流断面比能的定义类似,在热力学中将上述单位质量流体的内能 ε 和**压力能** $\dfrac{p}{\rho}$ 之和定义为流体的**焓**(enthalpy)

$$h=\varepsilon+\frac{p}{\rho} \tag{10-3}$$

其单位和 ε 一样。下面我们将看到,对于完全气体它仅是温度的函数。

单位质量流体温度升高1K所吸收的能量为其**比热**(specific heat),单位为焦[千克·开,J/(kg·K)]。上述过程若是在等压的条件下进行的,则对应的比热为**等压比热**(c_p);若是在等容积的条件下进行,则为**等容比热**(c_V)。对于完全气体,根据定义 c_p,c_V 均为温度的函数:

$$c_V(T) \underset{\text{能量变化仅考虑内能}}{\overset{\text{体积不变、密度不变}}{=}} \left(\frac{d\varepsilon}{dT}\right)_\rho \Rightarrow d\varepsilon = c_V(T)\,dT$$

$$c_p(T) \overset{\text{等压下需考虑压力做功的能量}}{=} \left(\frac{dh}{dT}\right)_p \Rightarrow dh = c_p(T)\,dT$$

$$(10-4)$$

比热比（specific-heat ratio），又称为**绝热指数**，其定义为

$$k = \frac{c_p}{c_V} \tag{10-5}$$

实验测得其为气体种类及温度的函数，对空气来说，在较大的温度范围内，其值约为 1.4。

　　为什么自然界的温度或污染物浓度总是由高往低的方向传递？为什么轮胎漏气总是往外跑？为什么房间不整理打扫总是越来越乱。**熵**（entropy）就是为了定量地描述自然界这种由有序向无序、由能量高向能量低的方向发展而引入的概念，其定义式为

$$S = B\ln\Omega \tag{10-6}$$

式中玻尔兹曼常数 $B = 1.38 \times 10^{-23}$ J/K，Ω 表示所考虑物理现象出现概率大小的微观态个数的一个无量纲量。简单地说，其出现概率越大、能量越低，Ω 就越大；反之出现概率低、能量越高，Ω 就越小。封闭系统总是由熵值低向熵值高的方向发展。反映在能量方面就是：能量可以由熵值低的"高级"动能、势能等完全转化为熵值高的"低级"热能，反之则只能部分转换。

10.1.3　气体状态方程

　　若考虑实际气体的分子体积及其之间的相互作用力，其状态方程由范德瓦尔斯表述如下

$$\left(p + \frac{\alpha}{v^2}\right)(v - \beta) = RT \tag{10-7}$$

式中 p 为绝对压强；v 为**比容**（specific volume），即单位质量的体积，为密度的倒数；R 为气体常数；T 为开氏温度；α,β 为气体分子特性的函数。一般除了在低温高压接近于液体的状态及高温低压接近于离解电离的状态外，我们可以用忽略气体分子体积及其相互作用力的**完全气体**（perfect gases）或**理想气体**（ideal gases）来代替实际气体。完全气体的比热为常数且遵循**完全气体状态公式**（perfect-gas law）：

$$p = \rho RT \tag{10-8}$$

式中 R 为**气体常数**（gas constant），可由式（10-3）、式（10-4）及上式求得。

$$dh = d\varepsilon + d\left(\frac{p}{\rho}\right) \Rightarrow c_p dT = c_V dT + R dT \Rightarrow R = c_p - c_V \qquad (10-9)$$

所有理想气体在中高温及低压下都可认为满足此状态公式。根据上面的关系可以推导出(思考练习题 10.1)

$$c_p = \frac{kR}{k-1}, \quad c_V = \frac{R}{k-1} \qquad (10-10)$$

由式(10-8)可得气体的完全气体的重度为

$$\gamma = \frac{gp}{RT} \qquad (10-11)$$

根据阿伏伽德罗定理(Avogadro's Law):单位体积的所有气体在固定的 g, T, p 的条件下,含有相同的分子数,由式(10-11)可以得出重度和气体的分子量成正比,即

$$\frac{\gamma_1}{\gamma_2} = \frac{M_1}{M_2} \overset{式(10-11)}{=} \frac{R_2}{R_1} \Rightarrow M_1 R_1 = M_2 R_2 = R_0 \qquad (10-12)$$

这里 M 表示气体的摩尔分子量。式(10-12)表示,不同气体的分子量与其对应的气体常数的乘积在固定的 g, T, p 的条件下为常量,我们称之为**通用气体常数**(universal gas constant) R_0。实验测得 $R_0 \approx 8314 \text{J}/(\text{kmol} \cdot \text{K})$。这样不同气体的 R 值可用下式计算:

$$R = \frac{R_0}{M} \qquad (10-13)$$

空气的摩尔质量 $M = 28.97 \text{g/mol}$,带入得空气的 R 值为 $287 \text{J}/(\text{kg} \cdot \text{K})$。

另外一个适用于各种不同过程的气体状态方程见 10.3 节中的式(10-31)。

10.1.4　热力学第一定理及第二定理

单位质量可压缩流体的**热力学第一定理**(first law of thermodynamics)表述如下

$$dq = d\varepsilon + p dv \qquad (10-14)$$

式中 dq 为传给单位质量流体的总热量;ε 为式(4-28)所定义及 10.1.2 小节所讨论的单位质量流体的内能及位置势能之和;$p dv$ 为流体膨胀对外界所做的功;v 为气体的比容。

在空气动力学的研究中,一般研究单位质量流体的熵值的变化[ds,单位为 $\text{J}/(\text{kg} \cdot \text{K})$]。对于可逆循环过程来说 dq/T 为零,其可以表示为标量熵状态函数

的全微分如下关系

$$ds = \frac{dq}{T} \qquad (10-15)$$

以熵值表示的**热力学第二定理**(second law of thermodynamics)为

$$ds \geqslant \frac{dq}{T} \qquad (10-16)$$

即对于**可逆过程**(reversible process)来说,熵值的变化等于系统所吸收的能量与热源的绝对温度的比值;对于**不可逆过程**(irreversible process)来说,熵值的变化要大于这个比值。可以推出一个孤立系统的熵值是永远增加的。

对于可逆过程,将式(10-14)带入式(10-15)得流体能量与熵值的转换式

$$Tds = d\varepsilon + p\,dv \qquad (10-17)$$

也可以以焓的形式表述如下

$$Tds = dh - \frac{dp}{\rho} \qquad (10-18)$$

式(10-17)和式(10-18)的一致性可以由焓的定义式(10-3)证明(思考练习题10.2)。

10.2 可压缩流体运动基本方程

分析不可压缩流体的运动一般只需考虑流场的质量及动量方程,求解流速和压力即可。但对于可压缩流体的运动,除了上述两基本方程外,还得考虑能量方程及状态方程,以求解因压缩所带来的流场温度及密度的变化。

10.2.1 一般可压缩流体运动的基本微分方程组

首先是连续性方程需纳入密度的变化,采用张量的表达式,取第4章的不可压缩流体运动方程的张量表达式(4-25)、式(4-36)、式(4-42)及表示气体压强为密度和温度函数的状态方程式(10-18)就得到一般可压缩气体的方程组如下

$$\frac{\partial \rho}{\partial t} + \frac{\partial (\rho u_i)}{\partial x_i} = 0 \qquad (10-19)$$

$$\frac{\partial (\rho u_i)}{\partial t} + \frac{\partial (\rho u_j u_i)}{\partial x_j} = \rho g_i - \frac{\partial p}{\partial x_i} + \frac{\partial \tau_{ji}}{\partial x_j} \qquad (10-20)$$

$$\frac{\partial(\rho e)}{\partial t}+\frac{\partial}{\partial x_j}(\rho e u_j)=\frac{\partial}{\partial x_j}\left(K\frac{\partial T_j}{\partial x_j}\right)-\frac{\partial}{\partial x_j}(pu_j)+\frac{\partial}{\partial x_j}(\tau_{ji}\cdot u_i) \quad (10-21)$$

$$p=f(\rho,T) \tag{10-22}$$

式中 e 为式(4-28)所定义的单位质量流体的内能、动能及位置势能之和;K 为热传导系数[J/(m·℃)]。这样理论上可以通过解这四个方程来求解气体运动的速度矢量、压力、密度及温度场的变化。

10.2.2　高马赫数下的气体运动微分方程组

前述可压缩气体运动的微分方程组为非线性的偏微分方程组,不易求解,我们寻求在一些特殊情形下的简化以方便求解。在低马赫数及其没有热量传递的情形下,可以将气体当作不可压缩流体来简化上述运动方程。在高马赫数下,对可压缩气体运动的简化分析如下:

(1)高马赫数的运动下,表示惯性力和黏性力之比的雷诺数很大,黏性力可以忽略,可将气体看作理想流体。图10-1为球的阻力系数与雷诺数、马赫数的关系图,可见在高马赫数($Ma>0.9$)下球的阻力和雷诺数没有关系,仅由马赫数决定。

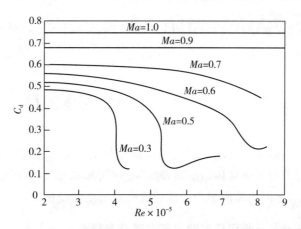

图10-1　雷诺数 Re 与马赫数 Ma 对球的阻力系数 C_d 的影响(王洪伟,2016)

(2)考察流动的携带热和传导热之比

$$\frac{携带热}{传导热}\approx\frac{\rho c_p VT/L}{KT/L^2}=\frac{VL}{\nu}\frac{\rho\nu c_p}{K}=RePr \tag{10-23}$$

式中 V、L 分别为特征流速及特征长度;**普朗特数**(Prandtl number)$Pr=\frac{\rho\nu c_p}{K}$ 反映的是耗散热对传导热之比,对空气而言,其值约为 0.737,对其他气体来说也处于 1 的数量阶,所以携带热和传导热的比实际上可看作为惯性力和黏性力比的近似,是由雷诺数决定的。实际流动的雷诺数一般很高,所传导热也可忽略。

(3)惯性力和重力的比为弗雷德数 $Fr = \dfrac{V}{\sqrt{gL}}$,高马赫数下,$V$ 很高,而 L 一般不大,所以此时弗雷德数也很高,可以忽略重力。

(4)此时气体亦可假设为完全气体。

采用以上分析及应用式(10-17),可压缩流体的运动微分方程组式(10-19)~式(10-22)就可简化为高马赫数的可压缩气体的方程组如下:

$$\frac{\partial \rho}{\partial t} + \frac{\partial (\rho u_i)}{\partial x_i} = 0 \tag{10-24}$$

$$\frac{\partial (\rho u_i)}{\partial t} + \frac{\partial (\rho u_j u_i)}{\partial x_j} = -\frac{\partial p}{\partial x_i} \tag{10-25}$$

$$\mathrm{d}s = 0 \tag{10-26}$$

$$p = \rho RT \tag{10-27}$$

式(10-26)应用了绝热等熵的条件,尽管实际中不存在等熵过程,总有一定的不可逆的能量损耗,但在如前述高马赫数、高雷诺数的条件下,这样的假设带来的误差很小,方便我们得出许多有用的结论。10.3节专门讨论此过程。

10.2.3　高马赫数下气体运动的宏观应用方程组

基于式(10-24)~式(10-27)简化后的微分方程组对宏观的流管积分后可得到高马赫数下气体运动的宏观应用方程组。推导过程类似于第 4 章积分方程,此处略去,总结如下。

连续性方程即为质量守恒方程:

$$\rho AV = \rho Q = 常量 \tag{10-28}$$

式中 A 为过流断面面积;V 为断面平均流速;Q 为体积流量。

能量方程即应用于高马赫数可压缩流体的伯努利方程为

$$h_1 + \frac{V_1^2}{2} + q = h_2 + \frac{V_2^2}{2} \tag{10-29}$$

式中的 h 为流体单位质量的焓,包括了内能及压力能;q 为传入或传出单位质量的能量,传入为正,传出为负;等号的右端定义为**总焓**(total enthalpy)或**滞止焓**(stagnation enthalpy)。

一维可压缩流体的动量方程为

$$\sum F = \rho_2 Q_2 V_2 - \rho_1 Q_1 V_1 \tag{10-30}$$

10.3 绝热及等熵过程

先了解各过程的定义。**等温**(isothermal)过程是指没有温度变化的恒温过程；**绝热**(adiabatic)过程是指没有热量加入或溢出的过程；**等熵**(isentropic)过程是指无摩擦的可逆的绝热过程，其间熵值不变且比热比 k 为常数。实际并不存在等熵过程，但对气体通过喷嘴等一小段范围时，摩擦及传热很少，我们可以近似地认为其是等熵的。如忽略温度的影响，适用于上述各种过程的经验气体状态方程为（参见 10.3.3 小节）

$$\frac{p_1}{p_2} = \left(\frac{\rho_1}{\rho_2}\right)^n = 常数 \qquad (10-31)$$

式中指数 n 根据气体所处的不同过程可取 0 至无穷之间的任意数。由于它描述了特定过程中气体中一种状态向另一种状态转变时的特性变化，所以又被称为**过程方程**(process equation)。对于等温过程，$n=1$；对于绝热等熵过程，$n=k$，即 n 为比热比的值，所以 k 又被称为绝热指数。对于实际的带摩擦的扩张，$n<k$；对于带摩擦的收缩，$n>k$。常温下的空气及双原子气体的 k 约为 1.4。

10.3.1 绝热过程

对于绝热过程，式(10-29)的 q 为零，带入式(10-4)得

$$h_1 + \frac{V_1^2}{2} = h_2 + \frac{V_2^2}{2} \Rightarrow c_p T_1 + \frac{V_1^2}{2} = c_p T_2 + \frac{V_2^2}{2} = c_p T_0 \qquad (10-32)$$

我们将 T_0 定义为**总温**(total temperature)或**滞止温**(stagnation temperature)。所以对绝热过程来说，总温沿着流线为常量。对式(10-32)应用式(10-10)得

$$V_2^2 - V_1^2 = 2c_p(T_1 - T_2) = \frac{2Rk}{k-1}(T_1 - T_2) \qquad (10-33)$$

式中的温度为绝对温度，式(10-33)可用来计算气流绝热过程中速度与温度的关系。

10.3.2 总温、总压及滞止密度和马赫数的关系

以 h_0，h 分别表示总焓（滞止焓）及静焓，对于绝热过程根据式(10-32)可写出它们的关系式如式(10-34)所示，类似地可定义总温度、总压力及密度并给出它们

与马赫数的关系式如下

$$h_0 = h + \frac{V^2}{2} \tag{10-34}$$

$$c_p T_0 = c_p T + \frac{V^2}{2} \Rightarrow T_0 = T + \frac{V^2}{2c_p} \tag{10-35}$$

式中 T_0，T 分别为滞止温度、静温。另外由马赫数定义及式（10-8）、式（10-31）得

$$V = Ma\sqrt{kRT} \tag{10-36}$$

带入式（10-33）得

$$T_0 = T + \frac{kRTMa^2}{2c_p} \overset{c_p = \frac{RT}{k-1}}{\Rightarrow} \frac{T_0}{T} = 1 + \frac{k-1}{2}Ma^2 \tag{10-37}$$

　　式（10-37）即为滞止温度、静温与马赫数的关系式。在可逆等熵的条件下，由式（10-29）及式（10-30）得到总压和静压与马赫数的关系式（10-38）以及总密度和静密度与马赫数的关系式如下：

$$\frac{p_0}{p} = \left(1 + \frac{k-1}{2}Ma^2\right)^{\frac{k}{k-1}} \tag{10-38}$$

$$\frac{\rho_0}{\rho} = \left(1 + \frac{k-1}{2}Ma^2\right)^{\frac{1}{k-1}} \tag{10-39}$$

由式（10-37）～式（10-39）可见，可逆等熵流的总温、总压及总密度是维持恒定的。它们的静压、静温及静密度均为马赫数的函数。马赫数是决定其状态的关键参数。图 10-2 为假定 $k=1.4$ 时静温、静压、静密度与其总值的比和马赫数的关系。由图 10-2 可见，随着马赫数的增加，压力下降最快，密度次之，温度下降最慢。

　　由于声速时温度的函数如式（10-33）所示，所以我们也可得到声速与滞止声速 c_0 的如下关系：

$$\frac{c_0}{c} = \left(1 + \frac{k-1}{2}Ma^2\right)^{1/2} \tag{10-40}$$

因为多数情形下我们研究的可压缩流动的对象为空气，对上述关系式取 $k=1.4$ 即得到适用于等熵过程的关系式：

$$\frac{T_0}{T} = 1 + 0.2Ma^2, \quad \frac{\rho_0}{\rho} = (1 + 0.2Ma^2)^{2.5},$$

$$\frac{p_0}{p} = (1 + 0.2Ma^2)^{3.5}, \quad \frac{c_0}{c} = \sqrt{1 + 0.2Ma^2} \tag{10-41}$$

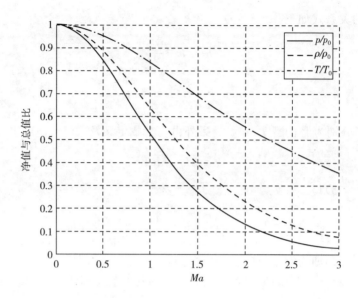

图 10 - 2　静温、静压、静密度与其总值的比和马赫数的关系

　　由上式可清楚地看出,随着马赫数的变化,声速、温度、密度及压力的变化依次更加剧烈。值得一提的是,这些关系式等同于等熵条件下的动量和能量方程,因为它们是据之加上气体状态方程得到的。

　　进一步可得到这些状态参数在马赫数为 1 时的临界值(用上标星号表示)与其对应的滞止值的比如下(即为图 10 - 2 中 $Ma = 1$ 线与各对应线交点处的值):

$$\frac{p^*}{p_0} = 0.5283, \frac{\rho^*}{\rho_0} = 0.6339, \frac{T^*}{T_0} = 0.8333, \frac{c^*}{c_0} = 0.9129 \quad (10-42)$$

下面研究带传热及摩擦的管道流时需要用到这些临界值。

10.3.3　等熵过程的压力与密度及温度的关系

将式(10 - 18)对完全气体由状态 1 积分至状态 2:

$$\int_1^2 \mathrm{d}s = \int_1^2 \frac{\mathrm{d}h}{T} - \int_1^2 \frac{\mathrm{d}p}{T\rho} \quad (10-43)$$

带入(10 - 4)和式(10 - 27)得

$$s_2 - s_1 = c_p \ln \frac{T_2}{T_1} - R\ln \frac{p_2}{p_1} \overset{式(10-27)}{=} c_V \ln \frac{T_2}{T_1} - R\ln \frac{\rho_2}{\rho_1} \quad (10-44)$$

式(10 - 44)可用于计算不可逆非等熵过程熵值的增加。对于等熵过程由式

(10-44)可得

$$\frac{p_2}{p_1} = \left(\frac{T_2}{T_1}\right)^{c_p/R} = \left(\frac{T_2}{T_1}\right)^{\frac{k}{k-1}} \qquad (10-45)$$

$$\frac{\rho_2}{\rho_1} = \left(\frac{T_2}{T_1}\right)^{\frac{c_p-R}{R}} = \left(\frac{T_2}{T_1}\right)^{\frac{k}{k-1}-1} = \left(\frac{T_2}{T_1}\right)^{\frac{1}{k-1}} \qquad (10-46)$$

由式(10-45)及式(10-46)可推得

$$\frac{p_2}{p_1} = \left(\frac{\rho_2}{\rho_1}\right)^k \Rightarrow \frac{p_1}{\rho_1^k} = \frac{p_2}{\rho_2^k} \Rightarrow \frac{p}{\rho^k} = 常数 \qquad (10-47)$$

式(10-47)可视为式(10-31)在等熵过程中的具体表现。前面讨论声速时我们说其传播过程可看作无限小的绝热或等熵的过程,将式(10-47)带入式(10-2)得

$$c = \sqrt{\frac{\mathrm{d}p}{\mathrm{d}\rho}}\bigg|_s \overset{式(10-32)}{=\!=\!=} \sqrt{\frac{kp}{\rho}} \overset{式(10-8)}{=\!=\!=} \sqrt{kRT} \qquad (10-48)$$

10.4　一维等熵绝热流动

在前面讨论的等熵绝热流动的基础上,如果气流流经管道的管径变化及管壁曲率不大,可将其近似地视为一维流动,这样如图10-3所示气体流动的状态参数速度、压力、温度及密度等均可视作仅为沿流向位置坐标 x 的函数,忽略它们在径向及展向上的变化可进一步简化我们的分析。

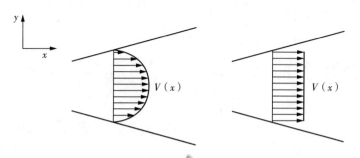

图 10-3　管道内气流的一维假设

10.4.1　基于基本方程的分析

应用一维假设由连续性方程得

$$\rho(x)A(x)V(x) = \rho(x)Q(x) = 常量 \Rightarrow \frac{\mathrm{d}\rho}{\rho} + \frac{\mathrm{d}V}{V} + \frac{\mathrm{d}A}{A} = 0 \qquad (10-49)$$

式中 A 为过流断面面积；V 为断面平均流速；Q 为体积流量。对能量方程式(10 - 26)应用等熵条件并对式(10 - 15)取 $\mathrm{d}s=0$ 得

$$h + \frac{V^2}{2} = 常量 \Rightarrow \mathrm{d}h + V\mathrm{d}V = 0 \overset{\text{式}(10-15),取\,\mathrm{d}s=0}{\Rightarrow} \frac{\mathrm{d}p}{\rho} + V\mathrm{d}V = 0 \qquad (10-50)$$

再联系式(10 - 33)可推得

$$\frac{\mathrm{d}V}{V} = -\frac{\mathrm{d}p}{\rho V^2} = \frac{\mathrm{d}A}{A}\frac{1}{Ma^2 - 1} \qquad (10-51)$$

可见,压力总是随速度的增加而减小,反之亦然。当马赫数小于 1 时,速度随管道面积的改变而发生的变化和不可压缩流体是一样的。但是当马赫数大于 1 时,对应的变化却是相反的,即速度会随断面面积的增加而增加。这样**渐缩管就会加快亚音速的流动而减缓超音速的流动,渐扩管就会减缓亚音速的流动而加快超音速的流动。**这和前面的不可压缩流体的流动大不一样。

由式(10 - 51)还可以看到,亚音速的气流可以先渐缩,再渐渐扩大加速达到临界音速,进而成为超音速流。瑞典的拉瓦尔(Laval,1845—1913)最早在研制冲击式汽轮机时提出了此观点,所以这种管道又被称为**拉瓦尔喷管**(Laval nozzle)。飞机火箭上用的喷气式发动机也是典型的拉瓦尔喷管,可将气体加速至超音速,获得强劲的推力。那么会在何处达到音速呢？由式(10 - 51)等号右边的分母看,此时分母为零,为使速度取有限值,$\mathrm{d}A$ 需为零,即**临界的音速流会出现在管道面积变化的最小处。**

以上标 $*$ 表示流体位于音速位置的变量,由连续性方程及前述等熵绝热过程的关系可得

$$\rho AV = \rho^* A^* V^* \Rightarrow \frac{A^*}{A} = \frac{\rho V}{\rho^* V^*} \overset{\text{式}(10-33)}{=} \frac{\rho \rho_0}{\rho_0 \rho^*}\frac{V}{\sqrt{kRT^*}}$$

$$\overset{\text{式}(10-37),式(10-39)}{=} Ma\left[\frac{0.5(k+1)}{1+0.5(k-1)Ma^2}\right]^{0.5(k^2-1)} \overset{k=1.4}{\approx} \frac{1.728Ma}{(1+0.2Ma^2)^3}$$

$$(10-52)$$

对其作图即为图10 - 4。

由式(10 - 52)可知,渐缩管面积的比即代表了气体质量通量的反比,当马赫数为 1 时,其通过的流量为最大。也即**渐缩管的临界面决定了其所能通过的最大质量流**

量，这种现象被称为**阻抑**（choking），此时的断面面积为**有限阻抑面积** A^*（effective throat area）。对式（10 - 37）～式（10 - 39）取 $Ma=1$，求得此时的最大流量为

$$m_{max} = \sqrt{kRT_0} \left(\frac{2}{k+1} \right)^{0.5(k^2-1)} \overset{k=1.4}{\rho_0 A^*} \approx 0.6847 \rho_0 A^* \sqrt{RT_0} \qquad (10-53)$$

可见最大流量是由流动的阻抑面面积 A^* 及其滞止状态参数决定的。

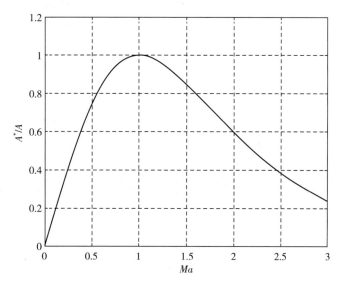

图 10 - 4　临界面积比与马赫数的关系

10.4.2　激波的产生

可压缩流体内部压力的升高或降低以微扰动波的形式传播，传播速度为当地声速。使压力升高的波为**压缩波**，使压力降低的波为**膨胀波**。如图 10 - 5 所示，以足够长的一维管道内恒定滑塞的压缩运动为例，先产生的压缩波向前方传递，在传播过程中由于能量损失，波速会逐渐降低。这样后面产生的压缩波就会追上前面的，当多个弱压缩波都追上第一道压缩波，叠加形成的强压缩波即为**激波**（shock wave）。实验表明激波为强力压缩层，除了在接近气化压强的情形下其厚度为以微米计的相当于分子自由程的薄层，气体状态在这薄层内发生剧烈的变化。

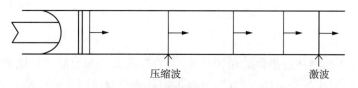

图 10 - 5　管道内激波产生示意图

10.4.3 正激波

如果激波垂直于来流方向就是**正激波**(normal shock wave),与来流方向斜交即为**斜激波**(oblique shock wave)。超音速气流遇到钝形障碍物体或反过来钝形物体以超音速在空气中运动时,斜激波呈弓形,又被称为**弓形激波**或曲线激波。弓形激波的正面与来流垂直可作正激波处理,上部与来流斜交,可视作下小节所讨论的斜激波。激波和障碍物之间有一定的距离又被称为**脱体激波**。如图 10−6所示。

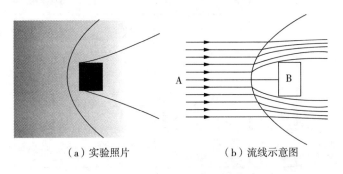

（a）实验照片　　　　　（b）流线示意图

图 10−6　弓形激波的实验照片及其流线示意图

正激波可以发生在管道内流或外流,我们取薄矩形控制体包含如图 10−6 所示的激波面对其进行分析。以下标 1,2 表示状态参数分别为超音速激波前及亚音速激波后的值,应用一维气流的连续性方程、动量方程、能量方程及完全气体关系得

$$\begin{cases} \rho_1 V_1 = \rho_2 V_2 \\ p^1 + \rho_1 V_1^2 = p^2 + \rho_2 V_2^2 \\ c_p T_1 + 0.5 V_1^2 = c_p T_2 + 0.5 V_2^2 \\ \dfrac{p_1}{\rho_1 T_1} = \dfrac{p_2}{\rho_2 T_2} \end{cases} \tag{10−54}$$

方程中假设了控制体进出面的面积相等,对有断面面积渐变的情形也适用,因为激波面非常薄,对应的控制体也很薄,可以近似认为控制体两边的面积相等。解之可得激波前后各状态参数用 k 和激波前马赫数表示的关系式为

$$\begin{cases} \dfrac{p_2}{p_1}=\dfrac{1}{k+1}(2kMa_1^2-k+1) \\[2mm] Ma_2^2=\dfrac{(k-1)Ma_1^2+2}{2kMa_1^2-k+1} \\[2mm] \dfrac{\rho_2}{\rho_1}=\left(\dfrac{V_2}{V_1}\right)^{-1}=\dfrac{(k+1)Ma_1^2}{(k-1)Ma_1^2+2} \\[2mm] \dfrac{T_2}{T_1}=[2+(k-1)Ma_1^2]\dfrac{2kMa_1^2-k+1}{(k+1)^2Ma_1^2} \end{cases} \tag{10-55}$$

同时可推导出总压、总密度、总温及临界喉面积在激波前后的关系式为

$$\begin{cases} \dfrac{p_{02}}{p_{01}}=\dfrac{\rho_{02}}{\rho_{01}}=\left[\dfrac{(k+1)Ma_1^2}{(k-1)Ma_1^2+2}\right]^{\frac{k}{k-1}}\Big/\left[\dfrac{2k}{k+1}Ma_1^2-\dfrac{k-1}{k+1}\right]^{\frac{1}{k-1}} \\[3mm] \dfrac{T_{02}}{T_{01}}=1 \\[3mm] \dfrac{A_2^*}{A_1^*}=\dfrac{Ma_2}{Ma_1}\left[\dfrac{2+(k-1)Ma_1^2}{2+(k-1)Ma_2^2}\right]^{0.5\left(\frac{k+1}{k-1}\right)} \end{cases} \tag{10-56}$$

设 $k=1.4$，图 10-7 直观地反映了这些激波前后量的比和激波前马赫数的关系。

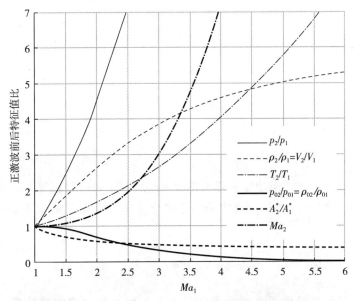

图 10-7　激波前后流动特性比和激波前马赫数的关系

综上所述,对完全气体的等熵绝热过程,正激波的前后有如下关系:

(1)超音速流激波后变为亚音速流,在入流马赫数 Ma_1 小于 2.5 时,激波后马赫数 Ma_2 随着 Ma_1 的增加下降较快,其后即使 Ma_1 的增加很大,Ma_2 增长速率极为缓慢,维持在 0.4 左右。

(2)超音速气流经激波受到压缩后,压力、密度、温度均有所增加。随着 Ma_1 的增加,激波后压力的增加最为迅速,温度次之,密度最为缓慢。

(3)由于激波内部存在黏性作用,部分机械能不可逆地转化为内能,熵值增加,总压及总密度以相同速率下降,说明激波过程是近似绝热但非等熵的。

(4)弱激波过程在很短的时间及狭小的空间内完成,可近似看作是绝热的,总温不变。

(5)激波后的有效阻抑面积 A_2^* 在 Ma_1 小于 2.5 时缓慢增加,随着激波前马赫数的继续增加,其面积快速增长。

10.4.4 斜激波

在超音速流体遇到前段尖锐的固体时,激波可能直接附着在前缘点上,形成与来流成一定角度的斜激波。前面提到的弓形激波的正面之外的部分亦可当作斜激波处理。

取包含斜激波的如图 10-8 所示的微元控制体,将速度分解为垂直及平行于激波面的两个分量,应用入口面积等于出口面积得斜激波的连续性方程、垂向及切向动量方程、能量方程如下:

$$\begin{cases} \rho_1 V_{n1} = \rho_2 V_{n2} \\ p_1 - p_2 = \rho_1 V_1^2 + \rho_2 V_2^2 \\ 0 = \rho_1 V_{n1} (V_{t2} - V_{t1}) \\ c_p T_1 + 0.5(V_{1n}^2 + V_{1t}^2) = c_p T_2 + 0.5(V_{2n}^2 + V_{2t}^2) = h_0 \end{cases} \quad (10-57)$$

由式(10-57)第三式切向动量方程可得激波前后的切向速度相等。除了能量方程需算上切向速度外,其他斜激波的垂向速度分量和正激波一样。定义垂向的马赫数如下:

$$Ma_{n1} = \frac{V_{n1}}{c_1} = Ma_1 \sin\beta, \quad Ma_{n2} = \frac{V_{n2}}{c_2} = Ma_2 \sin(\beta - \delta) \quad (10-58)$$

和正激波一样可推导出斜激波前后各状态参数用 k 和激波前马赫数表示的关系式为

$$\begin{cases} \dfrac{p_2}{p_1} = \dfrac{1}{k+1}(2kMa_1^2\sin^2\beta - k + 1) \\[3mm] Ma_{n2}^2 = \dfrac{(k-1)Ma_{n1}^2 + 2}{2kMa_{n1}^2 - k + 1} \\[3mm] \dfrac{\rho_2}{\rho_1} = \left(\dfrac{V_{n2}}{V_{n1}}\right)^{-1} = \dfrac{\tan\beta}{\tan(\beta-\delta)} = \dfrac{(k+1)Ma_1^2\sin^2\beta}{(k-1)Ma_1^2\sin^2\beta + 2} \\[3mm] \dfrac{T_2}{T_1} = [2 + (k-1)Ma_1^2\sin^2\beta]\dfrac{2kMa_1^2\sin^2\beta - k + 1}{(k+1)^2Ma_1^2\sin^2\beta} \end{cases} \quad (10-59)$$

式中下标 n 表示垂直于激波方向。同时可推导出总压、总密度、总温及临界喉面积在激波前后的关系式为

$$\begin{cases} \dfrac{p_{02}}{p_{01}} = \left[\dfrac{(k+1)Ma_1^2\sin^2\beta}{(k-1)Ma_1^2\sin^2\beta + 2}\right]^{\frac{k}{k-1}} \bigg/ \left[\dfrac{2k}{k+1}Ma_1^2\sin^2\beta - \dfrac{k-1}{k+1}\right]^{\frac{1}{k-1}} \\[3mm] \dfrac{T_{02}}{T_{01}} = 1 \end{cases} \quad (10-60)$$

令 $\beta = 90°$，上述关系和正激波的完全一致。由式(10-54)中第三式可以推导出气流的转折角 δ 与斜激波倾角 β 之间的关系为

$$\tan\delta = \dfrac{Ma_1^2\sin^2\beta - 1}{[Ma_1^2(0.5(k+1) - \sin^2\beta) + 1]\tan\beta} \quad (10-61)$$

由公式可看出，来流马赫数为 1 时，将产生正激波，其他情况下对应一个 δ，有两个 β 解，对应大的 β 为强激波，小的为弱激波。另外对应一个固定的来流，有一个最大的 δ。若尖劈的半角超过最大的 δ，激波将脱离尖劈形成脱体激波。

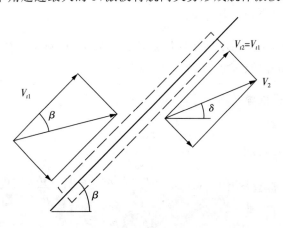

图 10-8　斜激波分析示意图

10.5 典型应用

10.5.1 理想气体管道流

已知管道内空气的初始状态为 $p_1 = 1.7\text{MPa}$, $\rho_1 = 18\ \text{kg/m}^3$, 其变化后的状态为 $p_2 = 248\text{kPa}$, $T_2 = 400\text{K}$。求：(1)其初始温度及变化后的密度；(2)焓变化；(3)熵变化。

解：(1)空气可认为是理想气体，应用状态方程式(10-8)得

$$p = \rho R T \Rightarrow T_1 = \frac{p_1}{\rho_1 R} = \frac{1.7 \times 10^6 \text{Pa}}{18\text{kg/m}^3 \times 287\text{J/(kg} \cdot \text{K)}} = 329.07\text{K}$$

$$\rho_2 = \frac{p_2}{R T_2} = \frac{284 \times 10^3 \text{Pa}}{287\text{J/(kg} \cdot \text{K)} \times 400\text{K}} = 2.47\text{kg/m}^3$$

(2) $\text{d}h = c_p \text{d}T = c_p(T_2 - T_1) = 1005\text{m}^2/(\text{s}^2 \cdot \text{K}) \times (400\text{K} - 329\text{K})$

$$= 71355\text{m}^2/\text{s}^2 = 71355\text{J/kg}$$

(3)由式(10-29)得

$$\text{d}s = c_V \ln\frac{T_2}{T_1} - R\ln\frac{\rho_2}{\rho_1} = 718\text{m}^2/(\text{s}^2 \cdot \text{K}) \times \ln\left(\frac{400\text{K}}{329\text{K}}\right) - 287\text{m}^2/(\text{s}^2 \cdot \text{K}) \times \ln\left(\frac{2.47}{18}\right)$$

$$= 710\text{m}^2/(\text{s}^2 \cdot \text{K}) = 710\text{J/(kg} \cdot \text{K)}$$

我们看到熵的单位和比热及气体常数是一样的，反映了单位质量的气体相对于单位温度升高的内能增加。

10.5.2 公式推导

推导式(10-33)。

解：由式(10-32)得

$$\frac{p}{\rho^k} = 常数 \Rightarrow \text{d}\left(\frac{p}{\rho^k}\right) = 0 \Rightarrow \frac{\rho^k \text{d}p - p\text{d}\rho^k}{\rho^k} = \frac{\rho^k \text{d}p - pk\rho^{k-1}\text{d}\rho}{\rho^k} = 0$$

$$\Rightarrow \frac{\text{d}p}{\text{d}\rho} = \frac{kp}{\rho}$$

带入式(10-2)并应用完全气体状态方程式(10-8)得

$$c = \sqrt{\frac{\mathrm{d}p}{\mathrm{d}\rho}\bigg|_s}\overset{式(10-32)}{=}\sqrt{\frac{kp}{\rho}}\overset{式(10-8)}{=}\sqrt{kRT}$$

10.5.3　计算内能及焓变化

初始压强为 95kPa、温度为 20℃ 的 1kg 的空气体积被等熵绝热压缩 40% 时，求所需的功、内能及焓变化。

解:由气体状态方程式(10-8)及式(10-14)得

$$\frac{p}{\rho^k} = \frac{\rho RT}{\rho^k} = 常数 \Rightarrow \frac{T_1}{\rho_1^{k-1}} = \frac{T_2}{\rho_2^{k-1}} \Rightarrow T_1 V_1^{k-1} = T_2 V_2^{k-1} \Rightarrow$$

$$T_2 = \left(\frac{V_1}{V_2}\right)^{k-1} T_1 = \left(\frac{1}{0.4}\right)^{1.4-1} \times (273+20)\mathrm{K} = 423\mathrm{K}$$

$$\frac{p_1 V_1}{T_1} = \frac{p_2 V_2}{T_2} \Rightarrow p_2 = \frac{p_1 V_1 T_2}{T_1 V_2} = 95\mathrm{kPa} \times \frac{423\mathrm{K}}{293\mathrm{K}} \times \frac{1}{0.4} = 243\mathrm{kPa}$$

内能变化等于所需做的功为

$$\mathrm{d}e = c_V(T_2 - T_1) = 716\mathrm{J}/(\mathrm{kg \cdot K}) \times (423-293)\mathrm{K} = 92.9\mathrm{kJ/kg}$$

焓变化为

$$\mathrm{d}h = c_p(T_2 - T_1) = 1003\mathrm{J}/(\mathrm{kg \cdot K}) \times (423-293)\mathrm{K} = 130.1\mathrm{kJ/kg}$$

10.5.4　理想气体的绝热管道流

气体流经绝热管道,在断面 1 其状态参数为 $p_1 = 170\mathrm{kPa}$,$V_1 = 240\mathrm{m/s}$,$T_1 = 320\mathrm{K}$。求:(1)总温总压及总密度 T_0、p_0、ρ_0;(2)最大流速及临界流速;(3)断面 2 的状态参数为 $p_2 = 135\mathrm{kPa}$,$V_1 = 290\mathrm{m/s}$,求该处总压。

解:尽管整体为绝热非等熵过程,但在断面 1 或 2 的局部,我们可以近似地采用等熵绝热公式。

(1)由总温式(10-35)得

$$T_0 = T_1 + \frac{V_1^2}{2c_p} = 320\mathrm{K} + \frac{(240\mathrm{m/s})^2}{2 \times 1005\mathrm{m}^2/(\mathrm{s}^2 \cdot \mathrm{K})} = 349\mathrm{K}$$

流动马赫数由式(10-37)得

$$Ma = \sqrt{2\left(\frac{T_0}{T}-1\right)\bigg/(k-1)} \underset{k=1.4}{\approx} \sqrt{5\left(\frac{T_0}{T}-1\right)} = \sqrt{5\left(\frac{349\mathrm{K}}{320\mathrm{K}}-1\right)} = 0.67$$

由式(10-38)得

$$\frac{p_{01}}{p_0} = \left(1 + \frac{k-1}{2}Ma^2\right)^{\frac{k}{k-1}} \underset{k=1.4}{\approx} (1 + 0.2Ma^2)^{3.5} = (1 + 0.2 \times 0.67^2)^{3.5}$$

$$\Rightarrow p_{01} = 230\text{kPa}$$

由完全气体公式得

$$\rho_{01} = \frac{p_{01}}{RT_{01}} = \frac{230\text{N/m}^2}{287\text{m}^2/(\text{s}^2 \cdot \text{K}) \times 349\text{K}} = 2.29\text{kg/m}^3$$

(2) $$V_{max} = \sqrt{2c_p T_0} = \sqrt{2 \times 1005\text{m}^2/(\text{s}^2 \cdot \text{K}) \times 349\text{K}} = 837\text{m/s}$$

临界流速 $$V^* = \sqrt{\frac{2k}{k+1}RT_0} = \sqrt{\frac{2 \times 1.4}{2.4} \times 287\text{m}^2/(\text{s}^2 \cdot \text{K}) \times 349\text{K}} = 342\text{m/s}$$

(3)由于为绝热过程,总温一样,$T_{02} = T_{01} = 349\text{K}$,则

$$T_2 = T_{02} - \frac{V_2^2}{2c_p} = 349\text{K} - \frac{(290\text{m/s})^2}{2 \times 1005\text{m}^2/(\text{s}^2 \cdot \text{K})} = 307\text{K}$$

由式(10-31)得

$$\frac{p_{02}}{p_2} = \left(\frac{T_2}{T_1}\right)^{\frac{k}{k-1}} = \left(\frac{349\text{K}}{307\text{K}}\right)^{\frac{1.4}{1.4-1}} \Rightarrow p_{02} = 211\text{kPa}$$

10.5.5 总温及总压

未扰动空气的压力为 700kPa、温度为 660K,求气流速度为 200m/s 时的马赫数、总压及总温。

解:先由式(10-48)求声速

$$c = \sqrt{kRT} = \sqrt{1.4 \times 287\text{m}^2/(\text{s}^2 \cdot \text{K}) \times 660\text{K}} = 400\text{m/s}$$

马赫数为 $$Ma = \frac{V}{c} = \frac{200}{400} = 0.5$$

总压由式(10-38)得

$$p_0 = p\left(1 + \frac{k-1}{2}Ma^2\right)^{\frac{k}{k-1}} = 700\text{kPa} \times \left(1 + \frac{1.4-1}{2} \times 0.5^2\right)^{1.4/0.4} = 800\text{kPa}$$

总温由式(10-37)得

$$T_0 = T\left(1 + \frac{k-1}{2}Ma^2\right) = 660\text{K} \times \left(1 + \frac{1.4-1}{2} \times 0.5^2\right) = 680\text{K}$$

10.5.6　喉口面积

欲使总压及总温分别为 200kPa、500K，流量为 3kg/s 的空气通过圆管喉口达到出口马赫数为 2.5，设为等熵过程，计算喉口面积及出口压力、温度、速度及面积。

解： 由式(10 - 53)得

$$m_{max} = 0.6847\rho_0 A^* \sqrt{RT_0} = 0.6847\frac{p_0}{RT_0}A^*\sqrt{RT_0} = \frac{0.6847p_0 A^*}{\sqrt{RT_0}}$$

$$\Rightarrow A^* = \frac{\pi D^{*2}}{4} = \frac{m_{max}\sqrt{RT_0}}{0.6847p^0} = \frac{3\text{kg/s}\sqrt{287\text{m}^2/(\text{s}^2 \cdot \text{K})\times500\text{K}}}{0.6847\times200000\text{Pa}} \Rightarrow D^* = 0.103\text{m}$$

出口压力、温度、速度及面积计算如下

$$p_e = p_0\bigg/\left(1+\frac{k-1}{2}Ma^2\right)^{\frac{k}{k-1}} = 200\text{kPa}\bigg/\left(1+\frac{1.4-1}{2}2.5^2\right)^{1.4/0.4} = 11.7\text{kPa}$$

$$T_e = T_0\bigg/\left(1+\frac{k-1}{2}Ma^2\right) = 500\text{K}\bigg/\left(1+\frac{1.4-1}{2}2.5^2\right) = 220\text{K}$$

$$V_e = Mac = 2.5\sqrt{kRT_e} = 2.5\sqrt{1.4\times287\text{m}^2/(\text{s}^2 \cdot \text{K})\times222\text{K}} = 747\text{m/s}$$

由式(10 - 56)得

$$\frac{A_2^*}{A_1^*} = \frac{Ma_2}{Ma_1}\left[\frac{2+(k-1)Ma_1^2}{2+(k-1)Ma_2^2}\right]^{0.5\frac{k+1}{k-1}} \underset{k=1.4}{\Rightarrow} \frac{A_e}{A^*} = \frac{1}{Ma_e}\frac{(1+0.2Ma_e^2)^3}{1.728}$$

$$\Rightarrow A_e = 2.64A^* = 0.0219\text{m}^3$$

10.6　编程应用

第 10 章应用程序

前面应用还未涉及斜激波，要由式(10 - 61)计算激波转角并不容易，本节给出应用 MATLAB 内置函数的 GUI 程序例，应用其可以方便地求解激波转角的问题。设马赫数为 2 且绝对压力为 70kPa 的气流遇到 $\delta = 10°$ 的转折角产生一弱激波，求激波倾角 β、激波后的马赫数及压力。

解： 我们先理出求解此问题思路及所需的公式，然后编求解此类问题的 GUI 程序(见二维码)。在 GUI 程序界面上输入相应的已知参数，即可得到答案。

墙面转折角 δ 与斜激波倾角 β 之间的关系为式 $(10-61)$

$$\tan\delta = \frac{Ma_1^2 \sin^2\beta - 1}{[Ma_1^2(0.5(k+1) - \sin^2\beta) + 1]\tan\beta}$$

(1)由式 $(10-58)$ 求出波前垂向马赫数为 $Ma_{n1} = Ma_1\sin\beta$，再由式 $(10-59)$ 第二式 $Ma_{n2}^2 = \dfrac{(k-1)Ma_{n1}^2 + 2}{2kMa_{n1}^2 - k + 1}$ 求得波后的垂向马赫数，由式 $(10-58)$ 求波后马赫数为 $Ma_2 = \dfrac{Ma_{n2}}{\sin(\beta - \delta)}$。

(2)波后压力可由式 $(10-59)$ 第一式求出 $p_2 = \dfrac{p_1}{k+1}(2kMa_1^2\sin^2\beta - k + 1)$。

(3)在 MATLAB 命令行输入 guide，按回车键，打开其 GUI 设计模板界面，选择"创建空白模板"。

(4)如图 $10-9$ 设置各 static text，edit text 及 button 控件，设定好它们各自的显示文字(string)及名称(tag)，创建如图 $10-9$ 所示的界面，并对"计算并显示结果"命令按钮进行如下编程并储存好。运行之，点击计算按钮即可得到如图 $10-9$ 下方所显示的运算结果。

```
p1 = str2double(get(handles. edit_p1,'String'))
Ma1 = str2double(get(handles. edit_Ma1,'String'))
delta = str2double(get(handles. edit_delta,'String'))
k = str2double(get(handles. edit_k,'String'))

% 计算激波倾角
solB = @(B)tand(delta) * (Ma1 * Ma1 * (0.5 * (k + 1) - sind(B) * sind(B)) + 1.)···
* tand(B) * tand(B) - (Ma1 * Ma1 * sind(B) * sind(B) - 1.)
B = fsolve(solB,30)
set(handles. edit_beta,'String',num2str(B))

Man1 = Ma1 * sind(B)
set(handles. edit_Man1,'String',num2str(Man1))

Man2 = sqrt(((k - 1) * Man1 * Man1 + 2)/(2 * k * Man1 * Man1 - k + 1))
set(handles. edit_Man2,'String',num2str(Man2))

Ma2 = Man2/sind(B - delta)
set(handles. edit_Ma2,'String',num2str(Ma2))
```

p2 = p1 * (2 * k * Ma1 * Ma1 * sind(B) * sind(B) − k + 1)/sind(B)
set(handles. edit_p2,'String',num2str(p2))

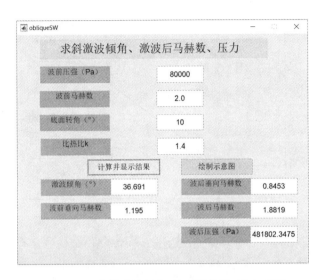

图 10 - 9　求斜激波倾角、波后马赫数、压力 GUI

（5）对"绘制示意图"按钮的回调函数写入如下内容，点击按钮，就会得到如图 10 - 10 所示的激波位置示意图。

P1 = [0,0];
P2 = [1,0];
P3 = [P2(1) + 3 * cosd(delta),P2(2) + 3 * sind(delta)]

figure(1)
clf
plot([P1(1)P2(1)P3(1)],[P1(2)P2(2)P3(2)])
axis equal
P4 = [P2(1) + 4 * cosd(B),P2(2) + 4 * sind(B)]
hold on
plot([P2(1)P4(1)],[P2(2)P4(2)],'− r','Linewidth',2)
legend('wall','shock wave')
txt1 = sprintf('Ma1 = % 9. 1f\np1 = % d Pa ',Ma1,p1)
text(1,1. 5,txt1)

txt2 = sprintf('Beta = % 5. 1f\nMa2 = % 9. 1f\n p2 = % d Pa ',B,Ma2,p2)
text(2. 7,0. 9,txt2)

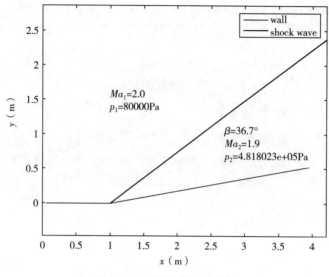

图 10-10　激波位置示意图

思考练习题

10.1　试推导式(10-10)。

10.2　求初始压强为 95kPa 的 1kg 的空气由 20℃升至 30℃的内能及焓变化。

10.3　证明等熵过程的式(10-17)与式(10-18)的一致性。

10.4　证明绝热等熵过程和忽略重力作用的伯努利方程是一致的。

10.5　由本章 10.3.1 小节的内容推导出完全气体的压力比和密度比及温度比的关系式 $\dfrac{p_2}{p_1} = \left(\dfrac{\rho_2}{\rho_1}\right)\left(\dfrac{T_2}{T_1}\right)$。

10.6　试推导式(10-29)。

10.7　由式(10-8)及式(10-31)推导出式(10-36)。

10.8　根据泰勒展开式(10-38),试着探讨总压与静压、动压之间的关系。

10.9　对于空气,由式(10-41)推出依据各状态参数及它们对应的滞止值求马赫数的表达式。

10.10　试推导式(10-45)。

10.11　试推导式(10-46)。

10.12　飞机在 20℃空气中飞行的马赫数为 1.7,求飞机飞行速度。

10.13　设空气在管道内做恒定等熵流动,已知进口条件为 $t_1 = 60℃$, $p_1 = 700\text{kPa}$, $A_1 = 0.0015\text{m}^2$,出口条件为 $p_2 = 400\text{kPa}$, $A_2 = 0.001\text{m}^2$,求质量流量。

参 考 文 献

[1] 邓光,徐辉军. 数学应用技术[M]. 上海:同济大学出版社,2017.

[2] 柯葵,朱立明. 流体力学与流体机械[M]. 上海:同济大学出版社,2009.

[3] 刘建军,章宝华. 流体力学[M]. 北京:北京大学出版社,2006.

[4] 刘亚坤. 水力学[M]. 第2版. 北京:水利水电出版社,2016.

[5] 毛根海. 奇妙的流体运动科学[M]. 杭州:浙江大学出版社,2009.

[6] 莫乃榕,槐文信. 流体力学水力学题解[M]. 武汉:华中科技大学出版社,2002.

[7] 施红辉,王超,董若凌,等. 流体力学入门[M]. 杭州:浙江大学出版社,2013.

[8] 邵建峰,刘彬. 线性代数学习指导与MATLAB编程实践[M]. 北京:化学工业出版社,2017.

[9] 王洪伟. 我所理解的流体力学[M]. 北京:国防工业出版社,2016.

[10] 王英华,杜龙江,邓俊. 图说古代水利工程[M]. 北京:中国水利水电出版社,2015.

[11] 王振东,武际可. 力学诗趣[M]. 武汉:湖北科技出版社,2013.

[12] 吴望一. 流体力学[M]. 北京:北京大学出版社,1982.

[13] 张鸣远,景思睿,李国君. 高等工程流体力学[M]. 西安:西安交通大学出版社,2006.

[14] 张维佳. 水力学[M]. 北京:中国建筑工业出版社,2008.

[15] 赵琴,杨小林,严敬. 工程流体力学[M]. 重庆:重庆大学出版社,2014.

[16] 赵振兴,何建京,王忖. 水力学内容提要与习题详解[M]. 北京:清华大学出版社,2012.

[17] 周光坰. 史前与当今的流体力学问题[M]. 北京:北京大学出版社,2002.

[18] CHAPMAN S J. MATLAB Programming for Engineers[M]. 2nd ed. Brooks/Cole,2002.

[19] CHOW V T. Open Channel Hydraulics. Prentice - Hall,1959.

[20] DOUGLAS J F，MATTHEWS R D. Solving problems in fluidmechanics [M]. 3rd ed. Longman Group Limited,1996.

[21] DOMENICO P A. Physical and chemical hydrogeology[M]. 2nd ed. John Wiley & Sons,Inc. ,1998.

[22] FINNERMORE E J, FRANZINI J B. Fluid Mechanics with Engineering Applications[M]. 10th ed. McGraw－Hill Co. ,Inc. ,2012.

[23] HUCHO W H，SOVRAN G. Aerodynamics of road vehicles[J]. Annu. Rev. Fluid Mechanics,1993,25:485－537.

[24] MAYS L W. Water Resources Engineering[M]. John Wiley & Sons, Inc. ,2001.

[25] MASTERS G M. Introduction to environmental engineering and science [M]. 2nd ed. Prentice Hall,New Jersey,1997.

[26] MEINZER O E. The Occurrence of groundwater in the United States [J]. U. S. Geological Survey Water Supply Paper 489,1923.

[27] MEINZER O E. Compressibility and elasticity of artesian aquifers[J]. Econ. Geol. 1928,23:263－291.

[28] ROUSE H，SIMON I. History of Hydraulics[M]. Iowa Institute of Hydraulic Research, The University of Iowa, 1980, Library of Congress Catlog Card Number:63－21684.

[29] TODD D K. , BEAR J. Seepage through layered anisotropic porousmedia [J]. Journal of the Hydraulics Division,ASCE,1961,87(3):31－57.

[30] US Bureau of Reclamation. Research studies on stilling basins[J]. Hydraulic Lab. Rept. Hyd－399,1955.

[31] WHITE F M. Fluid Mechanics[M]. 5th ed. McGraw－Hill Co. , Inc. ,2003.